電子相関

現代物理学叢書

電子相関

山田耕作著

岩波書店

現代物理学叢書について

小社は先年，物理学の全体像を把握し次世代への展望を拓くことを意図し，第一級の物理学者の絶大な協力のもとに，岩波講座「現代の物理学」(全21巻)を2度にわたって刊行いたしました．幸い，多くの読者の厚いご支持をいただき，その後も数多くの巻についてさらに再刊を望む声が寄せられています．そこで，このご要望にお応えするための新しいシリーズとして，「現代物理学叢書」を刊行いたします．このシリーズには，読者のご要望に応じながら，岩波講座「現代の物理学」の各巻を順次できるかぎり収めてまいります．装丁は新たにしましたが，内容は基本的に岩波講座の第2次刊行のものと同一です．本シリーズによって貴重な書物群が末永く読みつがれることを願ってやみません．

まえがき

物性物理学の広い分野にわたって多くの輝かしい理論を発表してきたP.W. Andersonは，1984年に出版された『凝縮系の物理の基本概念』と題する著書の中で，凝縮系の物理学の2つの基本原理を強調している．1つの原理は「対称性の自発的破れ」である．これは，相転移によって凝縮系が自発的にハミルトニアンのもつ対称性より低い状態をとることを表わすものである．強磁性状態や超伝導状態が低温で実現していることに対応している．これは，不連続な変化を表わしている．

もう1つの基本原理が「断熱的連続」の原理である．一般にわれわれがある複雑な物理系を対象とするとき，その本質を損なわない単純な系を対応させ，その単純な系の理解に基づいて複雑な系を理解しようというものである．この連続の原理の重要性を示す最も美しく，的確な例がLandauのFermi液体論であるとAndersonはいう．その基本的な考え方は，相互作用がないFermi気体から出発し，ゆっくりと粒子間に相互作用を導入していくとするのである．この断熱的に相互作用が導入される前の自由粒子系と導入後のFermi液体の準粒子の状態間には1対1の対応がある．準粒子の寿命が十分に長く，ゆっくり相互作用を導入できることが，低温のFermi液体の基本的特徴である．粒子間に多体相互作用が働いていても，相互作用がくり込まれた準粒子を考え，それをあたかも自由粒子として取り扱うことができる．このことによって強く相互作用するFermi粒子系が著しく簡単化される．とはいえ，くり込みによっても完全な自由粒子系にはならないので，厳密には有限の寿命とくり込まれた弱い準粒子間の相互作用が残る．特に粒子間の引力はFermi面を不安定にするので，Fermi液体論で連続的にくり込むことができるのは斥力である．このことは否定的なことではなく，むしろ積極的な意義をもっている．われわれはFermi液体論に基づいて，弱く相互作用する準粒子系に還元した上で，残された準粒子間の相互作用による超伝導のような相転移すら議論することができる．

Landauによってヘリウム3（^{3}He）というFermi液体を主な対象として導入されたFermi液体論は，金属電子に適用され発展してきた．固体電子論の進展と共に強く相互作用する電子系がさまざまの金属で研究され，Fermi液体論も具体化され，ミクロに基礎付けられてきた．電子ガスの多体問題の発展と超伝導のBCS理論の後，1960年頃には遷移金属の磁性とその酸化物のMott転移が電子相関の問題として研究された．さらに，金属中の磁気モーメントの発生と消滅に関する近藤効果とAndersonハミルトニアンの研究，準粒子としての質量が1000倍にもなる重い電子系，絶縁相に近い金属としての酸化物高温超伝導体などである．これらは強相関電子系としてまとめて呼ぶことができる．強相関電子系の正常金属相はFermi液体として記述できる．今日ではこのようにFermi液体は多様で豊かな物理的内容を包含していることが明らかになった．Fermi液体論は現在も発展途上にある．

強相関電子系の例としてのHubbardハミルトニアンは金属・絶縁体転移，反強磁性や強磁性等の長距離秩序相への転移など豊かな内容を持っている．多くの努力によって，最近の無限次元モデルによるMott転移の研究など少しずつ進歩しているものの，われわれは完全な理解からはなお遠い状態にある．最近では，電子間の斥力のみをもつHubbardハミルトニアンで記述される系が超伝導になりうるかどうかが重要な問題として議論されている状態である．

本書はFermi液体の豊かな内容を紹介することを中心に，強相関電子系の物理を記述することを目的としている．本書で，上記の各系それぞれがもつ個性豊かな物理現象を紹介し，それらを貫くFermi液体としての統一性とそれに基づく基本原理を明らかにしたいと思った．そこに，個々の実験データの詳細に左右されない理論の力があると信じるからである．自然はわれわれの想像をはるかに越えて不思議なものであるが，決して気まぐれではないと思う．

以上の目的のために，Luttingerらによって発展させられた個々のハミルトニアンからFermi液体論をミクロに展開する方法と，それを通じて確立された概念の紹介に重点を置くことを意図した．しかし，著者の力不足から当初の意図が十分に達せられていないことを恐れる．不十分なところは文献を脚注として付したので読者に補っていただければ幸いである．

本書を書き進める上で多くの方々のお世話になった．芳田奎先生には20年余の共同研究の中で本書の大部分を教えていただいた．また講座の1冊として本書の執筆をお薦め下さった長岡洋介・恒藤敏彦両先生には折にふれアドバイスと激励をいただいた．これらと岩波書店編集部の方々の熱意と援助がなければ本書は完成できなかったと思う．とくに長岡先生には原稿を通読していただき，多くの適切なご指摘を賜った．それらを十分生かし切れなかったが，少なくとも現在の形でまとめることができたのは長岡先生のお蔭である．東京工業大学の斯波弘行さんには無限次元Hubbard模型の文献を提供していただき，いろいろお教えいただいた．研究室の大学院生の諸君からは議論を通して多くのことを教えられた．とくに藤本聡君には不十分な点など指摘していただいた．全国各地の実験・理論の方々との議論から多くのことを楽しく学ぶことができた．以上の方々に心からお礼申し上げる．

積極的なFermi液体論支持派が私の尊敬するAndersonを乗り越えて成長することを期待したい．

1993年2月

山田耕作

目次

1 Fermi 気体

本章では，いわゆる電子ガスの性質について紹介する．自由電子ガスから始め，Fermi 面など金属電子の基本的な概念を示した後，電子間の Coulomb 相互作用の取扱い方法とその物理的帰結について紹介する．特に，Coulomb 相互作用の長距離の部分はプラズマ振動という電子密度の集団運動に帰着されること，そのプラズマ振動は励起エネルギーが高いため，通常励起されず，電子密度の一様分布が実現されること，結果として，電子はお互いに遮蔽された短距離の Coulomb 相互作用をしているものとして取り扱ってよいことを示す．

1-1 金属

金属は鉄や銅などの金属原子が結合したもので，結晶全体を遍歴する**伝導電子**と電子を解離した残りの陽イオンから構成される系である．陽イオンは原子核とその周囲に束縛された内殻電子から構成される．伝導電子は特定の陽イオンに束縛されるよりも，結晶全体を運動することによって運動エネルギーが低くなる．このことが金属的な結合をする上で重要である．

ナトリウムやアルミニウムのような単純な金属を考えると，それは次のようなハミルトニアンで表わされる.

$$\mathcal{H} = \mathcal{H}_{\rm i} + \mathcal{H}_{\rm e} + \mathcal{H}_{\rm e\text{-}i} \tag{1.1}$$

$$\mathcal{H}_{\rm i} = \sum_i \frac{\boldsymbol{P}_i{}^2}{2M} + \frac{1}{2}\sum_{i\neq j} V(\boldsymbol{R}_i - \boldsymbol{R}_j) \tag{1.2}$$

$$\mathcal{H}_{\rm e} = \sum_i \frac{\boldsymbol{p}_i{}^2}{2m} + \frac{1}{2}\sum_{i\neq j} \frac{e^2}{|\boldsymbol{r}_i - \boldsymbol{r}_j|} \tag{1.3}$$

$$\mathcal{H}_{\rm e\text{-}i} = \sum_{ij} v(\boldsymbol{r}_i - \boldsymbol{R}_j) \tag{1.4}$$

ここで,(1.2)式の $\mathcal{H}_{\rm i}$ は陽イオンの系を表わす.ここでは 1 種類の質量 M のイオンを考える.$\boldsymbol{P}_i$ はイオンの運動量,$V(\boldsymbol{R}_i - \boldsymbol{R}_j)$ はイオン間の距離のみに依存するイオン間ポテンシャルである.(1.3)式の $\mathcal{H}_{\rm e}$ は質量 m の電子系のハミルトニアンで,第 1 項が運動エネルギー,第 2 項が電子間の Coulomb 相互作用を表わす.(1.4)式の $\mathcal{H}_{\rm e\text{-}i}$ は電子と陽イオン間のポテンシャルを表わしている.これらのハミルトニアンによって,磁性や超伝導を含めた金属の多様な振舞いが記述できる.特に本書では,(1.3)式の第 2 項の電子間相互作用を中心に議論する.この Coulomb 相互作用のため,金属中の電子はお互いに避けあって運動する.このように電子が互いに相関を持って運動することを**電子相関**と呼んでいる.

電子間の相互作用に主な関心がある場合,陽イオンを結晶全体に一様に分布した正電荷で置き換え,電子の $\mathcal{H}_{\rm e}$ の項のみを議論するモデルが用いられる.こうするとイオンによる周期ポテンシャルやイオンの振動などの複雑さを避けることができるからである.

1-2 自由 Fermi 気体

電子はスピン 1/2 をもつ Fermi 粒子である.通常,1 cm^3 の体積の金属の中には 10^{22}〜10^{23} 個の伝導電子が存在する.まず,簡単のために陽イオンによる周期ポテンシャルや電子間相互作用を無視した自由電子の集団を考えてみよう.

1 辺 L，体積 $\Omega=L^3$ の立方体中に N 個の自由電子があるとする．自由電子の波動関数 $\varphi_{\boldsymbol{k}}(\boldsymbol{r})$ は波数 $\boldsymbol{k}$ をもつ平面波で与えられる．

$$\varphi_{\boldsymbol{k}}=\frac{1}{\sqrt{\Omega}}e^{i\boldsymbol{k}\cdot\boldsymbol{r}} \tag{1.5}$$

さらに簡単のために，次のような周期的境界条件をとることにする．

$$\varphi_{\boldsymbol{k}}(x+L,y,z)=\varphi_{\boldsymbol{k}}(x,y+L,z)=\varphi_{\boldsymbol{k}}(x,y,z+L)=\varphi_{\boldsymbol{k}}(x,y,z) \tag{1.6}$$

(1.5)式を上式に代入して

$$e^{ik_xL}=e^{ik_yL}=e^{ik_zL}=1 \tag{1.7}$$

を $\boldsymbol{k}$ は満たさなければならない．したがって $\boldsymbol{k}$ の値は n_1, n_2, n_3 を整数として，

$$k_x=2\pi n_1/L,\qquad k_y=2\pi n_2/L,\qquad k_z=2\pi n_3/L \tag{1.8}$$

と定められる．こうして，$\boldsymbol{k}$ は波数ベクトル空間において $2\pi/L$ を単位とする格子点上の値のみが許される．

波数 $\boldsymbol{k}$ をもつ自由電子のエネルギー $\varepsilon_{\boldsymbol{k}}$ は

$$\varepsilon_{\boldsymbol{k}}=\frac{\hbar^2k^2}{2m}=\frac{\hbar^2}{2m}\left(\frac{2\pi}{L}\right)^2(n_1{}^2+n_2{}^2+n_3{}^2) \tag{1.9}$$

で与えられる．箱の中に N 個の自由電子を詰めるとき，Pauli 原理によって，量子数 $\boldsymbol{k}$ とスピン σ を指定した状態は 1 つの電子しか詰められない．いいかえると，1 つの波数ベクトル $\boldsymbol{k}$ の状態に，上向きと下向きスピンの 2 個の電子を詰めることができる．$10^{22}\sim10^{23}$ 個という多数の電子の系として最もエネルギーの低い状態(基底状態)は，エネルギー $\varepsilon_{\boldsymbol{k}}$ の低い状態 $\boldsymbol{k}$ に下から順に 2 個ずつ電子を詰めていった状態である．そのとき最大の $\varepsilon_{\boldsymbol{k}}$ の値 ε_{F} を **Fermi エネルギー**という．それに対応する波数，**Fermi 波数** k_{F} は ε_{F} と

$$\varepsilon_{\mathrm{F}}=\frac{\hbar^2}{2m}k_{\mathrm{F}}{}^2 \tag{1.10}$$

の関係にある．こうして，k 空間の半径 k_{F} の球内の $\boldsymbol{k}$ の状態を上下スピンをもつ 2 電子が占有することになる．$\boldsymbol{k}$ は微小な間隔 $2\pi/L$ の格子点上にあるから，$(L/2\pi)^3=\Omega/(2\pi)^3$ の等密度で分布している．したがって，電子数 N と k_{F}

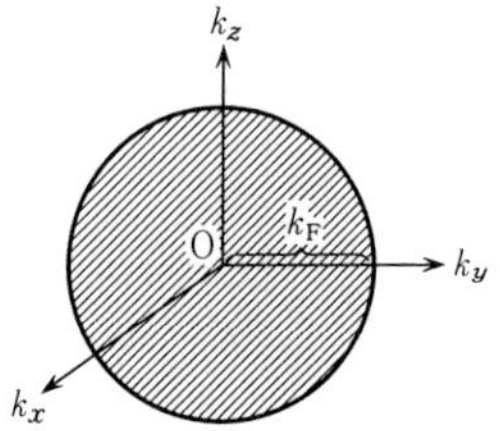

図 1-1 Fermi 球．半径 k_F の球内の各 $\boldsymbol{k}$ の値に上，下向きのスピンの電子が 1 個ずつ詰まる．

は次の関係を満たす．

$$N = \frac{2\Omega}{(2\pi)^3}\frac{4\pi}{3}k_F{}^3 \tag{1.11}$$

ここで右辺の因子 2 は電子スピンの自由度を表わしている．(1.11)式から k_F は電子密度 $n=N/\Omega$ を用いて

$$k_F = (3\pi^2 n)^{1/3} \tag{1.12}$$

と表わされる．

ΔE を微小量として，エネルギー E と $E+\Delta E$ の間にある電子状態の数を求めよう．エネルギー E 以下の全状態数を $N(E)$ とすると

$$N(E+\Delta E)-N(E) = \frac{dN(E)}{dE}\Delta E \tag{1.13}$$

である．ここで，

$$dN(E)/dE = \rho(E) \tag{1.14}$$

は電子のエネルギー状態密度である．(1.10)と(1.11)式を用いて，それは

$$\rho(E) = \frac{dN(k)}{dk}\frac{dk}{dE} = \frac{2\Omega}{(2\pi)^3}4\pi k^2\frac{m}{\hbar^2 k} = \frac{\Omega km}{\pi^2\hbar^2} = \frac{\Omega m}{\pi^2\hbar^3}\sqrt{2mE} \tag{1.15}$$

となる．自由電子のエネルギー状態密度は $\sqrt{E}$ に比例する．

現実の金属を考え，$n=10^{22}/\mathrm{cm}^3$ とし，(1.12)式から k_F を求めると $k_F \simeq 10^8\ \mathrm{cm}^{-1}$ となる．$1/k_F$ は 1 Å $=10^{-8}$ cm ほどの値で，原子間距離程度の大きさである．この値を(1.10)式に代入して，Fermi エネルギーを $\hbar=1\times10^{-27}$ erg·s, $m=9\times10^{-28}$ g を用いて求めると，$\varepsilon_F \simeq 6\times10^{-12}$ erg $\simeq 4$ eV となる．1 eV はほぼ 10^4 K の温度に相当するエネルギーであるから，常温の 300 K は ε_F に相当

する Fermi 縮退温度 T_F に比べると十分低温であることがわかる．このことは次節で述べる電子比熱にとって大変重要である．

Fermi 面近くの電子のエネルギー準位の間隔は $\Delta\varepsilon = \varepsilon_F/N \simeq 10^{-22}$ eV $\simeq 10^{-18}$ k_B K である．このため，Fermi 面近くでの電子・正孔対励起はほとんど 0 に近い励起エネルギーをもつ．このような電子・正孔対励起は無限にあり，いわば，Fermi 縮退した伝導電子系は無限に縮退していることになる．縮退した状態は小さな摂動にも強い影響を受ける．この金属の Fermi 面のもろさという特殊性が後に述べる **Anderson の直交定理**や**超伝導**などに重要な役割を果たす．

1-3　電子比熱と Pauli 磁化率

自由電子系に，もしエネルギー等分配則を適用して比熱を計算すると次のようになる．内部エネルギー W は k_B を Boltzmann 定数として

$$W = \frac{3}{2}Nk_BT \qquad (1.16)$$

であり，比熱 C_v は

$$C_v = \frac{dW}{dT} = \frac{3}{2}Nk_B \qquad (1.17)$$

と一定値になる．これは常温での格子比熱程度の寄与となる．しかし，現実の金属では常温においてこのように大きな電子比熱は観測されない．その理由は，常温は Fermi 温度に比べ十分低温であるため，エネルギー等分配則は適用できず，比熱に寄与するのは Fermi 面から温度程度の狭いエネルギー幅にある電子に限られるためである．

自由電子の比熱を正しく計算してみよう．化学ポテンシャルを μ として電子の分布は次の Fermi 分布で与えられる．

$$f(\varepsilon_{\boldsymbol{k}}) = \left[1+\exp\left(\frac{\varepsilon_{\boldsymbol{k}}-\mu}{k_BT}\right)\right]^{-1} \qquad (1.18)$$

このとき，電子系の内部エネルギー W はスピンの自由度 2 を考慮して

$$W = 2\sum_{\boldsymbol{k}} \varepsilon_{\boldsymbol{k}} f(\varepsilon_{\boldsymbol{k}}) \tag{1.19}$$

となる．この式は両スピン当りのエネルギー状態密度 $\rho(\varepsilon_{\boldsymbol{k}})$ を用いて

$$W = \int_0^\infty \varepsilon\rho(\varepsilon) f(\varepsilon) d\varepsilon \tag{1.20}$$

となる．全電子数 N は

$$N = \sum_{\boldsymbol{k}\sigma} f(\varepsilon_{\boldsymbol{k}}) = \int_0^\infty \rho(\varepsilon) f(\varepsilon) d\varepsilon \tag{1.21}$$

で与えられる．この式は絶対零度 $T=0$ では

$$N = \int_0^{\varepsilon_F} \rho(\varepsilon) d\varepsilon \tag{1.22}$$

である．以下，低温での計算を実行するために，次の積分 I を考えよう．

$$I = \int_0^\infty g(\varepsilon) f(\varepsilon) d\varepsilon \tag{1.23}$$

ここで，$g(\varepsilon)$ はエネルギー ε のなめらかな関数とする．部分積分して，

$$I = [G(\varepsilon) f(\varepsilon)]_0^\infty - \int_0^\infty G(\varepsilon) \frac{\partial f}{\partial \varepsilon} d\varepsilon \tag{1.24}$$

$$G(\varepsilon) = \int_0^\varepsilon g(\varepsilon) d\varepsilon \tag{1.25}$$

となる．(1.24)式の第 1 項は $f(\infty)=0$ であるから 0 である．第 2 項を計算するために，$G(\varepsilon)$ を $\varepsilon=\mu$ の近くで展開する．$G^{(n)}$ を G の n 階微分として，

$$G(\varepsilon) = G(\mu) + (\varepsilon-\mu) G'(\mu) + \frac{1}{2}(\varepsilon-\mu)^2 G''(\mu) + \cdots \tag{1.26}$$

これを(1.24)式に代入して

$$\begin{aligned} I = G(\mu) \int_0^\infty \left(-\frac{\partial f}{\partial \varepsilon}\right) d\varepsilon + G'(\mu) \int_0^\infty (\varepsilon-\mu) \left(-\frac{\partial f}{\partial \varepsilon}\right) d\varepsilon + \cdots \\ + \frac{G^{(n)}(\mu)}{n!} \int_0^\infty (\varepsilon-\mu)^n \left(-\frac{\partial f}{\partial \varepsilon}\right) d\varepsilon + \cdots \end{aligned} \tag{1.27}$$

となる．右辺第1項は $G(\mu)$ を与える．一般項は

$$\frac{1}{n!}\int_0^\infty(\varepsilon-\mu)^n\left(-\frac{\partial f}{\partial\varepsilon}\right)d\varepsilon=\frac{(k_BT)^n}{n!}\int_{-\infty}^\infty\frac{z^n}{(e^z+1)(1+e^{-z})}dz$$
$$=\begin{cases}2c_n(k_BT)^n & (n\text{: 偶数})\\ 0 & (n\text{: 奇数})\end{cases}\tag{1.28}$$

となる．例えば $n=2$ として

$$2c_2=\frac{1}{2}\int_{-\infty}^\infty\frac{z^2dz}{(e^z+1)(1+e^{-z})}=\frac{\pi^2}{6}\tag{1.29}$$

である．結局，

$$I=\int_0^\mu g(\varepsilon)d\varepsilon+\frac{\pi^2}{6}(k_BT)^2\left[\frac{\partial g(\varepsilon)}{\partial\varepsilon}\right]_{\varepsilon=\mu}+\cdots\tag{1.30}$$

となる．これを(1.20)式と(1.21)式に適用すると

$$W=\int_0^\mu\varepsilon\rho(\varepsilon)d\varepsilon+\frac{\pi^2}{6}(k_BT)^2\left[\frac{\partial}{\partial\varepsilon}(\varepsilon\rho(\varepsilon))\right]_{\varepsilon=\mu}+\cdots\tag{1.31}$$

$$C_v=\frac{dW}{dT}=\mu\rho(\mu)\frac{d\mu}{dT}+\frac{\pi^2}{3}k_B{}^2T\left[\rho(\varepsilon)+\mu\frac{\partial\rho}{\partial\varepsilon}\right]_{\varepsilon=\mu}+O(T^2)$$
$$=\frac{\pi^2}{3}k_B{}^2\rho(\varepsilon_F)T+\mu\rho(\mu)\left[\frac{d\mu}{dT}+\frac{\pi^2k_B{}^2T}{3\rho(\mu)}\frac{\partial\rho}{\partial\varepsilon}\right]_{\varepsilon=\mu}$$
$$=\frac{\pi^2}{3}k_B{}^2\rho(\varepsilon_F)T\tag{1.32}$$

最後の等式は(1.21)式に $g(\varepsilon)=\rho(\varepsilon)$ とした(1.30)式を代入して，電子数 N を一定に保つように μ の温度変化を求めると，

$$\mu=\varepsilon_F-\frac{\pi^2}{6}(k_BT)^2\left[\frac{\partial}{\partial\varepsilon}\log\rho(\varepsilon)\right]_{\varepsilon=\mu}$$

が成立することを用いた．

このように低温の電子比熱は(1.32)式に示したように Fermi 面での電子の状態密度 $\rho(\varepsilon_F)$ に比例し，温度 T の1次で与えられる．(1.32)式を

$$C_v=\gamma T\tag{1.33}$$

と表わし，**比熱係数** γ を **Sommerfeld 定数**という．

$$\gamma = \frac{\pi^2}{3} k_B{}^2 \rho(\varepsilon_F) \tag{1.34}$$

弱い磁場 H が自由電子系に働いているとして，低温のいわゆる **Pauli 磁化率**を求めよう．g 値を 2，μ_B を Bohr 磁子として，スピン σ の電子の Zeeman エネルギーは $g\sigma\mu_B H/2 = \sigma\mu_B H$ である．この上下スピンの Zeeman エネルギーによる分布のずれによって，$\Delta M = \mu_B(\delta n_\downarrow - \delta n_\uparrow) = \mu_B{}^2\rho(\varepsilon_F)H$ の磁化を生じる．したがって，磁化率 χ は

$$\chi = \Delta M/H = \mu_B{}^2 \rho(\varepsilon_F) \tag{1.35}$$

この Pauli 磁化率は比熱係数 γ と同様，Fermi 面での電子状態密度 $\rho(\varepsilon_F)$ に比例する．以下，便宜上磁化とスピンは平行として考える．

1-4 電子ガスの多体効果

電子ガスの Coulomb 相互作用の効果は，Bohm，Pines，Nozières，Gell-Mann，Brueckner，沢田ら多くの人たちの努力によって 1950 年代にほぼ明らかにされた．以下に見るようにこれらの研究は，最初は地味な摂動計算に基づいて問題点が明らかにされ，物理的な考察により新しい概念と多体問題の手法が開発されることを通して進歩していった．研究の方法としても教訓に富んでいるので，多体問題の原点として少し詳しく述べよう．

電子間相互作用の効果を中心に議論するために，本章の最初の節で述べた陽イオンによる正電荷を系全体に一様に分布させた電子ガスモデルが用いられる．このモデルで電子も一様に空間分布すると正負の電荷は完全に打ち消しあい，何の効果も生じない．電子分布が一様分布からずれると，電子間に Coulomb 相互作用が働く．このような系のハミルトニアンは，(1.3)式の $\mathcal{H}_e$ で与えられる．i を電子の番号，$\boldsymbol{r}_i$ をその位置座標として

$$\mathcal{H}_e = \sum_i \frac{\boldsymbol{p}_i{}^2}{2m} + \frac{1}{2}\sum_{i \neq j} \frac{e^2}{|\boldsymbol{r}_i - \boldsymbol{r}_j|} \tag{1.36}$$

電子の密度 $\rho(\boldsymbol{r})$ とその Fourier 変換 $\rho_{\boldsymbol{q}}$ を

$$\rho(\boldsymbol{r}) = \sum_i \delta(\boldsymbol{r}-\boldsymbol{r}_i) = \sum_{\boldsymbol{q}} \rho_{\boldsymbol{q}} e^{i\boldsymbol{q}\cdot\boldsymbol{r}} \tag{1.37}$$

と定義する．$\rho_{\boldsymbol{q}}$ は

$$\rho_{\boldsymbol{q}} = \frac{1}{\Omega} \sum_i e^{-i\boldsymbol{q}\cdot\boldsymbol{r}_i} = \rho_{-\boldsymbol{q}}{}^{\dagger} \tag{1.38}$$

である．$\boldsymbol{q}=0$ の成分 $\rho_0 = N_{\mathrm{e}}/\Omega = n$ は電子の平均密度であり，一様に分布する正電荷と打ち消しあう．$\rho_{\boldsymbol{q}}$ を用いて(1.36)式は

$$\mathscr{H}_{\mathrm{e}} = \sum_i \frac{\boldsymbol{p}_i{}^2}{2m} + \frac{1}{2} \sum_{\boldsymbol{q}} V_{\boldsymbol{q}}(\Omega \rho_{\boldsymbol{q}}{}^{\dagger} \rho_{\boldsymbol{q}} - n) \tag{1.39}$$

と表わされる．ここで $V_{\boldsymbol{q}}$ は Coulomb 相互作用 e^2/r の Fourier 変換で

$$V_{\boldsymbol{q}} = \frac{4\pi e^2}{q^2} \tag{1.40}$$

である．ただし

$$\rho_{\boldsymbol{q}}{}^{\dagger} \rho_{\boldsymbol{q}} = \frac{1}{\Omega^2} \sum_{ij} e^{i\boldsymbol{q}\cdot(\boldsymbol{r}_i - \boldsymbol{r}_j)} \tag{1.41}$$

であるから，$i=j$ の項は n/Ω を与えるがそれは(1.39)式の右辺第 2 項の n によって打ち消され，(1.36)式のように $\boldsymbol{r}_i \neq \boldsymbol{r}_j$ の項のみが残る．

Coulomb 相互作用を摂動として取り扱うため，(1.36)式を第 2 量子化して表わそう(付録 B 参照)．電子 $\boldsymbol{r}_1$ と $\boldsymbol{r}_2$ の Coulomb 積分を波動関数 $\varphi_{\sigma_1}(\boldsymbol{r}_1)$，$\varphi_{\sigma_2}(\boldsymbol{r}_2)$ を用いて表わすと

$$\iint d\boldsymbol{r}_1 d\boldsymbol{r}_2 \, \varphi_{\sigma_1}{}^*(\boldsymbol{r}_1) \varphi_{\sigma_2}{}^*(\boldsymbol{r}_2) \frac{e^2}{|\boldsymbol{r}_1 - \boldsymbol{r}_2|} \varphi_{\sigma_2}(\boldsymbol{r}_2) \varphi_{\sigma_1}(\boldsymbol{r}_1)$$

であるが，$\varphi_\sigma(\boldsymbol{r})$ を平面波で展開し，

$$\varphi_\sigma(\boldsymbol{r}) = \sum_{\boldsymbol{k}} a_{\boldsymbol{k}\sigma} \frac{1}{\sqrt{\Omega}} e^{i\boldsymbol{k}\cdot\boldsymbol{r}} \tag{1.42}$$

と表わし，

$$\mathscr{H}_{\mathrm{C}} = \frac{1}{\Omega} \sum_{\boldsymbol{q}\neq 0} \frac{2\pi e^2}{q^2} \sum_{\substack{\boldsymbol{k}_1\boldsymbol{k}_2 \\ \sigma_1\sigma_2}} a_{\boldsymbol{k}_1+\boldsymbol{q}\sigma_1}{}^{\dagger} a_{\boldsymbol{k}_2-\boldsymbol{q}\sigma_2}{}^{\dagger} a_{\boldsymbol{k}_2\sigma_2} a_{\boldsymbol{k}_1\sigma_1} \tag{1.43}$$

を得る．$a_{\boldsymbol{k}\sigma}$($a_{\boldsymbol{k}\sigma}^\dagger$) は波数ベクトル $\boldsymbol{k}$，スピン σ を持つ電子を消滅(生成)する演算子である．ただし，(1.43)式の $\boldsymbol{q}$ の和で $\boldsymbol{q}=0$ の部分は正電荷と打ち消しあうので除く．密度の揺らぎを表わす $\rho_{\boldsymbol{q}}$ は

$$\rho_{\boldsymbol{q}} = \sum_{\boldsymbol{k}\sigma} a_{\boldsymbol{k}-\boldsymbol{q}\sigma}^\dagger a_{\boldsymbol{k}\sigma} \tag{1.44}$$

と表わされる．結局，$\mathcal{H}_\mathrm{e}$ は第 2 量子化して

$$\mathcal{H}_\mathrm{e} = \sum_{\boldsymbol{k}\sigma} \varepsilon_{\boldsymbol{k}} a_{\boldsymbol{k}\sigma}^\dagger a_{\boldsymbol{k}\sigma} + \frac{1}{2\Omega} \sum_{\substack{\boldsymbol{k}\boldsymbol{k}',\boldsymbol{q}\neq 0 \\ \sigma\sigma'}} V_{\boldsymbol{q}} a_{\boldsymbol{k}+\boldsymbol{q}\sigma}^\dagger a_{\boldsymbol{k}'-\boldsymbol{q}\sigma'}^\dagger a_{\boldsymbol{k}'\sigma'} a_{\boldsymbol{k}\sigma} \tag{1.45}$$

となる．$\varepsilon_{\boldsymbol{k}}$ は自由電子の(1.9)式

$$\varepsilon_{\boldsymbol{k}} = \frac{\hbar^2 \boldsymbol{k}^2}{2m} \tag{1.46}$$

である．$a_{\boldsymbol{k}\sigma}^\dagger$($a_{\boldsymbol{k}\sigma}$) の順序を交換することを Slater 行列式の行や列の入れかえに対応させればわかるように，$a_{\boldsymbol{k}\sigma}^\dagger, a_{\boldsymbol{k}\sigma}$ は次の Fermi 粒子の交換関係を満たす(付録 B 参照)．

$$[a_{\boldsymbol{k}\sigma}, a_{\boldsymbol{k}'\sigma'}]_+ = [a_{\boldsymbol{k}\sigma}^\dagger, a_{\boldsymbol{k}'\sigma'}^\dagger]_+ = 0 \tag{1.47}$$

$$[a_{\boldsymbol{k}\sigma}, a_{\boldsymbol{k}'\sigma'}^\dagger]_+ = \delta_{\boldsymbol{k},\boldsymbol{k}'}\delta_{\sigma,\sigma'} \tag{1.48}$$

以上の準備のもとに電子間の Coulomb 相互作用の効果を調べる．とりあえず，(1.45)式の第 1 項の運動エネルギーに対して，第 2 項の Coulomb 相互作用を摂動として基底状態のエネルギーを計算してみよう．第 1 項のみの無摂動状態は Fermi 波数 k_F まで上下向きのスピンの 2 電子が詰まった Fermi 球である．それを $|0\rangle$ と表わすと

$$n_{\boldsymbol{k}\sigma} = \langle 0|a_{\boldsymbol{k}\sigma}^\dagger a_{\boldsymbol{k}\sigma}|0\rangle = \begin{cases} 1 & (k \leqq k_\mathrm{F}) \\ 0 & (k > k_\mathrm{F}) \end{cases} \tag{1.49}$$

である．この状態の電子 1 個当りの平均の運動エネルギーは

$$\varepsilon_\mathrm{kin} = \frac{1}{N_\mathrm{e}} \langle 0| \sum_{\boldsymbol{k}\sigma} \varepsilon_{\boldsymbol{k}} a_{\boldsymbol{k}\sigma}^\dagger a_{\boldsymbol{k}\sigma}|0\rangle = \frac{3}{5}\varepsilon_\mathrm{F} \tag{1.50}$$

となる．ε_F は(1.10)式で与えられる Fermi エネルギーである．上式は

$$\varepsilon_{\mathrm{kin}} = \int_0^{k_{\mathrm{F}}} \frac{\hbar^2 k^2}{2m} 4\pi k^2 dk \Big/ \int_0^{k_{\mathrm{F}}} 4\pi k^2 dk \tag{1.51}$$

から求まる．ここで電子密度を表わす量として，1 個当りの半径として r_0 を導入する．

$$\frac{\Omega}{N_{\mathrm{e}}} = \frac{1}{n} = \frac{4\pi}{3} {r_0}^3 \tag{1.52}$$

さらに r_0 を Bohr 半径 $a_{\mathrm{B}}=\hbar^2/me^2 \simeq 0.529\,\text{Å}$ を用いて無次元化した r_{s} を導入する．

$$r_{\mathrm{s}} = r_0/a_{\mathrm{B}} \tag{1.53}$$

ε_{F} は(1.12)式を用いて

$$\varepsilon_{\mathrm{F}} = \frac{\hbar^2 {k_{\mathrm{F}}}^2}{2m} = \frac{\hbar^2}{2m}(3\pi^2 n)^{2/3} = \left(\frac{9\pi}{4}\right)^{2/3} \frac{1}{{r_{\mathrm{s}}}^2}\,\mathrm{Ry} \tag{1.54}$$

となる．エネルギーの単位 Ry は水素原子のイオン化エネルギーに相当し，

$$1\,\mathrm{Ry} = \frac{me^4}{2\hbar^2} = \frac{e^2}{2a_{\mathrm{B}}} \simeq 13.5\,\mathrm{eV} = 2.17\times 10^{-11}\,\mathrm{erg} \tag{1.55}$$

である．結局，(1.50)式の平均運動エネルギーは

$$\varepsilon_{\mathrm{kin}} = \frac{3}{5}\varepsilon_{\mathrm{F}} \simeq \frac{2.21}{{r_{\mathrm{s}}}^2}\,\mathrm{Ry} \tag{1.56}$$

となる．

1-5 交換エネルギー

(1.45)式の第 2 項の Coulomb 相互作用を第 1 項に対する摂動と考えて，エネルギーの 1 次の項は，

$$\begin{aligned} E_1 &= \frac{1}{\Omega} \sum_{\substack{\boldsymbol{k}\boldsymbol{k}' \\ \boldsymbol{q}\sigma}} \frac{V_{\boldsymbol{q}}}{2} \langle 0 | a_{\boldsymbol{k}+\boldsymbol{q}\sigma}{}^\dagger a_{\boldsymbol{k}'-\boldsymbol{q}\sigma'}{}^\dagger a_{\boldsymbol{k}'\sigma'} a_{\boldsymbol{k}\sigma} | 0 \rangle \\ &= \frac{1}{\Omega} \left\{ \sum_{\substack{\boldsymbol{k}\boldsymbol{k}' \\ \sigma\sigma'}} \frac{V_{\boldsymbol{q}=0}}{2} n_{\boldsymbol{k}\sigma} n_{\boldsymbol{k}'\sigma'} + \sum_{\substack{\boldsymbol{k}\boldsymbol{q} \\ \sigma}} -\frac{V_{\boldsymbol{q}}}{2} n_{\boldsymbol{k}+\boldsymbol{q}\sigma} n_{\boldsymbol{k}\sigma} \right\} \end{aligned} \tag{1.57}$$

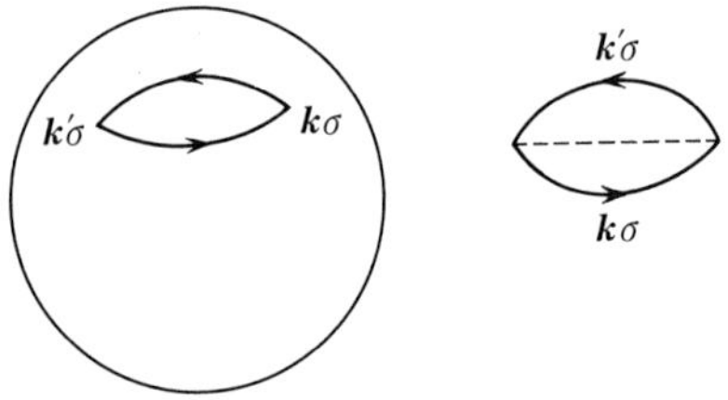

図 1-2 交換項のグラフ．

第 1 項は $\boldsymbol{q}=0$ に対応するが，この項は背景の一様な正電荷と打ち消しあう．残る第 2 項は $\boldsymbol{q}=\boldsymbol{k}'-\boldsymbol{k}$ で，$\sigma'=\sigma$ の平行スピンを持つ電子のみが寄与する．この項は Coulomb 相互作用の交換積分から生じ，マイナス符号をもつ．$E_{\rm ex}$ と表わすと

$$E_{\rm ex} = -\frac{1}{\Omega}\sum_{\substack{\boldsymbol{kq}\\ \sigma}}\frac{V_{\boldsymbol{q}}}{2}n_{\boldsymbol{k}+\boldsymbol{q}\sigma}n_{\boldsymbol{k}\sigma} = \frac{2}{\Omega}\sum_{\substack{\boldsymbol{k}_1<k_{\rm F}\\ \boldsymbol{k}_2<k_{\rm F}}}\frac{-2\pi e^2}{|\boldsymbol{k}_1-\boldsymbol{k}_2|^2}$$

$$= -\sum_{\substack{k_1<k_{\rm F}\\ \sigma}}\frac{e^2}{2\pi}\left\{\left(\frac{k_{\rm F}{}^2-k_1{}^2}{2k_1}\right)\log\left|\frac{k_{\rm F}+k_1}{k_{\rm F}-k_1}\right|+k_{\rm F}\right\} \tag{1.58}$$

さらに k_1 で積分して

$$E_{\rm ex} = -2\frac{\Omega}{(2\pi)^3}e^2k_{\rm F}{}^4 \tag{1.59}$$

1 電子当りにして

$$\varepsilon_{\rm ex} = \frac{E_{\rm ex}}{N_{\rm e}} = -\frac{3}{2\pi}\left(\frac{9\pi}{4}\right)^{1/3}\frac{1}{r_{\rm s}} = -\frac{0.916}{r_{\rm s}}\,{\rm Ry} \tag{1.60}$$

となる．(1.56)式に比べ $r_{\rm s}$ の次数が 1 次高いから，$r_{\rm s}$ が小さい高密度のとき，この補正は小さい．高次項を計算する前にもう少し交換項を検討しよう．

(1.58)式は

$$\Sigma^{(1)}(\boldsymbol{k}) = -\sum_{\boldsymbol{q}} V_{\boldsymbol{q}}n_{\boldsymbol{k}+\boldsymbol{q}} = -\frac{e^2k_{\rm F}}{2\pi}F\left(\frac{k}{k_{\rm F}}\right) \tag{1.61}$$

$$F(x) = 2+\frac{1-x^2}{x}\log\left|\frac{1+x}{1-x}\right| \tag{1.62}$$

とおけば

$$E_{\mathrm{ex}} = \frac{1}{2\Omega}\sum_{\boldsymbol{k}\sigma}\Sigma^{(1)}(\boldsymbol{k})n_{\boldsymbol{k}\sigma} \tag{1.63}$$

と表わされ，$\Sigma^{(1)}(\boldsymbol{k})$ は他の電子との相互作用によって生じる 1 電子エネルギーの変化分を表わし，自己エネルギーと呼ばれる．この変化分を加えた 1 電子エネルギーは

$$\tilde{\varepsilon}_{\boldsymbol{k}} = \frac{\hbar^2\boldsymbol{k}^2}{2m}+\Sigma^{(1)}(\boldsymbol{k})$$

である．ところが(1.61)式から $d\tilde{\varepsilon}_{\boldsymbol{k}}/d\boldsymbol{k}$ は Fermi 面で発散するので，(1.15)式により状態密度を求めると，Fermi 面での状態密度が 0 になる．このことは T の 1 次に比例する電子比熱を与えないという困難をもたらす．この困難は次節以下で述べるように Coulomb 相互作用の長距離部分をカットすることによって解決される．

さらに交換項の物理的意味を次のような Hartree-Fock 方程式を用いて考えてみよう．(1.5)式の平面波 $\varphi_{\boldsymbol{k}}$ に対して Coulomb 相互作用を Hartree-Fock 近似で取り扱うと

$$-\frac{\hbar^2\nabla^2}{2m}\varphi_{\boldsymbol{k}\sigma}(\boldsymbol{r})-\sum_{\boldsymbol{k}'<k_{\mathrm{F}}}e^2\int d\boldsymbol{r}'\varphi_{\boldsymbol{k}'\sigma}{}^*(\boldsymbol{r}')\varphi_{\boldsymbol{k}\sigma}(\boldsymbol{r}')\frac{1}{|\boldsymbol{r}'-\boldsymbol{r}|}\varphi_{\boldsymbol{k}'\sigma}(\boldsymbol{r})$$
$$= E_{\boldsymbol{k}}\varphi_{\boldsymbol{k}\sigma}(\boldsymbol{r}) \tag{1.64}$$

が得られる．左辺第 2 項が交換積分の項である．$\hat{A}$ として，非局所的な

$$\hat{A}\varphi_{\boldsymbol{k}}(\boldsymbol{r}) = \int d\boldsymbol{r}' A(\boldsymbol{r},\boldsymbol{r}')\varphi_{\boldsymbol{k}}(\boldsymbol{r}') \tag{1.65}$$

$$A(\boldsymbol{r},\boldsymbol{r}') = \sum_{\boldsymbol{k}'}\frac{e^2}{|\boldsymbol{r}-\boldsymbol{r}'|}\varphi_{\boldsymbol{k}'}{}^*(\boldsymbol{r}')\varphi_{\boldsymbol{k}'}(\boldsymbol{r}) = \frac{e^2}{\Omega}\sum_{\boldsymbol{k}'}\frac{e^{i\boldsymbol{k}'\cdot(\boldsymbol{r}-\boldsymbol{r}')}}{|\boldsymbol{r}-\boldsymbol{r}'|}$$
$$= \frac{e^2}{|\boldsymbol{r}-\boldsymbol{r}'|}\rho(\boldsymbol{r}-\boldsymbol{r}') \tag{1.66}$$

を考える．ここで，

$$\rho(\boldsymbol{r}-\boldsymbol{r}') = \frac{1}{\Omega}\sum_{\boldsymbol{k}'<k_{\mathrm{F}}}e^{i\boldsymbol{k}'\cdot(\boldsymbol{r}-\boldsymbol{r}')}$$
$$= \frac{k_{\mathrm{F}}{}^3}{2\pi^2}\left\{\frac{\sin(k_{\mathrm{F}}|\boldsymbol{r}-\boldsymbol{r}'|)}{(k_{\mathrm{F}}|\boldsymbol{r}-\boldsymbol{r}'|)^3}-\frac{\cos(k_{\mathrm{F}}|\boldsymbol{r}-\boldsymbol{r}'|)}{(k_{\mathrm{F}}|\boldsymbol{r}-\boldsymbol{r}'|)^2}\right\} \tag{1.67}$$

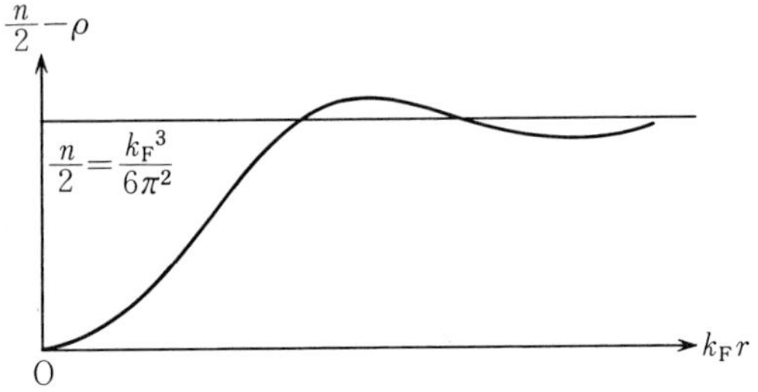

図 1-3 $\boldsymbol{r}=0$ にある電子と平行なスピンをもつ電子の分布．交換項による平行スピンの正孔を伴っているので，交換ホールと呼ばれる．

となる．(1.64)式の左辺第2項は $\boldsymbol{r}$ の位置にある電子に負のポテンシャルを与えるが，上の結果はそれを与える電子 $\boldsymbol{r}'$ が(1.67)式のように $\boldsymbol{r}$ を中心として分布していることを示している．図1-3に示すように，$\boldsymbol{r}$ の電子と同じ平行スピンをもつ電子が平均密度 $n/2$ から，あたかも1電子を除く正孔が分布しているようになっている．この正孔を**交換ホール**(exchange hole)と呼んでいる．

このHartree-Fock近似で含まれる交換項は，電子間のCoulomb相互作用による電子相関とは直接関係がない項である．同方向のスピンをもつ電子は，同じ $\boldsymbol{k}$ の値をとれないという**Pauli原理**の制約によって，お互いに近づくことが許されない．その結果として，Coulomb相互作用が減少することを交換項が表わしているのである．後に述べるように，反平行スピンの電子同士もCoulomb相互作用による反発のため，お互いに近づかないように運動するはずである．その結果，波動関数が変化し，Coulombエネルギーを下げることができる．Pauli原理という量子統計的な性質によってではなく，相互作用によって電子間の運動に相関が生じるわけで，これを**相関効果**と呼んでいる．これが本書の基本的な主題なのである．

1-6 スクリーニング効果

電子間の相互作用を考える準備として，仮に1つの電子を静止させて，それを電子ガス中に置かれた不純物と考えてみよう．一般化して次のような摂動ポテンシャルが働いたとする．

$$\delta u(\boldsymbol{r}, t) = ue^{i\boldsymbol{q}\cdot\boldsymbol{r}}e^{i\omega t+\alpha t} \tag{1.68}$$

ここで，摂動ポテンシャルは $\boldsymbol{q}$ と ω でそれぞれ空間的・時間的に振動するとした．α は正の微小量で，$t=-\infty$ では $\delta u=0$ であったとする．無摂動状態の電子は平面波で

$$\varphi_{\boldsymbol{k}} = \frac{1}{\sqrt{\Omega}}\exp\left[i\left(\boldsymbol{k}\cdot\boldsymbol{r}+\frac{\varepsilon_{\boldsymbol{k}}}{\hbar}t\right)\right] \tag{1.69}$$

と表わされる．(1.68)式の δu によって $\varphi_{\boldsymbol{k}}$ が

$$\Psi_{\boldsymbol{k}} = \varphi_{\boldsymbol{k}} + b_{\boldsymbol{k}+\boldsymbol{q}}(t)\varphi_{\boldsymbol{k}+\boldsymbol{q}} \tag{1.70}$$

に変化したとする．$b_{\boldsymbol{k}+\boldsymbol{q}}(t)$ は

$$b_{\boldsymbol{k}+\boldsymbol{q}}(t) = \frac{ue^{i\omega t+\alpha t}}{\varepsilon_{\boldsymbol{k}}-\varepsilon_{\boldsymbol{k}+\boldsymbol{q}}+\hbar\omega-i\hbar\alpha} \tag{1.71}$$

となる．これによる電荷分布の変化は

$$\begin{aligned}\delta\rho(\boldsymbol{r}, t) &= e\sum_{\boldsymbol{k}\sigma}\{|\Psi_{\boldsymbol{k}}(\boldsymbol{r}, t)|^2-1/\Omega\}\\ &\simeq \frac{e}{\Omega}\sum_{\boldsymbol{k}\sigma}\{b_{\boldsymbol{k}+\boldsymbol{q}}(t)e^{i\boldsymbol{q}\cdot\boldsymbol{r}}+b_{\boldsymbol{k}+\boldsymbol{q}}{}^*(t)e^{-i\boldsymbol{q}\cdot\boldsymbol{r}}\}\end{aligned} \tag{1.72}$$

となる．$\delta\rho(\boldsymbol{r}, t)$ が実数となるよう(1.68)式に δu^* を加えておくと

$$\begin{aligned}\delta\rho = \frac{e}{\Omega}\sum_{\boldsymbol{k}\sigma}f(\boldsymbol{k})\left\{\frac{u}{\varepsilon_{\boldsymbol{k}}-\varepsilon_{\boldsymbol{k}+\boldsymbol{q}}+\hbar\omega-i\hbar\alpha}+\frac{u}{\varepsilon_{\boldsymbol{k}}-\varepsilon_{\boldsymbol{k}-\boldsymbol{q}}-\hbar\omega+i\hbar\alpha}\right\}e^{i\boldsymbol{q}\cdot\boldsymbol{r}+i\omega t+\alpha t}\\ +\mathrm{C.C.}\end{aligned} \tag{1.73}$$

となる．ただし，C.C.は前の項の複素共役を意味する．$f(\boldsymbol{k})=f(\varepsilon_{\boldsymbol{k}})$ は Fermi 分布関数である．(1.73)式は少し書きかえて

$$\delta\rho = \frac{eu}{\Omega}\sum_{\boldsymbol{k}\sigma}\left\{\frac{f(\boldsymbol{k})-f(\boldsymbol{k}+\boldsymbol{q})}{\varepsilon_{\boldsymbol{k}}-\varepsilon_{\boldsymbol{k}+\boldsymbol{q}}+\hbar\omega-i\hbar\alpha}\right\}e^{i\boldsymbol{q}\cdot\boldsymbol{r}+i\omega t+\alpha t}+\mathrm{C.C.} \tag{1.74}$$

となる．この誘起された電荷分布 $\delta\rho$ は次の Poisson 方程式によってポテンシャル $\delta\boldsymbol{\Phi}(\boldsymbol{r},t)$ を生じる．

$$\nabla^2(\delta\boldsymbol{\Phi}) = -4\pi e\delta\rho \tag{1.75}$$

この $\delta\boldsymbol{\Phi}(\boldsymbol{r},t)$ も δu と同じ空間的・時間的変化をするとして

$$\delta\boldsymbol{\Phi}(\boldsymbol{r},t) = \boldsymbol{\Phi}e^{i\boldsymbol{q}\cdot\boldsymbol{r}+i\omega t+\alpha t}+\mathrm{C.C.} \tag{1.76}$$

を仮定すると(1.75)式から $\boldsymbol{\Phi}$ は

$$\boldsymbol{\Phi} = \frac{4\pi e^2}{q^2\Omega}\sum_{\boldsymbol{k}\sigma}\frac{f(\boldsymbol{k})-f(\boldsymbol{k}+\boldsymbol{q})}{\varepsilon_{\boldsymbol{k}}-\varepsilon_{\boldsymbol{k}+\boldsymbol{q}}+\hbar\omega-i\hbar\alpha}u \tag{1.77}$$

と求まる．これが最初に仮定したポテンシャル δu による電荷の再配列によって生じたポテンシャルである．この誘起されたポテンシャルが外的なポテンシャル $\delta V(\boldsymbol{r},t)$ に加わって，最初の δu があったとしてセルフコンシステントな形にすると

$$\delta u(\boldsymbol{r},t) = \delta V(\boldsymbol{r},t)+\delta\boldsymbol{\Phi}(\boldsymbol{r},t) \tag{1.78}$$

$$\delta V(\boldsymbol{r},t) = Ve^{i\boldsymbol{q}\cdot\boldsymbol{r}+i\omega t+\alpha t}+\mathrm{C.C.} \tag{1.79}$$

である．結局，外から導入された V によって生じる電場 u は

$$u = V+\left\{\frac{4\pi e^2}{q^2\Omega}\sum_{\boldsymbol{k}\sigma}\frac{f(\boldsymbol{k})-f(\boldsymbol{k}+\boldsymbol{q})}{\varepsilon_{\boldsymbol{k}}-\varepsilon_{\boldsymbol{k}+\boldsymbol{q}}+\hbar\omega-i\hbar\alpha}\right\}u \tag{1.80}$$

となる．誘電関数 $\varepsilon(\boldsymbol{q},\omega)$ を次のように導入して

$$\varepsilon(\boldsymbol{q},\omega) = 1+\frac{4\pi e^2}{q^2\Omega}\sum_{\boldsymbol{k}\sigma}\frac{f(\boldsymbol{k})-f(\boldsymbol{k}+\boldsymbol{q})}{\varepsilon_{\boldsymbol{k}+\boldsymbol{q}}-\varepsilon_{\boldsymbol{k}}-\hbar\omega+i\hbar\alpha} \tag{1.81}$$

$$u = \frac{V}{\varepsilon(\boldsymbol{q},\omega)} \tag{1.82}$$

となる．今までの議論をまとめると，外部から

$$\delta V(\boldsymbol{r},t) = \iint V(\boldsymbol{q},\omega)e^{i\boldsymbol{q}\cdot\boldsymbol{r}+i\omega t}d\boldsymbol{q}d\omega \tag{1.83}$$

が導入されると，それを電子が遮蔽して，

$$\delta u(\boldsymbol{r},t) = \iint\frac{V(\boldsymbol{q},\omega)}{\varepsilon(\boldsymbol{q},\omega)}e^{i\boldsymbol{q}\cdot\boldsymbol{r}+i\omega t}d\boldsymbol{q}d\omega \tag{1.84}$$

なるポテンシャルが実在することになる．

遮蔽(screening)**の効果**の物理的意味を考えるために，$\omega=0$ の静的な場合でさらに空間変化がゆるやかな $\boldsymbol{q}\simeq 0$ の場合を考える．

$$\varepsilon_{\boldsymbol{k}+\boldsymbol{q}}-\varepsilon_{\boldsymbol{k}} \simeq \boldsymbol{q}\cdot\nabla_{\boldsymbol{k}}\varepsilon_{\boldsymbol{k}} \tag{1.85}$$

であり，$f(\boldsymbol{k})$ は $\varepsilon_{\boldsymbol{k}}$ の関数であるから，

$$f(\boldsymbol{k})-f(\boldsymbol{k}+\boldsymbol{q}) \simeq -\boldsymbol{q}\cdot\frac{\partial f}{\partial \varepsilon_{\boldsymbol{k}}}\nabla_{\boldsymbol{k}}\varepsilon_{\boldsymbol{k}} \tag{1.86}$$

を用いて

$$\varepsilon(\boldsymbol{q},0) \simeq 1+\frac{\lambda^2}{q^2} \qquad (\boldsymbol{q}\to 0) \tag{1.87}$$

$$\lambda^2 = 4\pi e^2\rho(\varepsilon_{\mathrm{F}})/\Omega \tag{1.88}$$

となる．$\rho(\varepsilon_{\mathrm{F}})$ は Fermi 面における電子の状態密度である．(1.87)式によると $\boldsymbol{q}\to 0$ の長波長成分に対して，誘電率 ε が無限大になり，電子分布の変化によって完全に遮蔽されることを示している．(1.87)式を Coulomb 相互作用 $V(\boldsymbol{q})=4\pi e^2/q^2$ に用いて，

$$\int d\boldsymbol{q}\frac{4\pi e^2}{q^2}\left(\frac{q^2}{q^2+\lambda^2}\right)e^{i\boldsymbol{q}\cdot\boldsymbol{r}} = \frac{e^2}{r}e^{-\lambda r} \tag{1.89}$$

となり，λ^{-1} の距離で Coulomb 相互作用が遮蔽される．$\rho(\varepsilon_{\mathrm{F}})$ に(1.15)式を代入して

$$\lambda = \left(\frac{4me^2}{\pi\hbar^2}k_{\mathrm{F}}\right)^{1/2} \tag{1.90}$$

Bohr 半径 $a_{\mathrm{B}}=\hbar^2/me^2$ であるから

$$\lambda \simeq \left(\frac{4}{\pi}\frac{k_{\mathrm{F}}}{a_{\mathrm{B}}}\right)^{1/2} \tag{1.91}$$

となり，遮蔽距離 $1/\lambda$ は原子間距離にほぼ等しい．局所的な電荷の源として，電子自体を考えると，電子の電荷はほぼ原子間距離に等しい距離で他の電子によって遮蔽されることを示している．つまり，電子はお互いに避けあって，遠くから見ると一様な電荷分布をしている．ただし，第3章で述べるが $q=2k_{\mathrm{F}}$ に相当する短波長の $1/r^3$ の振幅の $\cos 2k_{\mathrm{F}}r$ の振動は **Friedel の振動**と呼ばれ，$\boldsymbol{q}=0$ 付近の指数関数的減衰よりも遠くに及ぶ．

1-7 プラズマ振動

電子ガスの運動を調べるために，電子密度の Fourier 変換(1.38)式の $\rho_{\boldsymbol{q}}$ の運動を考える．$\dot{\rho}_{\boldsymbol{q}}=d\rho_{\boldsymbol{q}}/dt$ として

$$\dot{\rho}_{\boldsymbol{q}} = [\rho_{\boldsymbol{q}}, \mathcal{H}]/i\hbar \tag{1.92}$$

ここで，ハミルトニアンとしては，(1.39)式の $\mathcal{H}_{\mathrm{e}}$ を用いると

$$\mathcal{H} = \sum_i \frac{\boldsymbol{p}_i{}^2}{2m} + \sum_{\boldsymbol{q}} \frac{2\pi e^2}{q^2}(\Omega\rho_{\boldsymbol{q}}{}^{\dagger}\rho_{\boldsymbol{q}} - n) \tag{1.39}$$

$$\dot{\rho}_{\boldsymbol{q}} = -i\frac{1}{\Omega}\sum_i\left(\frac{\boldsymbol{q}\cdot\boldsymbol{p}_i}{m}+\frac{\hbar\boldsymbol{q}^2}{2m}\right)e^{-i\boldsymbol{q}\cdot\boldsymbol{r}_i} \tag{1.93}$$

となる．さらに，$\dot{\rho}_{\boldsymbol{q}}$ と $\mathcal{H}$ の交換関係から $\ddot{\rho}_{\boldsymbol{q}}$ を求めて

$$\ddot{\rho}_{\boldsymbol{q}} = -\frac{1}{\Omega}\sum_i\left(\frac{\boldsymbol{q}\cdot\boldsymbol{p}_i}{m}+\frac{\hbar\boldsymbol{q}^2}{2m}\right)^2 e^{-i\boldsymbol{q}\cdot\boldsymbol{r}_i} - \sum_{\boldsymbol{q}'}\frac{4\pi e^2}{mq'^2}\boldsymbol{q}\cdot\boldsymbol{q}'\rho_{\boldsymbol{q}-\boldsymbol{q}'}\rho_{\boldsymbol{q}'} \tag{1.94}$$

となる．ここで，右辺の後の項は(1.93)式の第1項を $\mathcal{H}$ の Coulomb 相互作用の項に作用させて生じる．この項の中で，$\boldsymbol{q}'=\boldsymbol{q}$ なる項を特にとりだして

$$\ddot{\rho}_{\boldsymbol{q}}+\omega_{\mathrm{p}}{}^2\rho_{\boldsymbol{q}} = -\frac{1}{\Omega}\sum_i\left(\frac{\boldsymbol{q}\cdot\boldsymbol{p}_i}{m}+\frac{\hbar\boldsymbol{q}^2}{2m}\right)^2 e^{-i\boldsymbol{q}\cdot\boldsymbol{r}_i} - \sum_{\boldsymbol{q}'\neq\boldsymbol{q}}\frac{4\pi e^2}{m\boldsymbol{q}'^2}\boldsymbol{q}\cdot\boldsymbol{q}'\rho_{\boldsymbol{q}-\boldsymbol{q}'}\rho_{\boldsymbol{q}'} \tag{1.95}$$

とする．ただし，$\rho_{\boldsymbol{q}=0}=n$ を用いて

$$\omega_{\mathrm{p}} = (4\pi ne^2/m)^{1/2} \tag{1.96}$$

とおいた．(1.95)式で右辺が小さいときは

$$\ddot{\rho}_{\boldsymbol{q}}+\omega_{\mathrm{p}}{}^2\rho_{\boldsymbol{q}} = 0 \tag{1.97}$$

となり，$\rho_{\boldsymbol{q}}$ は一定の振動数 ω_{p} で振動する．この電子密度の揺らぎの振動を**プラズマ振動**と呼んでいる．その振動数は $n\sim10^{23}/\mathrm{cm}^3$ とすると $\omega_{\mathrm{p}}\sim2\times10^{16}/\mathrm{s}$ となり，$\hbar\omega_{\mathrm{p}}$ は 12 eV 程度のエネルギーになる．この振動は常温では励起されず，通常零点振動のみが存在する*．つまり，普通の金属では電子密度の揺

* この結果，波数 q の密度の揺らぎの2乗平均は $(\hbar^2q^2/2m)/\hbar\omega_{\mathrm{p}}$ 倍だけ小さくなる．

らぎはなく，一様な密度を保つように電子は運動する．(1.95)式の右辺が小さいと仮定したが，その条件を調べよう．第2項の $\rho_{\boldsymbol{q}-\boldsymbol{q}'}$ の平均値は $\boldsymbol{q}' \neq \boldsymbol{q}$ においては

$$\rho_{\boldsymbol{q}-\boldsymbol{q}'} = \frac{1}{\Omega} \sum_i e^{i(\boldsymbol{q}-\boldsymbol{q}')\cdot \boldsymbol{r}_i} \qquad (1.98)$$

と位相の異なる項の和をとることになり，それらは打ち消しあい，寄与は小さい．このように乱雑な位相の項の和を無視する近似を**乱雑位相近似**(random phase approximation)と呼んでいる．右辺第1項は小さい $\boldsymbol{q}$ に対して，$\boldsymbol{p}_i/m \simeq \boldsymbol{v}_{\mathrm{F}}$ と Fermi 面での速度で近似すると，$\boldsymbol{q}^2 v_{\mathrm{F}}{}^2 \rho_{\boldsymbol{q}}$ の大きさになる．したがって，(1.97)式の成立する条件は(1.88)式の λ を用いて

$$q < \frac{\omega_{\mathrm{p}}}{v_{\mathrm{F}}} \simeq \left(\frac{4\pi n e^2}{m v_{\mathrm{F}}{}^2}\right)^{1/2} \simeq \left(\frac{2\pi n e^2}{\varepsilon_{\mathrm{F}}}\right)^{1/2} \simeq \left(\frac{2\pi \rho(\varepsilon_{\mathrm{F}}) e^2}{\Omega}\right)^{1/2} = \frac{\lambda}{\sqrt{2}} \qquad (1.99)$$

上式から遮蔽距離 $1/\lambda$ より長波長の $\boldsymbol{q}$ に対して，(1.97)式が成立することがわかる．このように，遮蔽距離より長波長の $\boldsymbol{q}$ に対する電子の運動の自由度はプラズマ振動として記述される．残りは遮蔽された Coulomb 相互作用をもつ電子系となる*．(1.52)式から

$$n = \left(\frac{4\pi}{3} r_0{}^3\right)^{-1} = \frac{2}{(2\pi)^3} \frac{4\pi}{3} k_{\mathrm{F}}{}^3 \qquad (1.100)$$

$$r_{\mathrm{s}} = \left(\frac{9\pi}{4}\right)^{1/3} \Big/ (a_{\mathrm{B}} k_{\mathrm{F}}) \qquad (1.101)$$

であるから(1.91)式の λ は

$$\lambda \simeq \left(\frac{12}{\pi}\right)^{1/3} \frac{1}{a_{\mathrm{B}} r_{\mathrm{s}}{}^{1/2}} \qquad (1.102)$$

となる．以上の結果から，(1.45)式の第2項の Coulomb 相互作用の $\boldsymbol{q}$ は $1/\sqrt{r_{\mathrm{s}}}$ に比例する λ によって下限がカットされ，$\boldsymbol{q}=0$ の発散はなくなる．

---

* D. Bohm and D. Pines: Phys. Rev. **92** (1953) 609.

1-8 電子ガスの基底エネルギー

1-5 節の(1.60)式で Coulomb 相互作用の 1 次まで基底エネルギーを求めた．それ以後の議論によると Coulomb 相互作用は，その長波長部分が遮蔽によりカットされ，$q_c=\lambda$ より大きい $\boldsymbol{q}$ 成分のみを摂動展開していると考えてよい．

次の次数は 2 次である．図 1-4 に示す直接過程 $E_2{}^{(a)}$ と図 1-5 に示す交換過程 $E_2{}^{(b)}$ からなる．直接過程のエネルギー分母は

$$E_{\boldsymbol{k}\boldsymbol{k}'}(\boldsymbol{q}) = \frac{\hbar^2}{2m}\{(\boldsymbol{k}-\boldsymbol{q})^2+(\boldsymbol{k}'+\boldsymbol{q})^2-\boldsymbol{k}^2-\boldsymbol{k}'^2\} = \frac{\hbar^2}{m}\boldsymbol{q}\cdot(\boldsymbol{k}'-\boldsymbol{k}+\boldsymbol{q}) \tag{1.103}$$

である．この直接過程のエネルギー $E_2{}^{(a)}$ は同じ過程の数 2 とスピンの和からくる因子 4 も含め

$$E_2{}^{(a)} = -8\sum_{\boldsymbol{k}\boldsymbol{k}'\boldsymbol{q}}\left(\frac{2\pi e^2}{\boldsymbol{q}^2}\right)^2\frac{m}{\hbar^2\boldsymbol{q}\cdot(\boldsymbol{k}'-\boldsymbol{k}+\boldsymbol{q})}f_{\boldsymbol{k}}(1-f_{\boldsymbol{k}-\boldsymbol{q}})f_{\boldsymbol{k}'}(1-f_{\boldsymbol{k}'+\boldsymbol{q}}) \tag{1.104}$$

となる．図 1-5 の交換過程の寄与も同様にして，過程の数 2 とスピンの和の因子 2 を含めて次式で与えられる．

$$E_2{}^{(b)} = 4\sum_{\boldsymbol{k}\boldsymbol{k}'\boldsymbol{q}}\frac{2\pi e^2}{\boldsymbol{q}^2}\frac{2\pi e^2}{(\boldsymbol{k}'-\boldsymbol{k}+\boldsymbol{q})^2}\frac{m}{\hbar^2\boldsymbol{q}\cdot(\boldsymbol{k}'-\boldsymbol{k}+\boldsymbol{q})}f_{\boldsymbol{k}}(1-f_{\boldsymbol{k}-\boldsymbol{q}})f_{\boldsymbol{k}'}(1-f_{\boldsymbol{k}'+\boldsymbol{q}}) \tag{1.105}$$

1 次の摂動と同じく 1 電子当りのエネルギーを Ry を単位として表わし，$\boldsymbol{k}_1=\boldsymbol{k}/k_{\mathrm{F}}$，$\boldsymbol{k}_2=\boldsymbol{k}'/k_{\mathrm{F}}$，$\boldsymbol{q}=\boldsymbol{q}/k_{\mathrm{F}}$ として

$$\begin{aligned}\varepsilon_2{}^a &= \frac{E_2{}^{(a)}}{N_{\mathrm{e}}}\Big/\frac{me^4}{2\hbar^2} = -\frac{3}{8}\frac{1}{\pi^5}\int\frac{d\boldsymbol{q}}{\boldsymbol{q}^4}\int_{\substack{k_1<1\\|\boldsymbol{k}_1+\boldsymbol{q}|>1}}d\boldsymbol{k}_1\int_{\substack{k_2<1\\|\boldsymbol{k}_2+\boldsymbol{q}|>1}}\frac{d\boldsymbol{k}_2}{\boldsymbol{q}^2+\boldsymbol{q}\cdot(\boldsymbol{k}_1+\boldsymbol{k}_2)}\\ &= \frac{4}{\pi^2}(1-\log 2)\log q_{\mathrm{c}}\end{aligned} \tag{1.106}$$

q_{c} は遮蔽によるカットオフで(1.101),(1.102)式から

$$q_{\mathrm{c}} = \lambda/k_{\mathrm{F}} \propto r_{\mathrm{s}}{}^{1/2} \tag{1.107}$$

である．もし $q_{\mathrm{c}}=0$ とすると(1.106)式は対数発散する．交換項 $\varepsilon_2{}^b=E_2{}^{(b)}/N_{\mathrm{e}}$

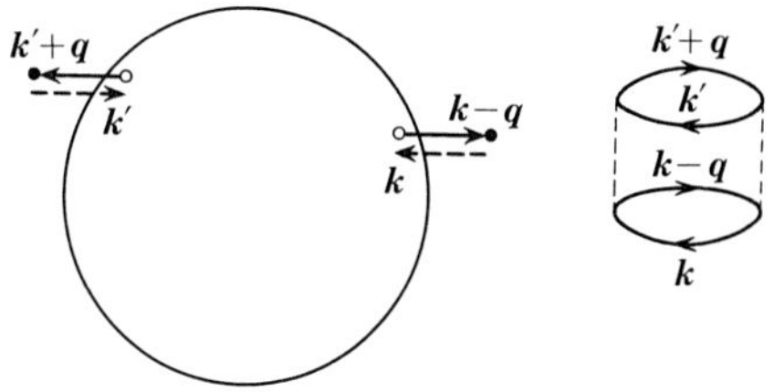

図 1-4　2 次の直接過程.

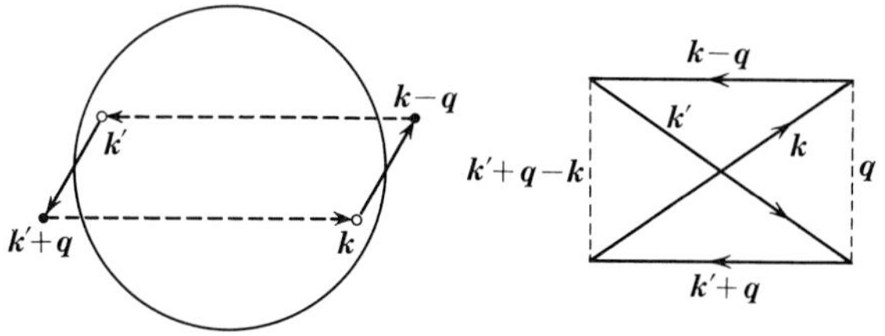

図 1-5　2 次の交換過程.

は Ry 単位で

$$\varepsilon_2{}^b \simeq 0.046\,\mathrm{Ry} \tag{1.108}$$

となる r_s によらない一定の値である.

この 2 次の例からわかるように，図 1-6 に示すような小さな運動量 $\boldsymbol{q}$ を介して繰り返し相互作用する項が大きな寄与をすることがわかる．Gell-Mann と Brueckner による計算*では 2 次以上の電子相関による寄与は

$$\varepsilon_c = \frac{2}{\pi^2}(1-\log 2)\left[\log\frac{4\alpha r_s}{\pi}+\langle\log R\rangle_{av}-\frac{1}{2}\right] \tag{1.109}$$

となる．ここで,

$$\alpha = \left(\frac{9\pi}{4}\right)^{1/3}, \quad R = 1-u\tan^{-1}\left(\frac{1}{u}\right) \tag{1.110}$$

として

---

* M. Gell-Mann and K. Brueckner: Phys. Rev. **106** (1957) 364.

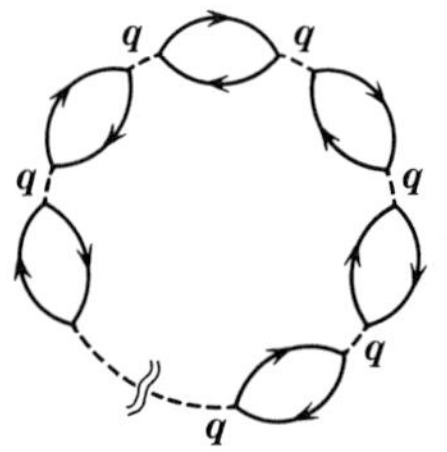

図 1-6 最も寄与の大きいグラフ．小さな運動量 $\boldsymbol{q}$ の Coulomb 相互作用を繰り返す．

$$\langle \log R \rangle_{\mathrm{av}} = \int_{-\infty}^{\infty} R^2(u) \log R du \Big/ \int_{-\infty}^{\infty} R^2(u) du = -0.551 \qquad (1.111)$$

である．これらを代入して，相関エネルギー ε_{c} は

$$\varepsilon_{\mathrm{c}} = 0.0622 \log r_{\mathrm{s}} - 0.096 \qquad (1.112)$$

となる．

(1.56), (1.60), (1.112)式をあわせて全エネルギー ε_{t} は

$$\varepsilon_{\mathrm{t}} = \frac{2.21}{{r_{\mathrm{s}}}^2} - \frac{0.916}{r_{\mathrm{s}}} + 0.0622 \log r_{\mathrm{s}} - 0.096 \qquad (1.113)$$

となる．この結果は r_{s} が小さい，電子密度の高い場合に正確な表式になっている．

なお，図 1-6 で表わされる基底エネルギーは乱雑位相近似(RPA)で求めた誘電関数(1.81)式の $\varepsilon(\boldsymbol{q}, \omega)$ を付録 A に示した Feynman の関係式に用いて求めることもできる．

1-9 Wigner 結晶

(1.56)式で見たように電子の運動エネルギーは r_{s}^{-2} に比例する．一方，電子間の Coulomb 相互作用は r_{s}^{-1} に比例する．それ故，電子密度を低くして r_{s} を大きくしていくと必ず Coulomb 相互作用によるポテンシャルが運動エネルギーより大きくなる．このことは，低密度の極限で，電子は Coulomb 相互作用のエネルギーを下げるためにできるだけ互いに離れた位置に局在することを示している．つまり，電子の結晶化が起きると考えられる．この結晶は Wigner

によって提唱されたので，**Wigner 結晶**と呼ばれている*.

半径 r_0 の球に相当する体積の単位胞内に 1 電子が局在するとして，そのエネルギーを求めてみよう．半径 r_0 の球内に電子が中心から r の位置にあるとして，一様な正電荷によるポテンシャル $V(\boldsymbol{r})$ を求める．

$$V(\boldsymbol{r}) = \left\{e\int_{r'>r}^{r_0}\frac{d\boldsymbol{r}'}{|\boldsymbol{r}'-\boldsymbol{r}|}+e\int_{r'<r}\frac{d\boldsymbol{r}'}{|\boldsymbol{r}'-\boldsymbol{r}|}\right\}\frac{3}{4\pi r_0{}^3} = \frac{3}{2}\frac{e}{r_0}-\frac{er^2}{2r_0{}^3} \tag{1.114}$$

したがって，中心から r の位置にある電子のハミルトニアンは

$$\mathcal{H} = \frac{\boldsymbol{p}^2}{2m}+\frac{e^2r^2}{2r_0{}^3}-\frac{3}{2}\frac{e^2}{r_0} \tag{1.115}$$

となる．右辺第 3 項は定数であるから，前の 2 項で運動が決まる．r^2 に比例したポテンシャルが働くので，単振動となる．その振動数は

$$\omega^2 = \frac{e^2}{mr_0{}^3} = \frac{\omega_{\mathrm{p}}{}^2}{3} \tag{1.116}$$

である．ここで，(1.96)式の $\omega_{\mathrm{p}}{}^2=4\pi ne^2/m$ と $n=3/4\pi r_0{}^3$ を用いた．結晶化した電子のエネルギーは

$$\varepsilon_{\mathrm{sol}} = -\frac{3}{2}\frac{e^2}{r_0}+\frac{\hbar\omega_{\mathrm{p}}}{2}\sqrt{3} \tag{1.117}$$

となる．右辺第 2 項は零点振動のエネルギーを表わす．3 つのモードがあるので 3 倍してある．$\varepsilon_{\mathrm{sol}}$ を r_{s} を用いて表わすと次のようになる．

$$\varepsilon_{\mathrm{sol}} = -\frac{3}{r_{\mathrm{s}}}+\frac{3}{r_{\mathrm{s}}{}^{3/2}}\ \mathrm{Ry} \tag{1.118}$$

一方，Hartree-Fock 近似では，電子は結晶全体に一様に分布している．そのエネルギーは電子間および正電荷との相互作用に交換エネルギーを加えて

$$\varepsilon_{\mathrm{HF}} = \frac{1.2}{r_{\mathrm{s}}}-\frac{2.4}{r_{\mathrm{s}}}-\frac{0.92}{r_{\mathrm{s}}} = -\frac{2.12}{r_{\mathrm{s}}}\ \mathrm{Ry} \tag{1.119}$$

となる．確かに r_{s} が大きいときは(1.118)式の方がエネルギーが低い．

---

* E. P. Wigner: Phys. Rev. **46** (1934) 1002.

2 Fermi 液体論

相互作用する Fermi 粒子系の正常状態(normal state)と呼ばれる長距離秩序のない状態を考える．この正常状態は低温では，Fermi 液体と呼ばれ，自由な準粒子の集団として，自由な Fermi 気体から連続的に移行したものと考えてよい．このような Fermi 液体の考え方は Landau によって導入され，発展させられた．簡明な理論に含まれる豊かな内容は多体問題の解決法の 1 つの手本でもある．本章では Landau の Fermi 液体論の基礎とその内容を紹介する．

2-1 連続の原理

Fermi 液体論の考え方の基本は，Fermi 気体から出発し，ゆっくりと粒子間に相互作用を導入して Fermi 液体に断熱的に接続するというものである．この相互作用が導入される前後の状態には 1 対 1 の対応がある．同じ対称性に属する状態は交差せず，新しい状態は古い状態の量子数を用いて表わされる．相互作用のない Fermi 気体は分布関数 $n(\boldsymbol{k})$ で記述できるから，Fermi 液体も $n(\boldsymbol{k})$ で記述できる．相互作用を導入した Fermi 液体で，量子数 $\boldsymbol{k},\sigma$ で指定される状態を**準粒子**(quasi-particle)と呼んでいる．このような準粒子で記述できるためには，以下のような条件が必要である．

Nozières や Anderson による **Landau 理論**の説明を参考にして，**Fermi 液体論**の基礎を考えてみよう．電子間の相互作用を導入していく割合を R とする．τ_0 をその導入に要する時間とすると $R=\hbar/\tau_0$ である．R が小さいことは，ゆっくり相互作用が導入されエネルギーの分解能が高いことになる．われわれは温度 T に対応する励起を考えるから，それより分解能が高いことが必要である．

$$R < k_{\mathrm{B}}T \tag{2.1}$$

一方，準粒子が消滅し多体的な固有状態に減衰していく時間を τ とすると，τ より速く相互作用を導入しないとそれによって形成される準粒子を考えることができない．

$$R > \hbar/\tau \tag{2.2}$$

(2.1)と(2.2)式が両立することが Fermi 液体論に必要である．つまり，

$$k_{\mathrm{B}}T > R > \hbar/\tau \tag{2.3}$$

となる R が存在することが必要で，そのためには，$k_{\mathrm{B}}T$ に対して準粒子の減衰率 $\hbar/\tau$ が小さくなければならない．この条件は，Fermi 縮退温度 $T_{\mathrm{F}}=\varepsilon_{\mathrm{F}}/k_{\mathrm{B}}$ より十分低温であれば必ず満足される．このことは次のように示すことができる．

今，電子間の相互作用 $V(\boldsymbol{r})$ を Fourier 変換して，

$$V(\boldsymbol{q}) = \int d\boldsymbol{r} e^{i\boldsymbol{q}\cdot\boldsymbol{r}} V(\boldsymbol{r}) \tag{2.4}$$

で相互作用する電子を考える．図 2-1 に示すように Fermi 球外に励起された電子 $\boldsymbol{k}$ が，球内の電子 $\boldsymbol{k}'$ と相互作用し，それぞれ $\boldsymbol{k}-\boldsymbol{q}$ と $\boldsymbol{k}'+\boldsymbol{q}$ に散乱され，もう 1 度それらが相互作用 $V(\boldsymbol{q})$ によって，$\boldsymbol{k}$ と $\boldsymbol{k}'$ にもどる 2 次の過程を考える．この過程による電子 $\boldsymbol{k}$ の自己エネルギーを求める．

$$\Sigma^{(2)}(\boldsymbol{k}, \varepsilon_{\boldsymbol{k}}) = \int d\boldsymbol{q} \int d\boldsymbol{k}' \frac{|V(\boldsymbol{q})|^2}{D-i\eta} \tag{2.5}$$

ここで，エネルギー分母は $D=\varepsilon_{\boldsymbol{k}}+\varepsilon_{\boldsymbol{k}'}-\varepsilon_{\boldsymbol{k}-\boldsymbol{q}}-\varepsilon_{\boldsymbol{k}'+\boldsymbol{q}}$ であり，η は正の微小量で

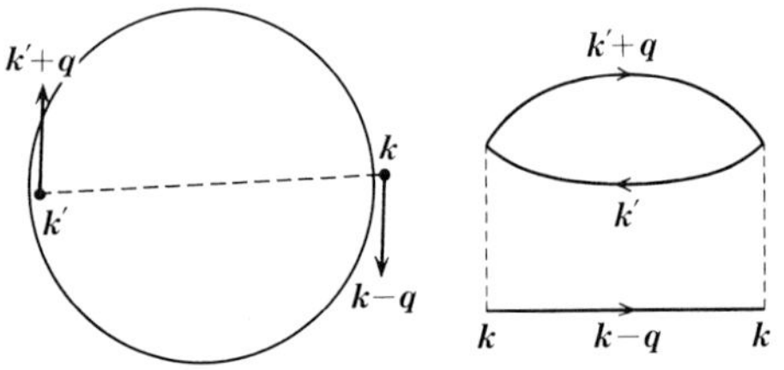

図 2-1　2 次の自己エネルギー．破線は相互作用 $V(\boldsymbol{q})$ を表わし，実線は電子と正孔を表わす．

ある．減衰率 $1/\tau$ は

$$
\begin{aligned}
\frac{1}{\tau} &= \frac{1}{\hbar}\lim_{\eta\to 0}\int d\boldsymbol{q}\int d\boldsymbol{k}'|V(\boldsymbol{q})|^2\,\mathrm{Im}\left(\frac{1}{D-i\eta}\right) \\
&= \frac{\pi}{\hbar}\int d\boldsymbol{q}\int d\boldsymbol{k}'\delta(D)|V(\boldsymbol{q})|^2
\end{aligned}
\qquad (2.6)
$$

で与えられる．$\varepsilon_{\boldsymbol{k}}$ は Fermi エネルギーを基準にして $\varepsilon_{\boldsymbol{k}}=\hbar^2k^2/2m-\varepsilon_{\mathrm{F}}$ とすると，最初 $\varepsilon_{\boldsymbol{k}}$ の電子が Fermi 球内の $\varepsilon_{\boldsymbol{k}'}$ と衝突し，$\varepsilon_{\boldsymbol{k}-\boldsymbol{q}}$ と $\varepsilon_{\boldsymbol{k}'+\boldsymbol{q}}$ という Fermi 球外の 2 電子と $\varepsilon_{\boldsymbol{k}'}$ の正孔を残すから，エネルギー保存則を満たすためには，$\varepsilon_{\boldsymbol{k}'+\boldsymbol{q}}, \varepsilon_{\boldsymbol{k}-\boldsymbol{q}}, -\varepsilon_{\boldsymbol{k}'}$ のすべてが $\varepsilon_{\boldsymbol{k}}$ より小さくなければならない．この条件によって $\boldsymbol{k}'$ と $\boldsymbol{q}$ の積分は $\varepsilon_{\boldsymbol{k}}$ の大きさで制限される．その結果，(2.6)式は

$$
\frac{\hbar}{\tau} = \pi V^2{\varepsilon_{\boldsymbol{k}}}^2\rho^3 = \pi\rho V^2\left(\frac{k_{\mathrm{B}}T}{\varepsilon_{\mathrm{F}}}\right)^2 \qquad (2.7)
$$

の大きさとなる．ただし，(2.7)式では状態密度 $\rho=1/\varepsilon_{\mathrm{F}}$ とし，電子の励起エネルギー $\varepsilon_{\boldsymbol{k}}$ は $k_{\mathrm{B}}T$ の大きさとした．(2.7)式の減衰率は $k_{\mathrm{B}}T$ に比べて

$$
\frac{\hbar}{\tau}\bigg/k_{\mathrm{B}}T = \pi\left(\frac{V}{\varepsilon_{\mathrm{F}}}\right)^2\frac{k_{\mathrm{B}}T}{\varepsilon_{\mathrm{F}}} \qquad (2.8)
$$

となる．$k_{\mathrm{B}}T\ll\varepsilon_{\mathrm{F}}$ である限り，前述の(2.3)式が成立する．(2.7)式のように $\hbar/\tau$ が小さくなったのは，電子数は多くても，エネルギー保存則と Pauli 原理のため散乱に寄与できるのは Fermi 面から $k_{\mathrm{B}}T$ のエネルギー幅の電子であり，Fermi 縮退した電子の散乱の確率が著しく制限されるためである．こうして，Fermi 面近くの準粒子は長い寿命をもつ．

一方，自己エネルギーの実数部分は

$$\Delta\varepsilon_{\boldsymbol{k}} = \mathrm{Re}\,\Sigma^{(2)}(\boldsymbol{k}, \varepsilon_{\boldsymbol{k}}) = \int d\boldsymbol{q} \int d\boldsymbol{k}' \frac{|V(\boldsymbol{q})|^2}{D} \tag{2.9}$$

で与えられ，小さいとは限らない．後に述べるように，この相互作用によるエネルギーシフト $\Delta\varepsilon_{\boldsymbol{k}}$ によって，準粒子の質量や速度が変化する．

Landau の Fermi 液体論の重要な点は，次のことにある．自由な Fermi 気体と相互作用の働いている Fermi 液体の状態の間に 1 対 1 の対応があることである．今，$\boldsymbol{k}$ という波数ベクトルをもつ準粒子を Fermi 球 $|0\rangle$ につけた状態を $Q_{\boldsymbol{k}}{}^{\dagger}|0\rangle$ と表わそう．この状態をもとの裸の粒子で表わすと，多数の電子・正孔対を伴った状態の線形結合となる．係数を $\Gamma_1, \Gamma_2, \cdots$ として，

$$Q_{\boldsymbol{k}}{}^{\dagger}|0\rangle = \sqrt{z_{\boldsymbol{k}}}\Big\{C_{\boldsymbol{k}}{}^{\dagger} + \sum_{\boldsymbol{k}_1\boldsymbol{k}_2\boldsymbol{k}_3} \Gamma_1 C_{\boldsymbol{k}_1}{}^{\dagger} C_{\boldsymbol{k}_2}{}^{\dagger} C_{\boldsymbol{k}_3} + \sum_{\boldsymbol{k}_1\boldsymbol{k}_2\cdots\boldsymbol{k}_5} \Gamma_2 C_{\boldsymbol{k}_1}{}^{\dagger} C_{\boldsymbol{k}_2}{}^{\dagger} C_{\boldsymbol{k}_3}{}^{\dagger} C_{\boldsymbol{k}_4} C_{\boldsymbol{k}_5} + \cdots\Big\}|0\rangle \tag{2.10}$$

このように，裸の粒子 $C_{\boldsymbol{k}}{}^{\dagger}$ と $Q_{\boldsymbol{k}}{}^{\dagger}$ が対応する．$Q_{\boldsymbol{k}}{}^{\dagger}|0\rangle$ は $C_{\boldsymbol{k}}{}^{\dagger}|0\rangle$ 以外に相互作用によって生じた電子・正孔対励起を伴った状態を含んでいる．個々の衝突は電荷，粒子数，運動量，スピンを保存する．したがって，(2.10)式の右辺の各項は全電子と全正孔の和として，1 つの電荷と電子をもち，運動量としては同一の値 $\boldsymbol{k}$ をもつ．例えば，右辺の第 2 項，第 3 項でそれぞれ，$\boldsymbol{k}_1+\boldsymbol{k}_2-\boldsymbol{k}_3=\boldsymbol{k}$, $\boldsymbol{k}_1+\boldsymbol{k}_2+\boldsymbol{k}_3-\boldsymbol{k}_4-\boldsymbol{k}_5=\boldsymbol{k}$ が成立する．こうして，(2.10)式の右辺を規格化したものを 1 つの準粒子 $Q_{\boldsymbol{k}}{}^{\dagger}$ に対応させることができる．$z_{\boldsymbol{k}}$ を**波動関数のくりこみ因子**(wave-function renormalization factor)と呼んでいる．相互作用する前の裸の粒子 $C_{\boldsymbol{k}}{}^{\dagger}$ が準粒子の状態 $Q_{\boldsymbol{k}}{}^{\dagger}$ に占める割合が $z_{\boldsymbol{k}}$ である．

相互作用の強さをゆっくり変化させて，自由粒子からそれぞれに対応する準粒子に移行できるのであるが，その移行が連続的であることが重要である．自由な Fermi 気体から，相互作用した Fermi 液体への移行が連続的であることは，理論的には相互作用の強さに関して解析的であり，相互作用に関して摂動展開が可能なことを保証しているのである．この具体例を第 5 章の磁性不純物に対する Anderson 模型で見ることができる．

さらに $Q_{\boldsymbol{k}}^{\dagger}$ と $C_{\boldsymbol{k}}^{\dagger}$ の1対1対応の結果として占有される状態数は変わらないから自由な Fermi 気体から接続すると Fermi 球の半径は不変であり，相互作用導入前後の Fermi 面の囲む体積が不変であることがわかる．一般的な形の Fermi 面は相互作用により変形しうるが，その囲む体積は不変である．この性質は Luttinger が微視的な議論で一般的に証明したので **Luttinger の定理**と呼ばれる*.

最後に念のため少しつけ加えると，(2.10)式では波数 $\boldsymbol{k}$ をもつ裸の粒子が，相互作用により電子・正孔対を伴った準粒子に移行することを示している．一方，(2.6)式は $\boldsymbol{k}$ をもつ電子が電子・正孔対と電子に遷移する確率を与え，$\boldsymbol{k}$ をもつ電子は消えること，さらにこれをくり返すと準粒子は消滅して，インコヒーレントな状態へ移行することを示している．したがって，τ を準粒子の寿命と考えることができる．

2-2 Landau の Fermi 液体論

本節以下，Nozières による Landau 理論の紹介を基本として述べる**.

粒子数 N，体積 Ω の自由 Fermi 気体を考える．温度 $T=0$ として，粒子が図 2-2 のように Fermi 波数 k_{F} まで分布したとすると，k_{F} は

$$\frac{N}{\Omega}=\frac{k_{\mathrm{F}}{}^{3}}{3\pi^{2}} \tag{2.11}$$

で定められる．もし分布関数に微小な変化 $\delta n(\boldsymbol{k})$ を生じたとすると，全エネルギーの変化は

$$\delta E=\sum_{\boldsymbol{k}}\frac{\hbar^{2}\boldsymbol{k}^{2}}{2m}\delta n(\boldsymbol{k}) \tag{2.12}$$

となる．波数 k，質量 m の粒子のエネルギー $\hbar^2k^2/2m$ は汎関数微分 $\delta E/\delta n(\boldsymbol{k})$

---

* J. M. Luttinger: Phys. Rev. **119** (1960) 1153.

** P. Nozières: *Theory of Interacting Fermi Systems* (Benjamin, 1964); L. D. Landau: Sov. Phys. JETP **3** (1956) 920; ibid. **5** (1957) 101; ibid. **8** (1959) 70.

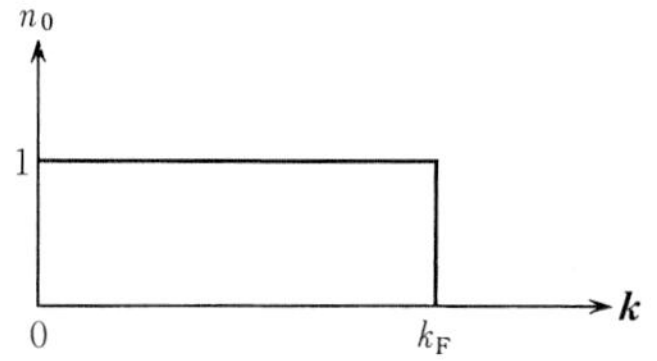

図 2-2 自由 Fermi 気体の運動量分布．k_F まで分布する．

として定義できる．$\delta n(\boldsymbol{k})$ は当然 $k > k_F$ に対して正，$k < k_F$ に対して負である．

さて，断熱的に相互作用を入れて，Fermi 液体に移行するとしよう．このとき，粒子間の相互作用が引力であると，束縛状態を生じたり，超伝導転移を生じることがあって複雑なので，反発力に限定する．Fermi 気体と同様に，$k > k_F$ では，素励起としての粒子を，$k < k_F$ では正孔を考える．分布 $n_0(\boldsymbol{k})$ は図 2-2 と同じである．系の励起は

$$\delta n(\boldsymbol{k}) = n(\boldsymbol{k}) - n_0(\boldsymbol{k}) \tag{2.13}$$

で定まる．準粒子が意味を持つためには，分布のずれ δn は $k = k_F$ の Fermi 面近くに限定される．前節で述べたように，準粒子は $k = k_F$ の近くの素励起であって，基底状態については何らの情報も与えない．系の全エネルギー E は $n(\boldsymbol{k})$ の汎関数である．分布 $n_0(\boldsymbol{k})$ が $\delta n(\boldsymbol{k})$ だけ変化すると，E の $\delta n(\boldsymbol{k})$ に関する 1 次の変化は，

$$\delta E = \sum_{\boldsymbol{k}} \varepsilon_{\boldsymbol{k}} \delta n(\boldsymbol{k}) \tag{2.14}$$

$$\varepsilon_{\boldsymbol{k}} = \delta E / \delta n(\boldsymbol{k}) \tag{2.15}$$

と表わされる．$\varepsilon_{\boldsymbol{k}}$ は E の $n(\boldsymbol{k})$ に関する 1 次の汎関数微分である．$k > k_F$ に対して，$\varepsilon_{\boldsymbol{k}}$ は波数ベクトル $\boldsymbol{k}$ の準粒子が加えられたときのエネルギー変化，つまり準粒子のエネルギーを表わす．注意すべきことは，$\varepsilon_{\boldsymbol{k}}$ はエネルギー E の分布関数 $n(\boldsymbol{k})$ による汎関数微分として定義され，元来 $n(\boldsymbol{k})$ の複雑な関数であり，全系のエネルギー E は準粒子のエネルギーの和では表わされないことである．

$k = k_F$ に対しては，$\varepsilon_{\boldsymbol{k}}$ は Fermi 面に 1 粒子をつけ加えるのに要するエネルギーである．こうして得られる状態は $N+1$ 個の粒子系の基底エネルギーであ

るから，

$$\varepsilon_{k_{\mathrm{F}}} = E_0(N+1) - E_0(N) = \mu \tag{2.16}$$

である．$\mu = \partial E_0/\partial N$ は化学ポテンシャルである．

(2.14)式は δn の 2 次が無視できるときに正しく，励起された準粒子数が N に対して十分小さいときに成立する．分布関数 $n(\boldsymbol{k})$ が変わることによって $\varepsilon_{\boldsymbol{k}}$ が変化する部分を分離して表わすと，(2.14)は

$$\delta E = \sum_{\boldsymbol{k}} \varepsilon_{\boldsymbol{k}}{}^0 \delta n(\boldsymbol{k}) + \frac{1}{2} \sum_{\boldsymbol{k}} \sum_{\boldsymbol{k}'} f(\boldsymbol{k}, \boldsymbol{k}') \delta n(\boldsymbol{k}) \delta n(\boldsymbol{k}') \tag{2.17}$$

と表わされる．**Landau パラメーター**と呼ばれる $f(\boldsymbol{k}, \boldsymbol{k}')$ は E の δn に関する 2 次の汎関数微分である．上式の対称性から，

$$f(\boldsymbol{k}, \boldsymbol{k}') = f(\boldsymbol{k}', \boldsymbol{k}) \tag{2.18}$$

が成り立つ．また，$\varepsilon_{\boldsymbol{k}}{}^0$ は準粒子 $\boldsymbol{k}$ が単独で存在するときの準粒子のエネルギーである．密度 $\delta n(\boldsymbol{k}')$ で分布する準粒子 $\boldsymbol{k}'$ との相互作用により，準粒子 $\boldsymbol{k}$ のエネルギーは

$$\varepsilon_{\boldsymbol{k}} = \varepsilon_{\boldsymbol{k}}{}^0 + \sum_{\boldsymbol{k}'} f(\boldsymbol{k}, \boldsymbol{k}') \delta n(\boldsymbol{k}') \tag{2.19}$$

となる．(2.19)で $\boldsymbol{k}'$ の和は体積 Ω を与えるから，$f(\boldsymbol{k}, \boldsymbol{k}')$ は $1/\Omega$ のオーダーの量である．

Fermi 粒子のスピンも考えると

$$E = E_0 + \sum_{\boldsymbol{k}\sigma} \varepsilon_{\boldsymbol{k}}{}^0 \delta n(\boldsymbol{k}, \sigma) + \frac{1}{2} \sum_{\substack{\boldsymbol{k}\boldsymbol{k}' \\ \sigma\sigma'}} f(\boldsymbol{k}\sigma, \boldsymbol{k}'\sigma') \delta n(\boldsymbol{k}\sigma) \delta n(\boldsymbol{k}'\sigma') \tag{2.20}$$

となる．2 つの準粒子間の相互作用はそれらのスピン σ と σ' の相対的な向きにのみ依存するから，

$$f^{s,a}(\boldsymbol{k}, \boldsymbol{k}') = \frac{1}{2}\{f(\boldsymbol{k}\sigma, \boldsymbol{k}'\sigma) \pm f(\boldsymbol{k}\sigma, \boldsymbol{k}'-\sigma)\} \tag{2.21}$$

を導入する．ここで，s, a はそれぞれ上式で $+, -$ に対応する．

2-3 有効質量

準粒子は運動量$\hbar \boldsymbol{k}$，スピンσ，エネルギー$\varepsilon_{\boldsymbol{k}}$によって定義される．その速度$\boldsymbol{v}_{\boldsymbol{k}}$は準粒子の波束を考え，その群速度を求めることによって

$$v_{\boldsymbol{k}\alpha} = \frac{1}{\hbar}\frac{\partial \varepsilon_{\boldsymbol{k}}}{\partial k_\alpha} \qquad (\alpha = x, y, z) \tag{2.22}$$

となる．等方的な系では

$$\boldsymbol{v}_{\boldsymbol{k}} = \hbar \boldsymbol{k}/m^* \tag{2.22$'$}$$

であり，ここでm^*は準粒子の**有効質量**である．m^*は一般に$\boldsymbol{k}$に依存するが，われわれは$k=k_{\mathrm{F}}$におけるm^*に興味がある．Fermi面近くの準粒子の状態密度$\rho^*(\mu)$は

$$\rho^*(\mu) = \sum_{\boldsymbol{k}\sigma} \delta(\varepsilon - \varepsilon_{\boldsymbol{k}\sigma})\Big|_{\varepsilon=\mu} = \frac{\Omega k_{\mathrm{F}}^2}{\pi^2}\left[\frac{d\varepsilon_{\boldsymbol{k}}}{dk}\right]^{-1}_{\varepsilon_{\boldsymbol{k}}=\mu} = \frac{\Omega k_{\mathrm{F}} m^*}{\pi^2 \hbar^2} \tag{2.23}$$

である．これは理想Fermi気体の状態密度の(1.15)式のmをm^*で置きかえたものになっている．

Landauパラメーター$f^{s,a}(\boldsymbol{k}, \boldsymbol{k}')$は$\boldsymbol{k}, \boldsymbol{k}'$がFermi面に近い値をとるので，主として$\boldsymbol{k}$と$\boldsymbol{k}'$のなす角$\theta$に依存する．そこで，Legendreの多項式を用いて次のように展開する．

$$f^{s,a}(\boldsymbol{k}, \boldsymbol{k}') = \sum_l f_l{}^{s,a} P_l(\cos\theta) \tag{2.24}$$

さらに，f_lに(2.23)式のρ^*を乗じて無次元化した量

$$F_l{}^{s,a} = \rho^* f_l{}^{s,a} \tag{2.25}$$

が一般にLandauパラメーターとして用いられる．

比熱C_{v}は

$$\delta E = C_{\mathrm{v}} \delta T \tag{2.26}$$

で求められ，δnを与えるとδEは

$$\delta E = \sum_{\boldsymbol{k}\sigma} \varepsilon_{\boldsymbol{k}} \delta n(\boldsymbol{k}, \sigma) \tag{2.27}$$

であるから，δn の温度変化を通じて低温の比熱は(1.32)式と同様に

$$C_{\mathrm{v}} = \frac{\pi^2 k_{\mathrm{B}}{}^2 T}{3}\rho^*(\mu) \tag{2.28}$$

で与えられる．

2-4 Fermi 気体の圧縮率

マクロな系の基底エネルギー E_0 は N/Ω の関数として次のように書けるはずである．

$$E_0 = \Omega e(N/\Omega) \tag{2.29}$$

ここで $n = N/\Omega$ は平均粒子密度，$e(x)$ はある関数である．圧力 P は

$$P = -\frac{\partial E_0}{\partial \Omega} \tag{2.30}$$

である．系の圧縮率 κ は

$$\kappa = -\frac{1}{\Omega}\frac{\partial \Omega}{\partial P} \tag{2.31}$$

であるから，

$$\frac{1}{\kappa} = n^2 e''(n) \tag{2.32}$$

一方，化学ポテンシャルは

$$\mu = \frac{\partial E_0}{\partial N} = e'(n) \tag{2.33}$$

であるから，

$$\frac{1}{\kappa} = Nn\frac{d\mu}{dN}\bigg|_{\Omega} \tag{2.34}$$

となる．こうして，圧縮率 κ の計算は，$d\mu/dN$ を求める問題になる．N の変化 δN は k_{F} の変化 δk_{F} を生じる．

$$\delta k_{\mathrm{F}} = \frac{\pi^2}{\Omega k_{\mathrm{F}}{}^2}\delta N \tag{2.35}$$

$\delta N>0$ として，分布関数の変化 $\delta n(\boldsymbol{k})$ は $k_{\mathrm{F}}<|\boldsymbol{k}|<k_{\mathrm{F}}+\delta k_{\mathrm{F}}$ に対して 1，その他の $\boldsymbol{k}$ に対して 0 である．k_{F} が変化すると $\delta n(\boldsymbol{k})$ も変化するから，化学ポテンシャルの変化は

$$\delta\mu = \hbar v_{\boldsymbol{k}}\delta k_{\mathrm{F}} + \sum_{\boldsymbol{k}'\sigma'} f(\boldsymbol{k}\sigma, \boldsymbol{k}'\sigma')\delta n(\boldsymbol{k}', \sigma') \tag{2.36}$$

となる．等方的な系では，$f(\boldsymbol{k}, \boldsymbol{k}')$ は $\boldsymbol{k}$ と $\boldsymbol{k}'$ の間の角 θ のみに依存する．

$$\frac{d\mu}{dk_{\mathrm{F}}} = \hbar v_{\boldsymbol{k}} + \sum_{\sigma'}\int d\gamma' \frac{\Omega k_{\mathrm{F}}^2}{8\pi^3} f(\theta, \sigma, \sigma') \tag{2.37}$$

ここで $d\gamma'$ は立体角を表わす．上式と(2.35)から

$$\frac{d\mu}{dN} = \frac{\pi^2\hbar^2}{\Omega k_{\mathrm{F}} m^*} + \sum_{\sigma'}\int d\gamma' \frac{f(\theta, \sigma, \sigma')}{8\pi} \tag{2.38}$$

となる．圧縮率 κ は $\kappa^0=\rho(\mu)/n^2=mk_{\mathrm{F}}/n^2\pi^2\hbar^2$ として

$$\kappa = \frac{m^*/m}{1+F_0{}^s}\kappa^0 \tag{2.39}$$

となる．ここで $F_0{}^s$ は(2.25)式で導入した $F_l{}^s$ の $l=0$ の値である．

準粒子の衝突時間より十分長い周期で振動する音波の速度 c は，圧縮率 κ に関係している．この条件下では，弾性体としてのマクロな議論を用いて，$c=1/\sqrt{\kappa mn}$ となるから

$$c^2 = \frac{N}{m}\frac{d\mu}{dN} = \frac{\hbar^2 k_{\mathrm{F}}^2}{3mm^*} + \sum_{\sigma'}\int d\gamma' \frac{Nf(\theta, \sigma, \sigma')}{8\pi m} \tag{2.40}$$

となる．これは厳密な結果である．もし，準粒子間の相互作用 f を無視すると，第 2 項が消え，m^* の入った誤った結果が残る．(2.17)式で δn の 2 次の相互作用項は無視できるように見えるかもしれないが，1 次の項と同じ重要さの寄与をする．(2.40)式は弱結合の極限 $f\to 0$，$m^*\to m$ では当然 $c=\hbar k_{\mathrm{F}}/\sqrt{3}\,m$ という結果になる．

2-5 準粒子の運ぶ流れ

準粒子 $\boldsymbol{k}$ の運ぶ粒子の流れを $\boldsymbol{J}_{\boldsymbol{k}}$ とすると，$\boldsymbol{J}_{\boldsymbol{k}}$ は準粒子の速度 $\boldsymbol{v}_{\boldsymbol{k}}$ に等しくはない．これは図 2-3 に示すような準粒子のまわりのバックフロー(back flow)を無視しているからである．流れ $\boldsymbol{J}_{\boldsymbol{k}}$ は両方の和である．流れ $\boldsymbol{J}_{\boldsymbol{k}}$ を，任意の状態 φ に対して，次のように定義する．

$$\boldsymbol{J} = \left\langle \varphi \left| \sum_i \frac{\boldsymbol{p}_i}{m} \right| \varphi \right\rangle \tag{2.41}$$

ここで，$\boldsymbol{p}_i$ は裸の i 番目の粒子の運動量，m はその質量である．さて，一様な速度 $\hbar\boldsymbol{q}/m$ で動く系を考える．静止系のハミルトニアンを

$$H = \sum_i \frac{\boldsymbol{p}_i{}^2}{2m} + V \tag{2.42}$$

とする．相互作用 V は粒子の相対位置と相対速度のみに依存し，並進によっては変化しないとする．速度 $\hbar\boldsymbol{q}/m$ で動いている系では，運動エネルギーのみが変化し，

$$\begin{aligned} H_{\boldsymbol{q}} &= \sum_i \frac{(\boldsymbol{p}_i - \hbar\boldsymbol{q})^2}{2m} + V \\ &= H - \hbar\boldsymbol{q}\cdot\sum_i \frac{\boldsymbol{p}_i}{m} + N\frac{\hbar^2\boldsymbol{q}^2}{2m} \end{aligned} \tag{2.43}$$

となる．$E_{\boldsymbol{q}}$ を $\hbar\boldsymbol{q}/m$ の速度で動いている系のエネルギーとして $\boldsymbol{q}\rightarrow 0$ で

$$\begin{aligned} \frac{\partial E_{\boldsymbol{q}}}{\partial q_\alpha} &= -\hbar\left\langle \varphi \left| \sum_i \frac{p_{i\alpha}}{m} \right| \varphi \right\rangle \\ &= -\hbar J_\alpha \qquad (\alpha = x, y, z) \end{aligned} \tag{2.44}$$

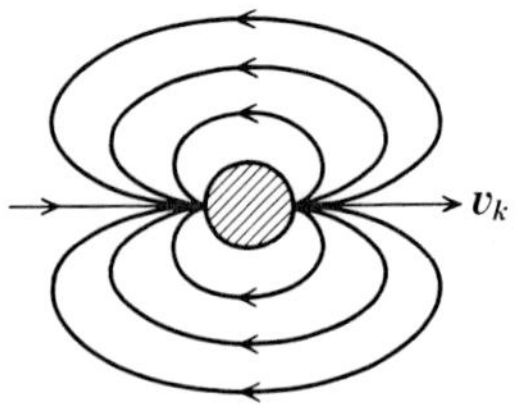

図 2-3 準粒子の速度 $\boldsymbol{v}_{\boldsymbol{k}}$ とバックフロー．

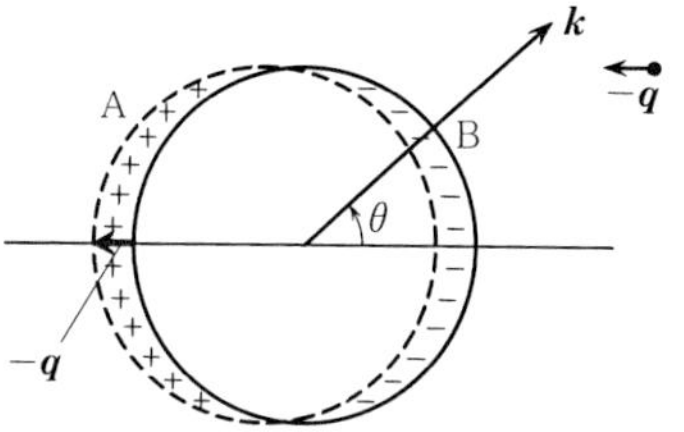

図 2-4　系を $\hbar\boldsymbol{q}/m$ で移動させることによる粒子の運動量分布の変化．粒子を $-\hbar\boldsymbol{q}/m$ で動かすのと等価であるから，A が新たに分布した部分，B が失われた部分．

となり，流れの定義式(2.41)を与える．基底状態は反転に対して不変なので，$\partial E_{\boldsymbol{q}}/\partial q_\alpha=0$ であり，流れはない．もし，系に準粒子 $\boldsymbol{k}$ が励起されていると，それによって運ばれる流れ $\boldsymbol{J_k}$ は

$$J_{k\alpha} = -(\partial\varepsilon_{\boldsymbol{k}}/\partial q_\alpha)/\hbar \tag{2.45}$$

となる．$\partial\varepsilon_{\boldsymbol{k}}/\partial q_\alpha$ は系が $\hbar\boldsymbol{q}/m$ で動かされたときの $\varepsilon_{\boldsymbol{k}}$ の変化を表わす．系を $\hbar\boldsymbol{q}/m$ で動かすことは，全粒子が $-\hbar\boldsymbol{q}/m$ の速度で動くのと同じであるから，粒子の分布は図 2-4 のように変化する．＋は増加，－は減少した部分を表わす．このときのエネルギー $\varepsilon_{\boldsymbol{k}}$ の変化は

$$\delta\varepsilon_{\boldsymbol{k}} = -\hbar q_\alpha v_{k\alpha}+\sum_{\boldsymbol{k}'\sigma'} f(\boldsymbol{k}\sigma, \boldsymbol{k}'\sigma')\delta n(\boldsymbol{k}'\sigma') \tag{2.46}$$

したがって，流れ $J_{k\alpha}$ は

$$J_{k\alpha} = v_{k\alpha}-\sum_{\boldsymbol{k}'\sigma'} f(\boldsymbol{k}\sigma, \boldsymbol{k}'\sigma')\frac{\delta n(\boldsymbol{k}'\sigma')}{\hbar q_\alpha} \tag{2.47}$$

となる．この第 2 項がバックフローを表わす．$\boldsymbol{q}$ と $\boldsymbol{k}$ のなす角を θ_q として，分布の変化 δn は図 2-5 のようになる．

図 2-5 の分布から

$$\begin{aligned}\sum_{\boldsymbol{k}'\sigma'} \delta n(\boldsymbol{k}') &= \frac{\Omega}{8\pi^3}\sum_{\sigma'}\int d^3k'(-q\cos\theta_q)\delta(|k'|-k_{\mathrm{F}}) \\ &= -\frac{\Omega}{8\pi^3}\sum_{\sigma'}\int d^3k'\hbar\boldsymbol{q}\cdot\boldsymbol{v}_{\boldsymbol{k}'}\delta(\varepsilon_{\boldsymbol{k}'}-\mu)\end{aligned} \tag{2.48}$$

となる．このような変形を用いて，(2.47)式は

$$J_{k\alpha} = v_{k\alpha}+\frac{\Omega}{8\pi^3}\sum_{\sigma'}\int d^3k'\, v_{k'\alpha}\delta(\varepsilon_{\boldsymbol{k}'}-\mu)f(\boldsymbol{k}, \boldsymbol{k}') \tag{2.49}$$

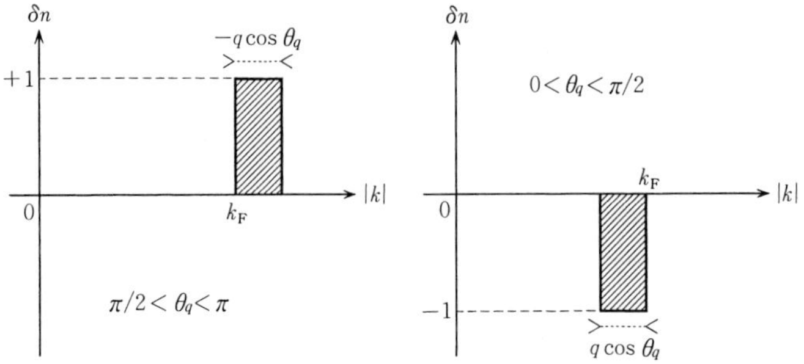

図 2-5 図 2-4 の Galilei 変換による運動量分布の変化の波数依存性.

となる. ベクトルのままで表わすと

$$\boldsymbol{J_k} = \boldsymbol{v_k} + \sum_{\boldsymbol{k}'} f(\boldsymbol{k}, \boldsymbol{k}')\boldsymbol{v}_{\boldsymbol{k}'}\delta(\varepsilon_{\boldsymbol{k}'} - \mu) \tag{2.50}$$

となる. この式は厳密で, 現実の等方的でない系でも成立する. 第 2 項がバックフローである. ここで, $\boldsymbol{\sigma}'$ の和を $\boldsymbol{k}'$ の和に含め省略した. 以下, 必要な時は $\boldsymbol{\sigma}'$ の和を含むものとする.

並進不変の系を考えよう. この場合, 流れの総和は運動の保存量であり, 相互作用 V と可換である. したがって, V が断熱的に導入される前後で変化しない. 1 個の準粒子 $\boldsymbol{k}$ のみを含む状態を考えると, 全体の流れは $V=0$ の自由な系と同じであるから,

$$\boldsymbol{J_k} = \hbar\boldsymbol{k}/m \tag{2.51}$$

である. これを(2.49)式と比べて, 等方的な系では,

$$\frac{1}{m} = \frac{1}{m^*} + \frac{\Omega k_{\rm F}}{8\pi^3\hbar^2}\sum_{\sigma'}\int d\gamma' f(\theta, \sigma, \sigma')\cos\theta \tag{2.52}$$

である. ここで, θ は $\boldsymbol{k}$ と $\boldsymbol{k}'$ の間の角度である. これは(2.40)式と同様 f を決定する上で有用である. (2.25)式で定義した $F_1{}^s$ を用いると

$$\frac{m^*}{m} = 1 + \frac{F_1{}^s}{3} \tag{2.53}$$

となる. ただし, この式は Galilei 不変を仮定して導かれているので格子系への適用は検討が必要である.

2-6 磁化率

磁場 H が自由粒子にかかると，$\beta=e\hbar/mc=g\mu_B$，$s_z=\pm 1/2$ として，自由粒子のエネルギーは Zeeman エネルギー $\beta s_z H$ だけ変化する．現実の Fermi 液体では，分布 $n(\boldsymbol{k})$ の変化 $\delta n(\boldsymbol{k})$ を加えて，エネルギー変化は

$$\delta\varepsilon(\boldsymbol{k}) = -\beta s_z H + \sum_{\boldsymbol{k}'\sigma'} f(\boldsymbol{k}\sigma, \boldsymbol{k}'\sigma')\delta n(\boldsymbol{k}'\sigma') \tag{2.54}$$

となる．H の1次までの変化を考えて，$\delta\varepsilon(\boldsymbol{k})=-\eta s_z H$ と表わされるとして，上下向きのスピンに対する k_F のずれ $\pm\delta k_F$ は

$$\delta k_F = \left(\frac{d\varepsilon}{d|k|}\right)^{-1}|\delta\varepsilon| = \frac{m^*}{\hbar^2 k_F}\frac{\eta H}{2} \tag{2.55}$$

となる．k_F の上下スピンの平均値の変化，つまり化学ポテンシャル μ の変化 $\delta\mu$ は，H^2 の項から生じ，弱い磁場では無視できるから，

$$\delta\varepsilon(\boldsymbol{k}) = -\beta s_z H + \frac{\Omega m^* k_F}{8\pi^3\hbar^2}\frac{\eta H}{2}\int d\gamma'\{f(\theta,\sigma,\sigma)-f(\theta,\sigma,-\sigma)\} \tag{2.56}$$

となる．結局，η は

$$\eta = \beta - \frac{\Omega m^* k_F}{4\pi^3\hbar^2}\eta\int d\gamma' f^a(\theta) \tag{2.57}$$

で決定される．磁気モーメント M は

$$M = \Omega\chi_s H = \sum_{\boldsymbol{k}\sigma}\beta s_z\delta n(\boldsymbol{k},\sigma) = \beta\Omega\frac{4\pi k_F{}^2\delta k_F}{(2\pi)^3} = \frac{m^* k_F\Omega\beta\eta H}{4\pi^2\hbar^2} \tag{2.58}$$

磁化率 χ_s は

$$\chi_s^{-1} = \frac{1}{\beta^2}\left\{\frac{4\pi^2\hbar^2}{m^* k_F} + \frac{\Omega}{\pi}\int d\gamma' f^a(\theta)\right\} \tag{2.59}$$

$\beta=g\mu_B=2\mu_B$ として

$$\chi_s^{-1} = \frac{1}{\mu_B{}^2}\left\{\frac{\pi^2\hbar^2}{m^* k_F} + \frac{\Omega}{4\pi}\int d\gamma' f^a(\theta)\right\} \tag{2.60}$$

ここで，(2.25)式で定義した $F_0{}^a$ を用いて，$\chi_s{}^0=(\Omega k_F m/\pi^2\hbar^2)\mu_B{}^2$ として

$$\chi_s{}^{-1}=(1+F_0{}^a)\frac{m}{m^*}(\chi_s{}^0)^{-1} \tag{2.61}$$

となる．液体 ^{3}He が圧力をかけられて固体になるときや電子が局在して金属から絶縁体に転移するとき，有効質量 m^* が大きくなり，上式から磁化率 χ_s が大きくなる．

2-7 基底状態の安定性

Fermi 液体論では Fermi 面の安定性を前提として準粒子励起を考える．ここでは Fermi 面の変形に対する安定性を議論する．自由エネルギー $F=E-\mu N$ が最小になる分布を与える Fermi 面が決定されているとする．今，スピン σ の Fermi 面を k 空間での極座標 θ,φ で $u(\theta,\varphi,\sigma)$ だけずらしたとする．自由エネルギーの変化は

$$\begin{aligned}\delta F=&\frac{\Omega}{8\pi^3}\sum_\sigma\int d\gamma\int_{k_F}^{k_F+u}(\varepsilon_{\boldsymbol{k}}-\mu)k^2dk\\&+\frac{1}{2}\frac{\Omega^2}{64\pi^6}\sum_{\sigma\sigma'}\iint d\gamma d\gamma'\int_{k_F}^{k_F+u}k^2dk\int_{k_F}^{k_F+u'}k'^2dk'f(\boldsymbol{k},\boldsymbol{k}')\end{aligned} \tag{2.62}$$

となる．$\varepsilon_{\boldsymbol{k}}-\mu$ は $k=k_F$ で 0 であるから，δF は u^2 のオーダーである．$\boldsymbol{k}$ と $\boldsymbol{k}'$ の間の角度を Θ として，k と k' の積分をする．

$$\begin{aligned}\delta F=&\frac{\Omega k_F{}^3\hbar^2}{16\pi^3m^*}\sum_\sigma\int d\gamma u^2(\theta,\varphi,\sigma)\\&+\frac{\Omega^2k_F{}^4}{128\pi^6}\sum_{\sigma\sigma'}\iint d\gamma d\gamma' u(\theta,\varphi,\sigma)u(\theta',\varphi',\sigma')f(\Theta,\sigma,\sigma')\end{aligned} \tag{2.63}$$

ここで，系は球対称として，u と f を(2.24)式と同様に球面調和関数 Y_{lm} と Legendre 関数 P_l を用いてそれぞれ展開する．f がスピンによらないとして，$f(\Theta,\sigma,\sigma')=f(\Theta)$ とおくと

$$u = \sum_{lm} u_{lm} Y_{lm}(\theta, \varphi) \tag{2.64}$$

$$f(\Theta) = \sum_{l} f_l P_l(\cos\Theta) \tag{2.65}$$

係数 f_l は次式で決まる．

$$f_l = \frac{2l+1}{4\pi}\int f(\Theta) P_l(\cos\Theta) d\gamma \tag{2.66}$$

結局，δF は

$$\delta F = \frac{\Omega k_{\mathrm{F}}^3}{(2\pi)^3}\frac{\hbar^2}{m^*}\sum_{lm}|u_{lm}|^2\frac{4\pi}{2l+1}\frac{(l+m)!}{(l-m)!}\left[1+\frac{m^*}{2l+1}\frac{\Omega k_{\mathrm{F}} f_l}{\pi^2\hbar^2}\right] \tag{2.67}$$

この δF が常に正であれば安定であるから，すべての l に対して

$$1+\frac{m^*}{2l+1}\frac{\Omega k_{\mathrm{F}} f_l}{\pi^2\hbar^2} = 1+\frac{1}{2l+1}F_l > 0 \tag{2.68}$$

この条件は $l=0$ では(2.40)式の $c^2>0$，$l=1$ に対しては(2.53)式の $m^*>0$ に対応している．

もし，$f(\boldsymbol{k}, \boldsymbol{k}')$ がスピンに依存するときも同様に議論でき，$l=0$ の場合は，(2.59)式の $\chi_{\mathrm{s}}>0$ と同じ条件が得られる．スピンも考慮する場合は，(2.21)，(2.24)，(2.25)式と同等であるが，

$$\frac{\Omega k_{\mathrm{F}} m^*}{\pi^2\hbar^2} f_{\alpha\gamma,\beta\delta} = F^s\delta_{\alpha\beta}\delta_{\gamma\delta} + F^a\sigma_{\alpha\beta}\sigma_{\gamma\delta} \tag{2.69}$$

とおき

$$F^s(\Theta) = \sum_{l} F_l{}^s P_l(\cos\Theta) \tag{2.70}$$

$$F^a(\Theta) = \sum_{l} F_l{}^a P_l(\cos\Theta) \tag{2.71}$$

と展開すると，安定性の条件は

$$F_l{}^s/(2l+1)+1 > 0 \tag{2.72}$$

$$F_l{}^a/(2l+1)+1 > 0 \tag{2.73}$$

となる．

2-8　Boltzmann 方程式とその応用

空間的に一様でない準粒子の分布を考える．その空間的な変化はゆっくりとしており，マクロな尺度で変化し，ミクロな尺度では一様と考えてよいとする．この条件のもとで，局所的な分布の変化 $\delta n(\boldsymbol{k},\boldsymbol{r})$ を考える．全エネルギーの変化 δE は

$$\delta E = \sum_{\boldsymbol{k}} \int d\boldsymbol{r}\varepsilon_0(\boldsymbol{k},\boldsymbol{r})\delta n(\boldsymbol{k},\boldsymbol{r}) + \frac{1}{2}\sum_{\boldsymbol{k}\boldsymbol{k}'} \iint d\boldsymbol{r}d\boldsymbol{r}' f(\boldsymbol{k}\boldsymbol{r},\boldsymbol{k}'\boldsymbol{r}')\delta n(\boldsymbol{k},\boldsymbol{r})\delta n(\boldsymbol{k}',\boldsymbol{r}') \tag{2.74}$$

このとき，f は単位体積当りで定義する．基底状態は空間的に一様なので，$\varepsilon_0(\boldsymbol{k},\boldsymbol{r})$ は $\boldsymbol{r}$ によらず，$\varepsilon_{\boldsymbol{k}}{}^0$ に等しい．$f(\boldsymbol{k}\boldsymbol{r},\boldsymbol{k}'\boldsymbol{r}')$ は距離 $|\boldsymbol{r}-\boldsymbol{r}'|$ に依存する．f を短距離力とすると，f が働く距離では $\delta n(\boldsymbol{k},\boldsymbol{r})$ と $\delta n(\boldsymbol{k},\boldsymbol{r}')$ が等しいとしてよいから(2.74)式は

$$\delta E = \sum_{\boldsymbol{k}} \int d\boldsymbol{r}\varepsilon_{\boldsymbol{k}}{}^0\delta n(\boldsymbol{k},\boldsymbol{r}) + \frac{1}{2}\sum_{\boldsymbol{k}\boldsymbol{k}'} \int d\boldsymbol{r} f(\boldsymbol{k},\boldsymbol{k}')\delta n(\boldsymbol{k},\boldsymbol{r})\delta n(\boldsymbol{k}',\boldsymbol{r}) \tag{2.75}$$

$$f(\boldsymbol{k},\boldsymbol{k}') = \int d\boldsymbol{r}' f(\boldsymbol{k}\boldsymbol{r},\boldsymbol{k}'\boldsymbol{r}') \tag{2.76}$$

となる．上式は

$$\delta E = \int d\boldsymbol{r}\delta E(\boldsymbol{r}) \tag{2.77}$$

とおくと

$$\delta E(\boldsymbol{r}) = \sum_{\boldsymbol{k}} \varepsilon_{\boldsymbol{k}}{}^0\delta n(\boldsymbol{k},\boldsymbol{r}) + \frac{1}{2}\sum_{\boldsymbol{k}\boldsymbol{k}'} f(\boldsymbol{k},\boldsymbol{k}')\delta n(\boldsymbol{k},\boldsymbol{r})\delta n(\boldsymbol{k}',\boldsymbol{r}) \tag{2.78}$$

となる．

今，点 $\boldsymbol{r}$ にある準粒子 $\boldsymbol{k}$ を考える．

$$\varepsilon(\boldsymbol{k}, \boldsymbol{r}) = \varepsilon_{\boldsymbol{k}}{}^0 + \sum_{\boldsymbol{k}'} f(\boldsymbol{k}, \boldsymbol{k}')\delta n(\boldsymbol{k}', \boldsymbol{r}) \tag{2.79}$$

この準粒子の散乱が希薄な古典粒子系のハミルトニアンに従うとして **Boltzmann 方程式**を導こう．速度 $v_{k\alpha}$ は $(\alpha=x, y, z)$

$$v_{k\alpha} = \frac{1}{\hbar}\frac{\partial\varepsilon}{\partial k_\alpha} \tag{2.80}$$

拡散力 F_α は

$$F_\alpha = -\frac{\partial\varepsilon}{\partial r_\alpha} \tag{2.81}$$

である．空間 $(\boldsymbol{k}, \boldsymbol{r})$ に出入する粒子数を考えて，$n(\boldsymbol{k}, \boldsymbol{r})$ に対する次の方程式を得る．

$$\frac{\partial n(\boldsymbol{k}, \boldsymbol{r}, t)}{\partial t} + \sum_\alpha \frac{1}{\hbar}\left\{\frac{\partial n}{\partial r_\alpha}\frac{\partial\varepsilon}{\partial k_\alpha} - \frac{\partial n}{\partial k_\alpha}\frac{\partial\varepsilon}{\partial r_\alpha}\right\} = I(n) \tag{2.82}$$

ここで，$\partial r/\partial t = \partial\varepsilon/\partial p$, $\partial p/\partial t = -\partial\varepsilon/\partial r$ であり，右辺の $I(n)$ は粒子間の衝突項である．低温では衝突はまれであるので I は小さい．(2.82)式は全 $\boldsymbol{k}$ 空間の $n(\boldsymbol{k})$ を含むので不便なように見える．これは見かけ上のもので，$n(\boldsymbol{k}) = n_0(\boldsymbol{k}) + \delta n(\boldsymbol{k})$ とし，線形化すると，

$$\frac{\partial\delta n}{\partial t} + \frac{1}{\hbar}\sum_\alpha\left\{\frac{\partial\delta n}{\partial r_\alpha}\frac{\partial\varepsilon_{\boldsymbol{k}}{}^0}{\partial k_\alpha} - \frac{\partial n_0}{\partial k_\alpha}\frac{\partial\varepsilon}{\partial r_\alpha}\right\} = I(n) \tag{2.83}$$

となる．(2.79)式から

$$\frac{\partial\varepsilon}{\partial r_\alpha} = \sum_{\boldsymbol{k}'} f(\boldsymbol{k}, \boldsymbol{k}')\frac{\partial\delta n(\boldsymbol{k}', \boldsymbol{r})}{\partial r_\alpha} \tag{2.84}$$

であるから，線形化した Boltzmann 方程式は

$$\frac{\partial\delta n(\boldsymbol{k}, \boldsymbol{r})}{\partial t} + \sum_\alpha\left\{v_{k\alpha}\frac{\partial\delta n(\boldsymbol{k}, \boldsymbol{r})}{\partial r_\alpha} + v_{k\alpha}\delta(\varepsilon_{\boldsymbol{k}} - \mu)\sum_{\boldsymbol{k}'} f(\boldsymbol{k}, \boldsymbol{k}')\frac{\partial\delta n(\boldsymbol{k}', \boldsymbol{r})}{\partial r_\alpha}\right\} = I(n) \tag{2.85}$$

となり，δn と $\delta(\varepsilon_{\boldsymbol{k}} - \mu)$ のみが含まれ，Fermi 面近くに限定される．

点 $\boldsymbol{r}$ にある準粒子の密度 $\delta n(\boldsymbol{r}) = \sum_{\boldsymbol{k}} \delta n(\boldsymbol{k}, \boldsymbol{r})$ を考える．全粒子流密度は

(2.50)式を用いて

$$J_\alpha(\boldsymbol{r}) = \sum_{\boldsymbol{k}} \delta n(\boldsymbol{k}, \boldsymbol{r}) \left\{ v_{k\alpha} + \sum_{\boldsymbol{k}'} f(\boldsymbol{k}, \boldsymbol{k}') v_{k'\alpha} \delta(\varepsilon_{\boldsymbol{k}'} - \mu) \right\} \tag{2.86}$$

となる．全粒子数の保存は次の**連続の方程式**となるはずである．

$$\frac{\partial \delta n(\boldsymbol{r})}{\partial t} + \mathrm{div}\, \boldsymbol{J} = 0 \tag{2.87}$$

これを示そう．(2.85)式を $\boldsymbol{k}$ について和をとると，衝突は粒子数を保存するから衝突項 $I(n)$ は消える．さらに後の項で $\boldsymbol{k}$ と $\boldsymbol{k}'$ を交換して，

$$\frac{\partial \delta n(\boldsymbol{r})}{\partial t} + \sum_{\boldsymbol{k}\alpha} \frac{\partial \delta n(\boldsymbol{k}, \boldsymbol{r})}{\partial r_\alpha} \left\{ v_{k\alpha} + \sum_{\boldsymbol{k}'} f(\boldsymbol{k}, \boldsymbol{k}') v_{k'\alpha} \delta(\varepsilon_{\boldsymbol{k}'} - \mu) \right\} = 0 \tag{2.88}$$

となる．(2.86)式を考えると(2.88)式はまさに(2.87)の連続の式である．

エネルギー密度 E について考える．E_0 からの変化を δE とする．

$$\delta E(\boldsymbol{r}) = \sum_{\boldsymbol{k}} \varepsilon_{\boldsymbol{k}}{}^0 \delta n(\boldsymbol{k}, \boldsymbol{r}) \tag{2.89}$$

エネルギーの流れを $\boldsymbol{Q}(\boldsymbol{r})$ として，連続の式は

$$\frac{\partial \delta E}{\partial t} + \mathrm{div}\, \boldsymbol{Q} = 0 \tag{2.90}$$

となる．$\boldsymbol{Q}(\boldsymbol{r})$ を求める．(2.85)式に $\varepsilon_{\boldsymbol{k}}{}^0$ をかけ，$\boldsymbol{k}$ で和をとる．

$$\frac{\partial \delta E}{\partial t} + \sum_{\alpha} \frac{\partial}{\partial r_\alpha} \left\{ \sum_{\boldsymbol{k}} v_{k\alpha} \delta n(\boldsymbol{k}, \boldsymbol{r}) \varepsilon_{\boldsymbol{k}}{}^0 + \sum_{\boldsymbol{k}} v_{k\alpha} \delta(\varepsilon_{\boldsymbol{k}} - \mu) \varepsilon_{\boldsymbol{k}}{}^0 \sum_{\boldsymbol{k}'} f(\boldsymbol{k}, \boldsymbol{k}') \delta n(\boldsymbol{k}', \boldsymbol{r}) \right\} = 0 \tag{2.91}$$

したがってエネルギー流は次のようになる．

$$\boldsymbol{Q}(\boldsymbol{r}) = \sum_{\boldsymbol{k}} \boldsymbol{Q}_{\boldsymbol{k}} \delta n(\boldsymbol{k}, \boldsymbol{r}) \tag{2.92}$$

$$Q_{k\alpha} = v_{k\alpha} \varepsilon_{\boldsymbol{k}}{}^0 + \sum_{\boldsymbol{k}'} f(\boldsymbol{k}, \boldsymbol{k}') v_{k'\alpha} \delta(\varepsilon_{\boldsymbol{k}'} - \mu) \varepsilon_{\boldsymbol{k}'}{}^0 \tag{2.93}$$

このように原理的には $\boldsymbol{Q}_{\boldsymbol{k}}$ は $\boldsymbol{J}_{\boldsymbol{k}} \varepsilon_{\boldsymbol{k}}{}^0$ とは異なる．しかし，Fermi 面近くに限定すると

$$\boldsymbol{Q}_{\boldsymbol{k}} \simeq \mu \boldsymbol{J}_{\boldsymbol{k}} \tag{2.94}$$

としてよい．

次に伝導率を求めよう．外場 $\boldsymbol{E}$ が働くと空間電荷による $\boldsymbol{E}_{\mathrm{H}}$ を加えて $\boldsymbol{E}_{\mathrm{L}}=\boldsymbol{E}+\boldsymbol{E}_{\mathrm{H}}$ が働き，外力として

$$\boldsymbol{F}_{\mathrm{ext}} = e\boldsymbol{E}_{\mathrm{L}} \tag{2.95}$$

が働く．電場が $\boldsymbol{\omega}, \boldsymbol{q}$ で時間的・空間的に振動するとする．

$$\boldsymbol{E}(\boldsymbol{r}, t) = E \exp[i(\boldsymbol{q}\cdot\boldsymbol{r}-\omega t)] \tag{2.96}$$

衝突時間 τ が長いとして*

$$\frac{\hbar}{\tau} \ll \hbar\omega \ll \varepsilon_{\mathrm{F}} \tag{2.97}$$

の場合を考える．Boltzmann 方程式は次式になる．

$$\begin{aligned}(\boldsymbol{q}\cdot\boldsymbol{v}_{\boldsymbol{k}}-\omega)\delta n(\boldsymbol{k})+\boldsymbol{q}\cdot\boldsymbol{v}_{\boldsymbol{k}}\delta(\varepsilon_{\boldsymbol{k}}-\mu)\sum_{\boldsymbol{k}'} f(\boldsymbol{k}, \boldsymbol{k}')\delta n(\boldsymbol{k}') \\ +ie\boldsymbol{E}_{\mathrm{L}}\cdot\boldsymbol{v}_{\boldsymbol{k}}\delta(\varepsilon_{\boldsymbol{k}}-\mu) = 0\end{aligned} \tag{2.98}$$

上式から $\delta n(\boldsymbol{k})$ が求まると電流密度 $\boldsymbol{I}(\boldsymbol{r}, t)$ は

$$\boldsymbol{I}(\boldsymbol{r}, t) = e \sum_{\boldsymbol{k}} \delta n(\boldsymbol{k})\boldsymbol{J}_{\boldsymbol{k}} \exp[i(\boldsymbol{q}\cdot\boldsymbol{r}-\omega t)] \tag{2.99}$$

で与えられ，**伝導率** $\sigma_{\alpha\beta}(\boldsymbol{q}, \boldsymbol{\omega})$ は

$$I_{\alpha} = \sigma_{\alpha\beta}E_{\mathrm{L}\beta} \tag{2.100}$$

から求まる．$\boldsymbol{q}=0$ とすると(2.98)式は

$$\delta n(\boldsymbol{k})|_{q=0} = \frac{ie\boldsymbol{E}_{\mathrm{L}}\cdot\boldsymbol{v}_{\boldsymbol{k}}\delta(\varepsilon_{\boldsymbol{k}}-\mu)}{\omega} \tag{2.101}$$

となる．(2.99)に代入し，$\boldsymbol{J}_{\boldsymbol{k}}=\hbar\boldsymbol{k}/m$ を用いて

$$\sigma_{\alpha\beta}(0, \omega) = i\frac{Ne^2}{m\omega}\delta_{\alpha\beta} \tag{2.102}$$

となる．N は単位体積当りの粒子数である．

---

* $\omega\tau\ll 1$ のときは衝突が十分起こり，通常の $\sigma_{\alpha\beta}=(Ne^2\tau/m^*)\delta_{\alpha\beta}$ となる．

別の極限として $\omega/q\to 0$ を考えよう．

$$\overline{\delta n}(\boldsymbol{k}) = \delta n(\boldsymbol{k}) + \delta(\varepsilon_{\boldsymbol{k}}-\mu)\sum_{\boldsymbol{k}'} f(\boldsymbol{k},\boldsymbol{k}')\delta n(\boldsymbol{k}') \tag{2.103}$$

とおく．このとき，輸送方程式は

$$\boldsymbol{q}\cdot\boldsymbol{v}_{\boldsymbol{k}}\overline{\delta n}(\boldsymbol{k}) - \omega\delta n(\boldsymbol{k}) + ie\boldsymbol{E}_{\mathrm{L}}\cdot\boldsymbol{v}_{\boldsymbol{k}}\delta(\varepsilon_{\boldsymbol{k}}-\mu) = 0 \tag{2.104}$$

一方，$\boldsymbol{J}_{\boldsymbol{k}}$ の表式(2.50)式から

$$\sum_{\boldsymbol{k}}\delta n(\boldsymbol{k})\boldsymbol{J}_{\boldsymbol{k}} = \sum_{\boldsymbol{k}}\delta n(\boldsymbol{k})\left\{\boldsymbol{v}_{\boldsymbol{k}} + \sum_{\boldsymbol{k}'} f(\boldsymbol{k},\boldsymbol{k}')\boldsymbol{v}_{\boldsymbol{k}'}\delta(\varepsilon_{\boldsymbol{k}'}-\mu)\right\} = \sum_{\boldsymbol{k}}\overline{\delta n}(\boldsymbol{k})\boldsymbol{v}_{\boldsymbol{k}} \tag{2.105}$$

電流 I は(2.99)式または次式で表わせる．

$$\boldsymbol{I}(\boldsymbol{r},t) = e\sum_{\boldsymbol{k}}\overline{\delta n}(\boldsymbol{k})\boldsymbol{v}_{\boldsymbol{k}}\exp[i(\boldsymbol{q}\cdot\boldsymbol{r}-\omega t)] \tag{2.106}$$

$\omega\to 0$ として(2.104)式から

$$\overline{\delta n}(\boldsymbol{k})|_{\omega=0} = -ie\frac{\boldsymbol{E}_{\mathrm{L}}\cdot\boldsymbol{v}_{\boldsymbol{k}}\delta(\varepsilon_{\boldsymbol{k}}-\mu)}{\boldsymbol{q}\cdot\boldsymbol{v}_{\boldsymbol{k}}} \tag{2.107}$$

$\boldsymbol{E}$ が $\boldsymbol{q}$ に平行(縦波)のとき

$$\overline{\delta n} = -\frac{ie|\boldsymbol{E}_{\mathrm{L}}|}{|\boldsymbol{q}|}\delta(\varepsilon_{\boldsymbol{k}}-\mu) \tag{2.108}$$

このとき，対称性から $I=0$ である．静的な電場は電荷の分布の変化によって，スクリーンされて電流が流れない．

$\boldsymbol{E}$ が $\boldsymbol{q}$ に垂直(横波)のとき，$\boldsymbol{q}\cdot\boldsymbol{v}_{\boldsymbol{k}}=0$ から(2.107)式は異常になる．電場 E と系が共鳴し，遷移が起こる．そこで，断熱的に電場が加えられたとして，η を微小量として(2.96)式に $\exp[\eta t]$ を掛けて

$$\frac{1}{\boldsymbol{q}\cdot\boldsymbol{v}_{\boldsymbol{k}}-i\eta} = P\frac{1}{\boldsymbol{q}\cdot\boldsymbol{v}_{\boldsymbol{k}}} + i\pi\delta(\boldsymbol{q}\cdot\boldsymbol{v}_{\boldsymbol{k}}) \tag{2.109}$$

とする．第1項は対称性から消えるが，第2項は

$$\sigma_{\alpha\alpha}(\boldsymbol{q},0) = \frac{3\pi Ne^2}{4\hbar q k_{\mathrm{F}}} \qquad (q_\alpha=0) \tag{2.110}$$

これは電場の波長 $1/q$ が平均自由行程と 1 周期内に電子が進む距離 v_F/ω に比べずっと短いとき，$\boldsymbol{q}$ に依存する異常表皮効果と呼ばれる伝導率への寄与を与える．k_F のみに依存するので，Fermi 面の決定に利用できる．

伝導率の計算を例として上に示したように，$\boldsymbol{q}$ と ω を共に 0 にするとき，どちらを先に 0 にするかで結果が異なる点は重要なことである．Fermi 面上での準粒子の散乱はエネルギー変化なしに運動量が変わりうるので，$\omega/\boldsymbol{q}\to 0$ としたのが物理的な散乱である*.

$\delta n(\boldsymbol{k})$ と $\overline{\delta n}(\boldsymbol{k})$ の意味を最後につけ加える．

$$\delta n(\boldsymbol{k}) = -\frac{\partial n_0}{\partial|\boldsymbol{k}|}u(\boldsymbol{k}) = \delta(\varepsilon_{\boldsymbol{k}}-\mu)\hbar|\boldsymbol{v}_{\boldsymbol{k}}|u(\boldsymbol{k}) \qquad (2.111)$$

$$\overline{\delta n}(\boldsymbol{k}) = \delta(\varepsilon_{\boldsymbol{k}}-\mu)\hbar|\boldsymbol{v}_{\boldsymbol{k}}|\bar{u}(\boldsymbol{k}) \qquad (2.112)$$

とおくと，$\delta n(\boldsymbol{k})$ は Fermi 面の変形を表わす．$S_F{}^0$ を $\varepsilon_{\boldsymbol{k}}{}^0=\mu$ で定まる Fermi 面とする．次式を用いて(2.112)式の $\bar{u}$ の意味を考える．

$$\varepsilon(\boldsymbol{k},\boldsymbol{r}) = \varepsilon_{\boldsymbol{k}}{}^0+\sum_{\boldsymbol{k}'}f(\boldsymbol{k},\boldsymbol{k}')\delta n(\boldsymbol{k}',\boldsymbol{r}) \qquad (2.113)$$

各スピンに対して，局所 Fermi 面 $S_F{}^L$ を $\varepsilon(\boldsymbol{k},\boldsymbol{r})=\mu$ によって定め，次式のような $u_L(\boldsymbol{k})$ を考える．

$$u_L(\boldsymbol{k}) = -\frac{\varepsilon(\boldsymbol{k},\boldsymbol{r})-\varepsilon_{\boldsymbol{k}}{}^0}{\hbar|\boldsymbol{v}_{\boldsymbol{k}}|} \qquad (2.114)$$

(2.103), (2.111)~(2.113)式から，$\bar{u}(\boldsymbol{k})$ は $\bar{u}(\boldsymbol{k})=u(\boldsymbol{k})-u_L(\boldsymbol{k})$ となる．こうして，$\bar{u}(\boldsymbol{k})$ は局所的に平衡な位置からの Fermi 面のずれを表わすことがわかる．

最後に，^{3}He のような中性の Fermi 液体を考える．外場はないとして，$\delta n(\boldsymbol{k})$ が $\boldsymbol{q}$ と ω で空間的・時間的に振動するとする．ω は衝突項 $\Gamma=\hbar/\tau$ よりずっと大きいとすると，(2.98)式はこのとき，

$$(\boldsymbol{q}\cdot\boldsymbol{v}_{\boldsymbol{k}}-\omega)\delta n(\boldsymbol{k})+\boldsymbol{q}\cdot\boldsymbol{v}_{\boldsymbol{k}}\delta(\varepsilon_{\boldsymbol{k}}-\mu)\sum_{\boldsymbol{k}'}f(\boldsymbol{k},\boldsymbol{k}')\delta n(\boldsymbol{k}') = 0 \qquad (2.115)$$

---

* L. D. Landau: Sov. Phys. JETP **8** (1959) 70.

となる．これは斉次方程式だから，特定の $\omega/\boldsymbol{q}$ の固有値に対してのみ解がある．この解の振動は外力が働かない系の自発的振動である．τ よりずっと長い現象に対しては常に熱平衡が成り立つと考えてよい．通常の音波は $\omega \ll \Gamma = \hbar/\tau$ である．低温で衝突が少なくなると，(2.115)式で表わされる Fermi 面の変形に対応する集団運動が存在する．(2.115)式は Fermi 面のずれ u の運動として，次のように表わすことができる．

$$(\boldsymbol{q}\cdot\boldsymbol{v}_{\boldsymbol{k}} - \omega)u(\boldsymbol{k}) + \boldsymbol{q}\cdot\boldsymbol{v}_{\boldsymbol{k}} \sum_{\boldsymbol{k}'} f(\boldsymbol{k}, \boldsymbol{k}')\delta(\varepsilon_{\boldsymbol{k}'} - \mu)u(\boldsymbol{k}') = 0 \tag{2.116}$$

この集団運動の位相速度 $\omega/\boldsymbol{q}$ を考え，Fermi 速度との比 s

$$s = \frac{\omega}{qv_{\mathrm{F}}} = \frac{\omega m^*}{\hbar q k_{\mathrm{F}}} \tag{2.117}$$

を定義する．(2.116)式は $\boldsymbol{q}$ を軸とする極座標 (θ, φ) を用いて

$$(\cos\theta - s)u(\theta, \varphi, \sigma) + \cos\theta \sum_{\sigma'} \int \frac{d\gamma'}{4\pi} F(\Theta, \sigma, \sigma')u(\theta', \varphi', \sigma') = 0 \tag{2.118}$$

となる．$d\gamma'$ は立体角，Θ は $\boldsymbol{k}$ と $\boldsymbol{k}'$ の間の角度，$F(\boldsymbol{k}, \boldsymbol{k}')$ は(2.25)式と同様，

$$F(\boldsymbol{k}, \boldsymbol{k}') = \frac{\Omega m^* k_{\mathrm{F}}}{\pi^2 \hbar^2} f(\boldsymbol{k}, \boldsymbol{k}') \tag{2.119}$$

であり，これを Θ で表わしたのが $F(\Theta, \sigma, \sigma')$ である．

(2.118)式はいろいろの解をもつ．2つのスピンの Fermi 面が位相をそろえて振動する密度波と π だけずらして振動するスピン波がある．

今，$s<1$ とすると $\cos\theta - s$ が 0 になり得て，集団運動と個々の準粒子が共鳴し，集団運動が減衰してしまう．$s>1$ の減衰しない集団運動を考える．今，スピンによらない密度波を考えると

$$F^s(\Theta) = \frac{1}{2}\left\{F\left(\Theta, \frac{1}{2}, \frac{1}{2}\right) + F\left(\Theta, \frac{1}{2}, -\frac{1}{2}\right)\right\} \tag{2.120}$$

だけが積分核として残る．方程式(2.118)は

$$\left(\frac{s}{\cos\theta} - 1\right)u(\theta, \varphi) = \int F^s(\Theta)u(\theta', \varphi')d\gamma'/4\pi \tag{2.121}$$

表 2-1 液体 ^{3}He の Landau パラメーター．(D. S. Greywall: Phys. Rev. **27** (1983) 2747 から作製)

圧力(bar)	m^*/m	F_0^s	F_0^a	F_1^s	F_1^a
0	2.76	9.15	−0.700	5.27	−0.55
15	4.24	41.33	−0.755	9.71	−0.95
30	5.40	75.60	−0.758	13.20	−0.98

となる．$F^s(\Theta)$ が Θ によらない，つまり $F^s(\Theta)=F_0^s$ のとき，C を定数として

$$u(\theta,\varphi) = \frac{\cos\theta}{s-\cos\theta}C \tag{2.122}$$

$$\frac{s}{2}\log\left(\frac{s+1}{s-1}\right)-1 = \frac{1}{F_0^s} \tag{2.123}$$

(2.123)式が s の分散を決める式である．(2.122)式は卵形の変形を表わす縦波($\boldsymbol{q}$ の方向につき出て逆方向に偏平)である．この波を**ゼロ音波**と呼んでいる．

この節をまとめると，(2.25)式で定義された F を用いて

$$F_0^s = \frac{3mm^*c^2}{\hbar^2 k_F{}^2}-1 \tag{2.124}$$

$$\frac{F_1^s}{3} = \frac{m^*}{m}-1 \tag{2.125}$$

$$F_0^a = \frac{\beta^2 m^* k_F}{4\pi^2\hbar^2\chi_s}-1 \tag{2.126}$$

となる．液体 ^{3}He の Landau パラメーターを表 2-1 に示す．圧力をかけ，固体に近づくと m^* が増大する．一方，F_0^a はあまり変化しない．

微視的なハミルトニアンが与えられると Landau パラメーターが計算できるはずで，一般にハミルトニアンのパラメーターの数が少ないので Landau パラメーターの間に関係式が存在する．後に述べる Gutzwiller 近似という変分法による計算などが試みられている*．また，一般の系では上式の導出において仮定された対称性が必ずしも満たされないので変更をうける．

* D. Vollhardt: Rev. Mod. Phys **56** (1984) 99.

3
Andersonの直交定理

金属のFermi面はほとんどエネルギー0の電子・正孔対励起をもち，無限に縮退した状態に近い．そのため，わずかの摂動によって大きく変形する．このFermi面のもろさが，超伝導をはじめとする面白い物理現象を導き，Fermi面の関与する多体問題を現出させる．典型的な例が**近藤効果**である．本章では金属に不純物原子を希薄に入れた系を考察する．まず，3-1節で不純物の電荷の遮蔽の問題をFriedelの理論に従って説明する．3-2節で金属のFermi面近くの無数の低エネルギー励起に由来する異常について述べ，**Andersonの直交定理**を説明する．3-3節および3-4節で直交定理が重要な働きをする例としてそれぞれ金属の軟X線による光電子放出と金属中の荷電粒子の量子拡散を紹介する．近藤効果については次の第4章で述べる．

3-1 Friedelの総和則

銅などの正常金属中に1個の不純物原子があるとする．それによる局所的なポテンシャル$V(\boldsymbol{r})$によって，まわりの電子数が変化する．この局所的な電子数の変化をFriedelが1958年に計算した．それを紹介する．

正常金属を自由電子の系で近似して，局所ポテンシャル $V(\boldsymbol{r})$ のある系の1電子の波動関数 $\psi(\boldsymbol{r})$ に対する Schrödinger 方程式は

$$-\frac{\hbar^2}{2m}\nabla^2\psi(\boldsymbol{r})+V(\boldsymbol{r})\psi(\boldsymbol{r}) = E\psi(\boldsymbol{r}) \tag{3.1}$$

となる．不純物から遠い所での波動関数は

$$\psi(\boldsymbol{r}) \xrightarrow{r\to\infty} e^{i\boldsymbol{k}\cdot\boldsymbol{r}}+A(\theta,\varphi)e^{ikr}/r \tag{3.2}$$

と表わされる．(3.2)式の右辺第1項は入射波を，第2項は散乱波を表わす．A は散乱振幅で，θ は $\boldsymbol{k}$ と $\boldsymbol{r}$ のなす角度である．ポテンシャル $V(\boldsymbol{r})$ が球対称であるとして，$\psi(\boldsymbol{r})$ を Legendre の多項式 P_l を用いて球面波で展開する．

$$\psi(\boldsymbol{r}) = \sum_l c_l\psi_l(r)P_l(\cos\theta) \tag{3.3}$$

$\psi_l(r)$ は $r\to\infty$ の $V(\boldsymbol{r})=0$ のところでは

$$\psi_l(r)\sim\frac{1}{r}\sin\left(kr-\frac{l\pi}{2}+\delta_l\right) \tag{3.4}$$

と表わされる．δ_l は**位相のずれ**(phase shift)である．(3.2)式を球面波で表わし，(3.3)式に等置して，$\exp(-ikr)$ の係数の比較から

$$kc_l = (2l+1)i^l e^{i\delta_l} \tag{3.5}$$

$\exp(ikr)$ の係数から

$$A(\theta) = \frac{1}{2ik}\sum_{l=0}^{\infty}(2l+1)(e^{2i\delta_l}-1)P_l(\cos\theta) \tag{3.6}$$

が得られる．微分散乱断面積 $\sigma(\theta)$ は

$$\sigma(\theta) = |A(\theta)|^2 = \frac{1}{k^2}\left|\sum_{l=0}^{\infty}(2l+1)e^{i\delta_l}\sin\delta_l P_l(\cos\theta)\right|^2 \tag{3.7}$$

となる．(3.5)式を(3.3)式に代入して，

$$\psi(\boldsymbol{r}) = \sum_l(2l+1)i^l e^{i\delta_l}k^{-1}P_l(\cos\theta)\psi_l(r) \tag{3.8}$$

を得る．$\psi_l(r)=\varphi_l/r$ とおいて，半径 R 内の電子数は電子のスピンの縮退も入

れて,

$$\int_0^R \rho(r)4\pi r^2 dr = \int_0^R 4\pi r^2 dr \int_0^{k_{\mathrm{F}}} 4\pi k^2 dk\, 2\sum_l (2l+1)\frac{1}{(2\pi)^3}\frac{\psi_l{}^2(r)}{k^2}$$
$$= \frac{4}{\pi}\sum_l (2l+1)\int_0^{k_{\mathrm{F}}} dk \int_0^R \varphi_l{}^2 dr$$
$$= \frac{4}{\pi}\sum_l (2l+1)\int_0^{k_{\mathrm{F}}} dk \frac{1}{2k}\left\{\frac{d\varphi_l}{dk}\frac{d\varphi_l}{dr} - \varphi_l\frac{d^2\varphi_l}{drdk}\right\}_{r=R} \tag{3.9}$$

となる.(3.9)式の最後の等式は次のようにして導かれる.$\varphi_l = r\psi_l(r)$ に対するSchrödinger方程式

$$\frac{d^2\varphi_l}{dr^2} + \left[k^2 - \frac{l(l+1)}{\hbar^2 r^2} - \frac{2mV(r)}{\hbar^2}\right]\varphi_l = 0$$

$2m\tilde{E}/\hbar^2 = \tilde{k}^2$ の解 $\tilde{\varphi}_l$ に対する方程式

$$\frac{d^2\tilde{\varphi}_l}{dr^2} + \left[\tilde{k}^2 - \frac{l(l+1)}{\hbar^2 r^2} - \frac{2mV(r)}{\hbar^2}\right]\tilde{\varphi}_l = 0$$

の両式を用いて

$$(\tilde{k}^2 - k^2)\int_0^R \varphi_l\tilde{\varphi}_l dr = \int_0^R \left(\tilde{\varphi}_l\frac{d^2\varphi_l}{dr^2} - \varphi_l\frac{d^2\tilde{\varphi}_l}{dr^2}\right)dr = \left[\tilde{\varphi}_l\frac{d\varphi_l}{dr} - \varphi_l\frac{d\tilde{\varphi}_l}{dr}\right]_0^R \tag{3.10}$$

$\tilde{k}\to k$ の極限をとって,

$$\int_0^R \varphi_l{}^2(r)dr = \frac{1}{2k}\left\{\frac{d\varphi_l}{dk}\frac{d\varphi_l}{dr} - \varphi_l\frac{d^2\varphi_l}{drdk}\right\}_{r=R} \tag{3.11}$$

となる.(3.9)式にもどって

$$\varphi_l(R) \simeq \sin\left(kR + \delta_l(k) - \frac{l\pi}{2}\right) \tag{3.12}$$

を代入して

$$\int_0^R \rho(r)4\pi r^2 dr = \frac{2}{\pi}\sum_l (2l+1)\int_0^{k_{\mathrm{F}}} dk\left\{\left(R + \frac{d\delta_l}{dk}\right) - \frac{1}{2k}\sin(2kR + 2\delta_l(k) - l\pi)\right\} \tag{3.13}$$

電子数の変化 ΔN は

$$\Delta N = \int_0^R [\rho(r) - \rho_0(r)] 4\pi r^2 dr$$
$$= \frac{2}{\pi} \sum_l (2l+1) \int_0^{k_F} dk \left\{ \frac{d\delta_l}{dk} - \frac{1}{k} \sin \delta_l(k) \cos(2kR - l\pi + \delta_l(k)) \right\} \tag{3.14}$$

$\delta_l(k)$ の k 依存性は $2kR$ に比べて小さいとして部分積分すると

$$\Delta N = \frac{2}{\pi} \sum_l (2l+1) \left[\delta_l(k_F) - \frac{1}{2k_F R} \sin \delta_l(k_F) \sin(2k_F R - l\pi + \delta_l(k_F)) \right] \tag{3.15}$$

となる．$R \to \infty$ とすると，ΔN は不純物原子と母体原子の電荷の差 ΔZ に等しいから，

$$\Delta Z = \frac{2}{\pi} \sum_l (2l+1) \delta_l(k_F) \tag{3.16}$$

が得られる．この式を**Friedelの総和則**(sum rule)と呼んでいる*．(3.15)式は局所ポテンシャル $V(\boldsymbol{r})$ の影響は有限の範囲内にとどまり，その外部は変化しないことを示している．1個の不純物は系全体に影響せず，あくまで局所的な影響としてとどまる．$\Delta N = \Delta Z$ は結局，不純物原子の電子はその周囲にとどまり，遠くから見れば不純物原子は中性の原子として存在することを表わしている．

(3.15)式を R で微分して，電荷密度の変化 $\Delta\rho$ は

$$\Delta\rho = \rho(R) - \rho_0(R) = \frac{1}{4\pi R^2} \frac{d\Delta N(R)}{dR}$$
$$= \frac{4k_F^3}{\pi^2} \sum_l (2l+1) \sin \delta_l \left\{ -\frac{\cos(2k_F R + \delta_l - l\pi)}{(2k_F R)^3} + \frac{\sin(2k_F R + \delta_l - l\pi)}{(2k_F R)^4} \right\} \tag{3.17}$$

となる．電荷密度は π/k_F の周期で振動しながら R^{-3} で減衰する．この振動は**Friedelの振動**と呼ばれる．これは後に述べる磁性不純物原子による伝導電

* J. Friedel: Nuovo Cimento Suppl. 7 (1958) 287.

子のスピン分極に見られる**RKY**(Ruderman-Kittel-芳田)**の振動**と同じ振動である．両者に表われる$2k_F$はFermi面での電子分布の不連続の結果と考えられる．k_F^{-1}より長い波長の電子を用いて，それより短い$(2k_F)^{-1}$以下の空間変化を遮蔽できないことを反映している．

Friedelの総和則は1体の球対称のポテンシャルに対して導かれたが，結晶ポテンシャルや電子間相互作用が働く場合にも拡張できる一般的な法則であることがLangerとAmbegaokarによって示されている*．Friedelの総和則の一般化された形は**散乱行列**(S-matrix) $\hat{S}$のFermi面の値$\hat{S}(\mu)$を用いて

$$\Delta N = \frac{1}{2\pi i}\,\mathrm{Tr}\log\hat{S}(\mu) \tag{3.18}$$

と表わされる．$\hat{S}$行列は**遷移行列**(T-matrix) $\hat{T}$と次の関係にある．

$$\hat{S}_{\alpha\beta}(\mu) = \delta_{\alpha\beta} - 2\pi i\delta(E_\alpha-\mu)\hat{T}_{\alpha\beta} \tag{3.19}$$

ここで，$\delta_{\alpha\beta}$と$\delta(E_\alpha-\mu)$はそれぞれKroneckerのデルタとδ関数である．S行列が球対称であれば球面波に分解でき，l波の成分S_lは**位相のずれ**(phase shift) δ_lを用いて

$$S_l = e^{2i\delta_l} \tag{3.20}$$

となるから，(3.18)式は(3.16)式を再現する．

なお，T行列は一般的な散乱ポテンシャルを$\hat{V}$として

$$\hat{T}(\varepsilon+i\eta) = \hat{V}+\hat{V}\frac{1}{\varepsilon-\mathcal{H}_0+i\eta}\hat{T}(\varepsilon+i\eta) \qquad (\eta\to 0) \tag{3.21}$$

で定義される．ηは正の無限小量である．

3-2 局所摂動に関するAndersonの直交定理

金属に不純物などが原因で局所的なポテンシャル$V(\boldsymbol{r})$が生じると，伝導電子の分布が変化し，それを遮蔽する．$V(\boldsymbol{r})=0$のN電子系の基底状態と$V(\boldsymbol{r})$

* J. S. Langer and V. Ambegaokar: Phys. Rev. **121** (1961) 1090.

$\neq 0$ の基底状態は直交し，重なり積分が消えてしまう．このことを 1967 年に P. W. Anderson が示したので，**Anderson の直交定理**と呼ばれる*．局所ポテンシャルの中心を原点とする球面波を考え，簡単にするために $l=0$ の s 波のポテンシャルによる変化を考える．例えばポテンシャルとして，δ 関数型の $V(\boldsymbol{r})=V\delta(\boldsymbol{r})$ を考えると，原点で有限の値をもつ s 波のみが散乱される．$V=0$ のときの 1 電子の s 波の波動関数はその番号を n として

$$\varphi_n{}^0 = N_{0n}\sin(k_n{}^0 r)/r \tag{3.22}$$

と表わされる．$V\neq 0$ では位相のずれ δ_n が生じ，

$$\varphi_n = N_n \sin(k_n r+\delta_n)/r \tag{3.23}$$

となる．ただし，N_{0n}, N_n は規格化定数である．$V=0$ と $V\neq 0$ の場合について，それぞれ N 個の電子を Fermi エネルギーまで詰めた基底状態を考える．このような多電子の状態は **Slater 行列式**で表わされる．

$$\frac{1}{\sqrt{N!}}\det|\varphi_n(r_n)| = \frac{1}{\sqrt{N!}}\begin{vmatrix} \varphi_1(r_1) & \varphi_1(r_2) & \cdots\cdots & \varphi_1(r_N) \\ \varphi_2(r_1) & \varphi_2(r_2) & \cdots\cdots & \varphi_2(r_N) \\ \vdots & & & \vdots \\ \varphi_N(r_1) & \varphi_N(r_2) & \cdots\cdots & \varphi_N(r_N) \end{vmatrix} \tag{3.24}$$

$V(\boldsymbol{r})$ がないときの基底状態 $|\mathrm{i}\rangle$ と $V\neq 0$ の基底状態 $|\mathrm{f}\rangle$ との基底状態間の重なり積分 S が

$$\begin{aligned} S &= \frac{1}{N!}\iint \det|\varphi_n{}^0(\boldsymbol{r}_n)|\det|\varphi_n(\boldsymbol{r}_n)|\,d\boldsymbol{r}_1 d\boldsymbol{r}_2\cdots d\boldsymbol{r}_N \\ &= N^{-(\delta/\pi)^2/2} \end{aligned} \tag{3.25}$$

となることを Anderson が巧みな方法で示したのである．δ はポテンシャル V による s 波の位相のずれの Fermi 面での値である．電子のスピン縮退を考えると，同じ δ をもつそれぞれのスピンの波動関数の重なり積分の積となり，(3.25)式の 2 乗になる．(3.25)式の結果は $\delta\neq 0$ である限り，N は巨視的な数であるから，$S=0$ となる．つまり，$V=0$ の基底状態と $V\neq 0$ の基底状態は直

---

* P. W. Anderson: Phys. Rev. Lett. **18** (1967) 1049; Phys. Rev. **164** (1967) 352.

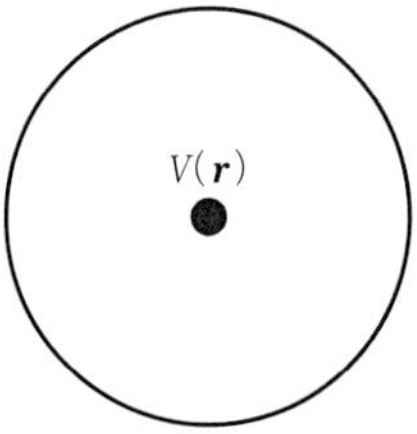

図3-1 局所的なポテンシャル $V(\boldsymbol{r})$ によって，伝導電子の分布が一定の領域内で変化する．

交する．δ/π は(3.16)式のFriedelの総和則から局所的な電子数を表わすから，局所的な電子数の変化が起こるとその前後の2つの基底状態は互いに直交することを示している．また，$\delta=\pi$ は電子1個分の変化に対応し，束縛状態が生じた場合を表わす．この時，$V=0$ の状態との重なり積分は $1/\sqrt{N}$ となり，全空間に広がった球面波と束縛状態との重なり積分に一致している．**Kohn-Majumdarの定理**によれば*，束縛状態の有無によらず，全系のエネルギーや電子密度は V の強さに関して解析的で，連続的な変化を示す．それ故，(3.25)式の結果は $\delta=\pi$ から V を小さくした場合に拡張された重なり積分と考えることができる．

では S が直交する物理的な理由は何であろうか．V が小さくても直交するから，ポテンシャルを摂動として N 電子系の波動関数の変化を直接計算してみよう．$V=0$ で自由電子がFermi球に詰まった状態を $\boldsymbol{\Phi}_0$ として，局所的な摂動を

$$\mathcal{H}' = \sum_{\boldsymbol{k}\boldsymbol{k}'} V_{\boldsymbol{k}\boldsymbol{k}'} c_{\boldsymbol{k}'}^{\dagger} c_{\boldsymbol{k}} \tag{3.26}$$

とする．今，電子スピンは後に考慮することにすると，(3.26)式はポテンシャルで球内の電子 $\boldsymbol{k}$ が球外の $\boldsymbol{k}'$ に散乱されるような過程を表わしている．摂動の1次での波動関数の変化は

$$\boldsymbol{\Phi}_1 = -\sum_{\boldsymbol{k}\boldsymbol{k}'} \frac{V_{\boldsymbol{k}\boldsymbol{k}'}}{\varepsilon_{\boldsymbol{k}'}-\varepsilon_{\boldsymbol{k}}} c_{\boldsymbol{k}'}^{\dagger} c_{\boldsymbol{k}} \boldsymbol{\Phi}_0 \tag{3.27}$$

となる．Fermiエネルギー $\mu=0$ として，$\boldsymbol{\Phi}_1$ では $\varepsilon_{\boldsymbol{k}'}>0$ の電子 $\boldsymbol{k}'$ と $\varepsilon_{\boldsymbol{k}}<0$ の

* W. Kohn and C. Majumdar: Phys. Rev. **138** (1965) A1617.

正孔 $\boldsymbol{k}$ の対が生じる．$\boldsymbol{\Phi}=\boldsymbol{\Phi}_0+\boldsymbol{\Phi}_1+\cdots$ の規格化のために $|\boldsymbol{\Phi}|^2$ を求めよう．$|\boldsymbol{\Phi}_0|^2=1$ とし，$V_{\boldsymbol{kk}'}=V$ と簡単化する．

$$
\begin{aligned}
|\boldsymbol{\Phi}|^2 &= |\boldsymbol{\Phi}_0|^2+|\boldsymbol{\Phi}_1|^2+\cdots = 1+\sum_{\boldsymbol{kk}'}\frac{|V_{\boldsymbol{k}'\boldsymbol{k}}|^2}{(\varepsilon_{\boldsymbol{k}'}-\varepsilon_{\boldsymbol{k}})^2}+\cdots \\
&= 1+\rho^2V^2\int_{-D}^{0}d\varepsilon\int_{0}^{D}d\varepsilon'\frac{1}{(\varepsilon'-\varepsilon)^2}+\cdots \\
&= 1+\rho^2V^2\log(D/0)+\cdots
\end{aligned}
\tag{3.28}
$$

ただし，伝導電子の状態密度を一定値 ρ とし，そのバンド幅を $-D$ から D までとした．これらの仮定は $V_{\boldsymbol{kk}'}$ が一定としたことも含めて，(3.28)式の対数発散が Fermi 面近くから生じるので，一般性を失わない．対数発散は電子・正孔対励起のエネルギー，$\omega=\varepsilon'-\varepsilon\to0$ から生じる．このような(3.28)式の対数発散は低エネルギー極限の発散であるから，**赤外発散**と呼ばれる．伝導電子のエネルギー準位の間隔 D/N で下限 0 を置きかえると

$$
|\boldsymbol{\Phi}|^2 = 1+\rho^2V^2\log N \simeq e^{\rho^2V^2\log N} = N^{\rho^2V^2}
\tag{3.29}
$$

となる．

したがって，$\boldsymbol{\Phi}_0$ と規格化された $\boldsymbol{\Phi}=(\boldsymbol{\Phi}_0+\boldsymbol{\Phi}_1)\exp[-(\rho^2V^2/2)\log N]$ との重なり積分は

$$
S = N^{-(\rho V)^2/2}
\tag{3.30}
$$

となる．$\mu=0$ に関し，対称な伝導バンドでは Fermi 面の位相のずれ δ はポテンシャル V と

$$
\delta = \tan^{-1}(\pi\rho V)
\tag{3.31}
$$

の関係にあるから，確かに(3.30)式は(3.25)式の δ が小さい場合を表わしている．(3.28)式で $|\boldsymbol{\Phi}_1|^2$ が対数発散するが，これは電子・正孔対励起が無限に生じるためである．その結果，$\boldsymbol{\Phi}_1$ は元の Fermi 球の $\boldsymbol{\Phi}_0$ とはほとんど重なりがなくなるのである．ただし，これはあくまで波動関数の変化であって，ポテンシャルによるエネルギー変化に異常はない．例えば V の 2 次摂動のエネルギーは分母が $(\varepsilon_{\boldsymbol{k}'}-\varepsilon_{\boldsymbol{k}})=\omega$ の 1 次のため次のように収束する．

$$E^{(2)} = -\sum_{\boldsymbol{k}'\boldsymbol{k}} \frac{|V_{\boldsymbol{k}'\boldsymbol{k}}|^2}{(\varepsilon_{\boldsymbol{k}'} - \varepsilon_{\boldsymbol{k}})} = -(\rho V)^2 2D \log 2 \tag{3.32}$$

以上見てきたように，金属のFermi面は電子・正孔対励起に対してほとんど無限に縮退しており，わずかの摂動で変化するという脆さに特徴がある．これが，わずかの引力で超伝導になることにも関連しているのである．

3-3　金属の光電子放出と直交定理

Andersonの直交定理の応用例として，金属の内殻電子の軟X線による放出を考えよう．金属イオンの内殻電子をX線で励起して金属外に放出させると終状態で内殻に正孔が残る．ある寿命で正孔は消滅するが，寿命が長い場合には終状態に対応する光電子放出が観測される．このとき，内殻に生じた正孔の正電荷を遮蔽するように周囲の伝導電子が引き寄せられる．結局，最終的には前節で見たように1個分の電子が引き寄せられる．このようにして，X線の吸収前後で伝導電子の局所的な状態が変化し，Andersonの直交定理が適用できる情況となる．エネルギー $\varepsilon_{\boldsymbol{k}}$ をもつ放出光電子の強度 $I(\varepsilon_{\boldsymbol{k}})$ は，ω によって内殻電子が光電子に励起される遷移確率の計算により，

$$I(\varepsilon_{\boldsymbol{k}}) \propto \sum_{\mathrm{f}} |\langle \Psi_{\mathrm{f}} b^{\dagger} c_{\boldsymbol{k}}^{\dagger} | j_{\boldsymbol{k}} | \Psi_{\mathrm{i}} \rangle|^2 \delta(\omega + \varepsilon_{\mathrm{c}} - \varepsilon_{\boldsymbol{k}} - E_{\mathrm{f}} + E_{\mathrm{i}} - W) \tag{3.33}$$

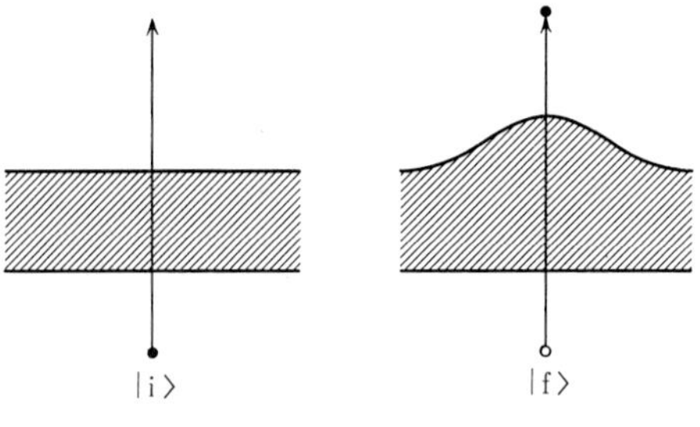

図3-2　金属の光電子放出の模式図．内殻から電子を放出すると，内殻の正孔による引力で伝導電子が集まり，正孔の電荷を遮蔽しようとする．

で与えられる．ここで，ω はX線のエネルギーであり，W は仕事関数であるが，以後 $\omega-W$ を ω とする．ε_c, E_i, E_f はそれぞれ内殻電子のエネルギー，伝導電子の始状態 Ψ_i と終状態 Ψ_f のエネルギーである．遷移の行列要素は，$b^\dagger$, $c_{\boldsymbol{k}}{}^\dagger$ をそれぞれ内殻正孔とエネルギー $\varepsilon_{\boldsymbol{k}}$ の光電子の生成演算子として，X線との相互作用 $\hat{j}$ を表わす演算子，

$$\hat{j} = \sum_{\boldsymbol{k}} j_{\boldsymbol{k}}(b^\dagger c_{\boldsymbol{k}}{}^\dagger + c_{\boldsymbol{k}} b) \tag{3.34}$$

から求められる．第1項は光電子を放出し，内殻に正孔を生じる過程を表わし，第2項はそれらの消滅を表わす．次の関係

$$\delta(\omega-\varepsilon) = \frac{\mathrm{Re}}{\pi}\int_0^\infty dt\, e^{i(\omega-\varepsilon)t} \tag{3.35}$$

を用いて，(3.33)式を次のように変形する．終状態 Ψ_f は完全系をなすから，次式の b の後に $\sum_f |\Psi_f\rangle\langle\Psi_f|$ を入れてわかるように，

$$\begin{aligned} I(\varepsilon_{\boldsymbol{k}}) &\propto \frac{\mathrm{Re}}{\pi}\int_0^\infty dt\, e^{i(\omega+\varepsilon_c-\varepsilon_{\boldsymbol{k}})t}\langle\Psi_i|e^{iE_i t} b e^{-i\mathcal{H}t} b^\dagger|\Psi_i\rangle \\ &= \frac{\mathrm{Re}}{\pi}\int_0^\infty dt\, e^{i(\omega+\varepsilon_c-\varepsilon_{\boldsymbol{k}})t}\langle\Psi_i|e^{i\mathcal{H}_0 t} e^{-i\mathcal{H}t}|\Psi_i\rangle \end{aligned} \tag{3.36}$$

と表わされる．ここで，最後の表式では $|\Psi_i\rangle$ は正孔のない始状態とし，正孔の演算子を省略した．$\mathcal{H}_0$, $\mathcal{H}$ は始状態および終状態での伝導電子のハミルトニアンである．電子のスピンには依存しないので無視して，ハミルトニアン $\mathcal{H}$ は

$$\mathcal{H} = \mathcal{H}_0 + \mathcal{H}' \tag{3.37}$$

$$\mathcal{H}_0 = \sum_{\boldsymbol{k}} \varepsilon_{\boldsymbol{k}} c_{\boldsymbol{k}}{}^\dagger c_{\boldsymbol{k}} \tag{3.38}$$

$$\mathcal{H}' = V \sum_{\boldsymbol{k}\boldsymbol{k}'} c_{\boldsymbol{k}'}{}^\dagger c_{\boldsymbol{k}} \tag{3.39}$$

と表わされる．(3.36)式の右辺の〈　〉は $t=0$ に $\mathcal{H}'$ が導入され，$\mathcal{H}$ で運動する波動関数と $\mathcal{H}_0$ のままで運動した状態との時刻 t での重なり積分を表わしている．$t\to\infty$ にすると終状態はその基底状態 $|\Psi_f{}^0\rangle$ に近づくので，この重なり

積分は

$$\langle \Psi_{\mathrm{i}} | e^{i\mathscr{H}_0 t} e^{-i\mathscr{H} t} | \Psi_{\mathrm{i}} \rangle \propto e^{-i(E_{\mathrm{f}}{}^0 - E_{\mathrm{i}})t} (iDt)^{-(\delta/\pi)^2} \tag{3.40}$$

のように直交定理に従って小さくなる．$E_{\mathrm{f}}{}^0 - E_{\mathrm{i}}$は終状態の基底エネルギーと始状態のそれとの差である．(3.40)式の結果は低エネルギーのカットオフ因子$\omega_s = D/N$を$\hbar/it$としたものに対応している．指数$(\delta/\pi)^2$の係数が(3.25)式に比べて2倍になっているのは，(3.40)式の左辺の真中に$|\Psi_{\mathrm{f}}{}^0\rangle\langle\Psi_{\mathrm{f}}{}^0|$を挿入すると$|\langle\Psi_{\mathrm{f}}{}^0|\Psi_{\mathrm{i}}\rangle|^2$になるためと考えられている．(3.40)式の結果は**Nozières-de Dominicisの方法***で直接求めることができる．また，摂動計算によっても，$(\delta/\pi)^2$を$(\rho V)^2$で展開した形で求めることができる．(3.40)式を(3.36)式に代入して光電子の放出強度は

$$I(\varepsilon_{\boldsymbol{k}}) \propto \varepsilon^{-1+(\delta/\pi)^2} = \frac{1}{\varepsilon^{1-\alpha}} \tag{3.41}$$

となる．ただし，$\varepsilon = \varepsilon_{\mathrm{max}} - \varepsilon_{\boldsymbol{k}}$とおいた．$\varepsilon_{\mathrm{max}}$は終状態の基底エネルギーに対応する$\varepsilon_{\boldsymbol{k}}$の最大値であり，このとき$\varepsilon = 0$となる．(3.41)式の$I(\varepsilon)$は図3-3の破線となる．もし，正孔の寿命などを考慮して現象論的に$e^{-\gamma t}$の減衰を考えると，(3.40)式にそれをかけてtで積分して図3-3の実線のように左右非対称な強度分布が得られる．$\varepsilon > 0$の強度分布は終状態での電子・正孔対励起を表わしている．このように直交定理は単に基底状態間の直交性を表わしているだけでなく，(3.40)式や(3.41)式のようにtやεのベキが解析的に求められ，励起状態の情報も含んでいる点が実用上重要である．

(3.41)式で$\alpha = (\delta/\pi)^2$であるが，電子のスピンと$l = 0$以外の球面波による遮蔽も考えると

$$\alpha = 2 \sum_l (2l+1)(\delta_l/\pi)^2 \tag{3.42}$$

となる．このとき，l波の位相のずれδ_lはFriedelの総和則

$$\Delta Z = 1 = 2 \sum_l (2l+1)\delta_l/\pi \tag{3.16$'$}$$

* P. Nozières and C. T. de Dominicis: Phys. Rev. **178** (1969) 1097.

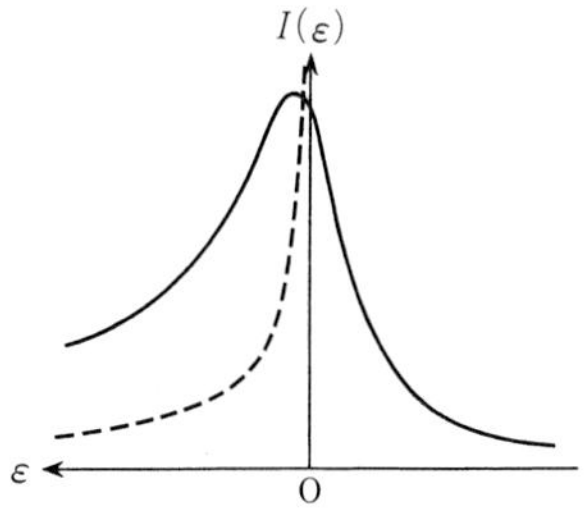

図 3-3 一定のエネルギーのX線による金属の内殻電子の光電子放出の強度分布．破線の $I(\varepsilon)\propto\varepsilon^{-1+(\delta/\pi)^2}$ の形から，減衰定数 γ を入れると実線のような左右非対称な形となる．

を満たす．さらに，始状態も位相のずれ $\delta_l{}^{\mathrm{i}}$ が存在するときは終状態の位相のずれ $\delta_l{}^{\mathrm{f}}$ との差で(3.42)式の δ_l を置きかえた

$$\alpha = 2\sum_l (2l+1)(\delta_l{}^{\mathrm{f}}-\delta_l{}^{\mathrm{i}})^2/\pi^2 \tag{3.43}$$

で α が与えられる．図 3-3 に見られる非対称な光電子放出強度は多くの金属で観測され，α の値から δ_l を推測することもなされている．

光電子放出ではなく，内殻から電子が伝導帯の Fermi 面に励起される軟X線の吸収やその逆の過程である放射のときはどうなるであろうか．この場合も前述の結果を応用して次のように理解される．吸収と放射は対称的な過程なので，今吸収の場合として，$t=0$ で内殻から電子が l_0 の状態の1つに励起されたとすると，(3.43)式の $\delta_{l_0}{}^{\mathrm{i}}$ の1つが $\delta_{l_0}{}^{\mathrm{i}}+\pi$ に置きかえられる．それからの時間発展は光電子放出と同様である．それ故，例えばs波($l_0=l=0$)のみが関与するときを考え，スピン縮退を無視した結果は

$$I(\varepsilon_{\boldsymbol{k}}) \propto \varepsilon^{(\delta/\pi-1)^2-1} = \varepsilon^{-2\delta/\pi+(\delta/\pi)^2} \tag{3.44}$$

となる．一般にスピンと軌道縮退を考慮して

$$I(\varepsilon) \propto \varepsilon^{\beta} \tag{3.45}$$

$$\beta = -\frac{2\delta_{l_0}}{\pi}+2\sum_l (2l+1)\left(\frac{\delta_l}{\pi}\right)^2 \tag{3.46}$$

となる．例えば，内殻のp電子($l=1$)をs対称の状態($l=0$)に励起すると

$$\beta = -\frac{2\delta_0}{\pi}+2\sum_l (2l+1)\left(\frac{\delta_l}{\pi}\right)^2 \tag{3.47}$$

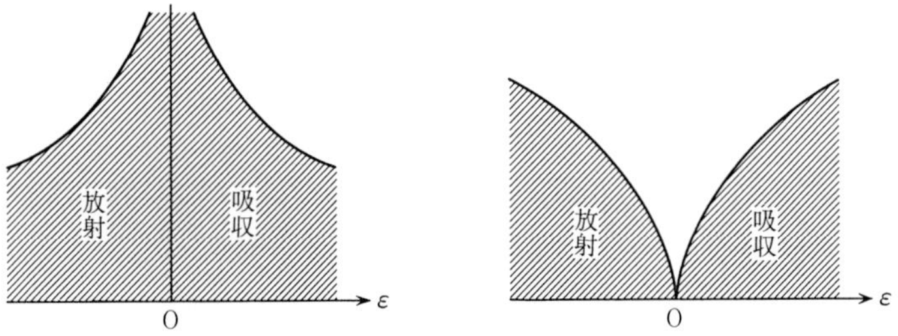

図 3-4 金属の軟X線放射・吸収端の異常．$\beta<0$ の場合は $\varepsilon=0$ 近くが強められ，$\beta>0$ では弱められる．前者はNaやMgの内殻p電子の関与する吸収・放射で見られ，後者はLiやBeの内殻s電子が関与する場合に見られる．

となる．さらにs波のみが遮蔽に関与するとすると

$$\beta = -\frac{2\delta_0}{\pi}+2\left(\frac{\delta_0}{\pi}\right)^2 \tag{3.48}$$

となる．一方，Friedelの総和則から $\delta_0=\pi/2$ となるから，$\beta=-1/2$ となる．このとき，$I(\varepsilon)$ は $\varepsilon=0$ で(3.45)式により発散する．

逆にもし，内殻のs電子を $l=1$ のp対称の状態に励起し，内殻正孔の遮蔽は依然として $l=0$ のs波が効くとすると $\delta_1=0$ から

$$\beta = 2\left(\frac{\delta_0}{\pi}\right)^2 = \frac{1}{2} \tag{3.49}$$

となる．こうして(3.45)式から図3-4に示すように $I(\varepsilon)$ は $\beta>0$ では $\varepsilon=0$ 付近の吸収が弱まり，$\beta<0$ では強められる．終状態に近い対称性に始状態の電子が励起されたときは重なり積分が大きく，強度が強い．一方，終状態の遮蔽とは異なる対称性に電子が励起されたときは，大きな組み替えが必要になり，重なり積分が小さくなり，強度が弱くなる．いずれにしても単純な吸収であれば $\beta=-1$ の δ 関数であるから，それに比べれば電子雲の重なり積分のため $\varepsilon=0$ の吸収は弱くなっている．X線の放射の場合も吸収の逆の過程を考えれば，まったく同様の結果が得られる．以上の結果は**金属の軟X線の放射・吸収端の異常**として，実験的にも両方の振舞いが観測されている．例えばNaの

2p 殻によるものでは $\beta<0$ が，Li の 1s 殻では $\beta>0$ の異常が見られる．

3-4 金属中の荷電粒子の拡散

プロトンや正ミューオンなどの軽い荷電粒子が金属中を拡散する場合に，**Anderson の直交定理**が重要になる．動的な問題への応用の一例として紹介しよう．

図 3-5 に示すように，質量 M の荷電粒子がある格子間隙に留まっているとする．粒子 M の位置を $\boldsymbol{R}$ とし，ポテンシャルを $U(\boldsymbol{R})$ として粒子 M に対するハミルトニアンは

$$H_M = -\frac{\hbar^2 \nabla_{\boldsymbol{R}}{}^2}{2M} + U(\boldsymbol{R}) \tag{3.50}$$

となる．さらに金属中の荷電粒子であるので，電子との相互作用を考えなければならない．ここで問題にする温度では，前章で述べたように必ず荷電粒子の電荷は電子によって遮蔽される．ここで問題になるのは次の点である．荷電粒子はポテンシャル井戸中に停留しているとしても，井戸内を振動している．さらに，隣りの格子間位置へトンネル運動する．このような荷電粒子の運動に対して，その電荷を遮蔽する伝導電子はどのように振る舞うだろうか．

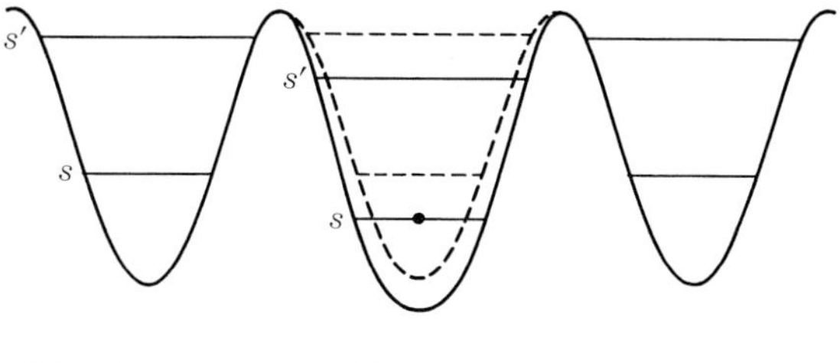

図 3-5 ミューオンは格子を歪ませながら運動する．μ^+ のエネルギー準位幅が準位の間隔 $|\varepsilon_{s'}-\varepsilon_s|$ より十分小さいとき，μ^+ は最低準位 s から，隣りの最低準位 s へトンネルする．格子歪みの揺らぎは隣りあう μ^+ の準位 ε_s を等しくして，トンネルを助ける．

a) 格子歪みとの相互作用

さて，ここで電子の問題からはずれるが無視できない効果として，まず荷電粒子と周囲の格子との相互作用を考えなければならない．これは**ポーラロン**(small polaron)の問題として研究されてきたものであるが，簡単に説明する．荷電粒子(以後簡単に粒子と呼ぶ)は周囲の格子を歪ませ安定化する．ある格子間隙から，隣りの格子間隙に粒子が移動すると格子歪みも移動するであろう．したがって，低温では格子歪みと荷電粒子を複合した粒子のように考えて，複合粒子のサイト間のトンネル行列要素を考えなければならない．$\boldsymbol{l}$ サイトでの格子歪みを $|\Psi_{\boldsymbol{l}}{}^i\rangle$ とする．i はポテンシャル井戸中の粒子の i 番目のエネルギー準位である．隣りの $\boldsymbol{l}+\boldsymbol{g}$ サイトの i 準位へのトンネル行列要素 J^i は，格子歪みのないときの値を $J_0{}^i$ とすると

$$J^i = J_0{}^i|\langle\Psi_{\boldsymbol{l}}{}^i|\Psi_{\boldsymbol{l}+\boldsymbol{g}}{}^i\rangle| \tag{3.51}$$

となる．このように格子歪みの重なり積分のため，J は J_0 に比べて小さくなる．以後1つの準位 i 内のサイト間のトンネルを考えることにして，i を省略して表わす．

この重なり積分を，フォノンの励起 $\hbar\omega$ を Anderson の直交定理の場合の電子・正孔対励起 $\hbar\omega=\varepsilon_{\boldsymbol{k}'}-\varepsilon_{\boldsymbol{k}}$ に対応させて検討してみよう．電子・正孔対励起で対数発散が現われるのは，低エネルギー励起の状態密度が ω に比例している場合である．このことは(3.28)式をかきかえて

$$V^2\int_0^{2D}d\omega\int_0^{\omega}d\varepsilon'\frac{\rho^2}{\omega^2} = V^2\int_0^{2D}d\omega\frac{\rho^2\omega}{\omega^2} \tag{3.52}$$

とすると，電子・正孔対励起密度が $N(\omega)=\rho^2\omega$ と ω に比例していることがわかる．ただし，ρ は伝導電子の状態密度で Fermi エネルギー近くでは一定である．一般には，相互作用 V に対応して，粒子と格子系との相互作用 $\lambda(\omega)$ の ω 依存性も考えて，$N(\omega)$ をフォノンの状態密度として $\lambda^2(\omega)N(\omega)$ が(3.52)の $V^2\rho^2\omega$ に対応する．したがって，$N(\omega)\lambda^2(\omega)$ が ω の1次となる1次元格子系を除いて赤外発散は起こらない．それ故，3次元系では低温で重なり積分は有限で，

$$J = J_0 e^{-S} \tag{3.53}$$

$$e^{-S} = |\langle \boldsymbol{\Psi_l} | \boldsymbol{\Psi_{l+g}} \rangle| \tag{3.54}$$

とおくことができる．Sは正の1のオーダーの値であるが，高温になると格子系の励起のため，一定値ではなくなる．(3.51)式ではJ_0として(3.54)式に最大の寄与をする格子歪みに固定したときの値で近似するとともに，粒子の運動に格子歪みが追随できないとして，格子歪みを非断熱的に取り扱っている．粒子よりも格子のイオンの方が重いとしたからである．さらに，非断熱項はポテンシャル井戸内の粒子準位間の遷移と格子歪みとの結合を通して，粒子のエネルギー準位iの幅，つまりコヒーレントな運動の減衰をもたらすので重要な役割をする．

b）電子との相互作用

さて，このようにして格子歪みを伴う効果で荷電粒子のトンネル確率がJ_0からJに縮小されるとして，今度はJを出発点として伝導電子との相互作用のみを考えよう．例えば荷電粒子として正ミューオン(μ^+)を考えたとしても，それは電子の約200倍の質量をもち，電子は常に重い荷電粒子に対して，断熱的に取り扱うことが許されると考えるかもしれない．しかし，金属中の電子・正孔対励起は，無限小の励起エネルギーをもつ，非常にゆっくりした運動をも表わしている．結論を述べると，電子・正孔対励起の中で，その励起エネルギーが粒子の運動エネルギーより高く，粒子より速いものは粒子の運動に追随し，断熱的に取り扱うことができる．この粒子の運動の速さの目安として，ポテンシャル井戸中の粒子の振動数ω_0やエネルギー準位間隔$\hbar\omega_0 \simeq (E_j - E_i)$を考えることができる．

$\hbar\omega_0$より小さい電子・正孔対励起は荷電粒子に追随できず，非断熱的な振舞いをする．この効果の重要性を強調したのが近藤である*．断熱的に粒子に付随して運動する電子雲を含めた電荷Z（<1）の荷電粒子$\boldsymbol{R}$とそれに対して非断熱的に運動する伝導電子雲$\boldsymbol{r}$との相互作用を$V(\boldsymbol{r}, \boldsymbol{R})$として，全系のハミ

---

* J. Kondo: Physica **84B** (1976) 40; **124B** (1984) 25; **125B** (1984) 279; **126B** (1984) 377.

ルトニアン$\mathscr{H}$を

$$\mathscr{H} = H_M + H_e + V(\boldsymbol{r}, \boldsymbol{R}) \tag{3.55}$$

と表わす．ここでH_eは電子系のみのハミルトニアン，H_Mは(3.50)式で与えた荷電粒子のハミルトニアンである．

荷電粒子が金属中を移動し続けるためには，1回ごとのトンネル過程で伝導電子による電荷の遮蔽が行なわれなければならない．それ故，荷電粒子とその電荷を遮蔽する伝導電子雲は格子歪みの場合と同様に複合的な粒子として運動すると考えられる．したがって，粒子のトンネル確率に隣りあう伝導電子雲の間の重なり積分が重要な因子になる．電子雲を伴った荷電粒子のトンネルの行列要素を$\tilde{J}$とし，サイト$\boldsymbol{l}$の電子雲の波動関数を$|\varphi_{\boldsymbol{l}}\rangle$として

$$\tilde{J} = J|\langle\varphi_{\boldsymbol{l}}|\varphi_{\boldsymbol{l}+\boldsymbol{g}}\rangle| = J|\langle\varphi_1|\varphi_2\rangle| \tag{3.56}$$

となる．$\boldsymbol{g}$は隣接サイトを表わすが，以後，$\langle\varphi_{\boldsymbol{l}}|\varphi_{\boldsymbol{l}+\boldsymbol{g}}\rangle$をサイト間距離$a$離れた2点間の重なり積分$\langle\varphi_1|\varphi_2\rangle$で代表させる．

ここで，aだけ離れた2点を中心とする2つの伝導電子雲間の重なり積分が必要になった．サイト1に荷電粒子が滞在していたときに，それをとりまいていた電子雲が粒子の移動により消え，荷電粒子が移ったサイト2に電子雲を作るときの重なり積分である．もし，電子雲の消滅と生成が遠く離れて独立に起こる過程であれば，前述の1サイトでの重なり積分の2乗になる．しかし，有限の距離間では電子雲間の干渉の効果があり，単純ではない．

ここで，直交定理を一般化する必要がある．証明は複雑であるので，結果のみを示す．ポテンシャルの対称性や電子間相互作用を限定せずに成立する最も一般的な直交定理の形は次のものである*．2つの状態$|\mathrm{i}\rangle$と$|\mathrm{f}\rangle$の重なり積分$\langle\mathrm{f}|\mathrm{i}\rangle$を

$$|\langle\mathrm{f}|\mathrm{i}\rangle| = \left(\frac{\omega_s}{\omega_l}\right)^K \tag{3.57}$$

と表わす．ここでω_s, ω_lはそれぞれ低・高エネルギー極限のカットオフ・エネ

* K. Yamada and K. Yosida: Prog. Theor. Phys. **68** (1982) 1504.

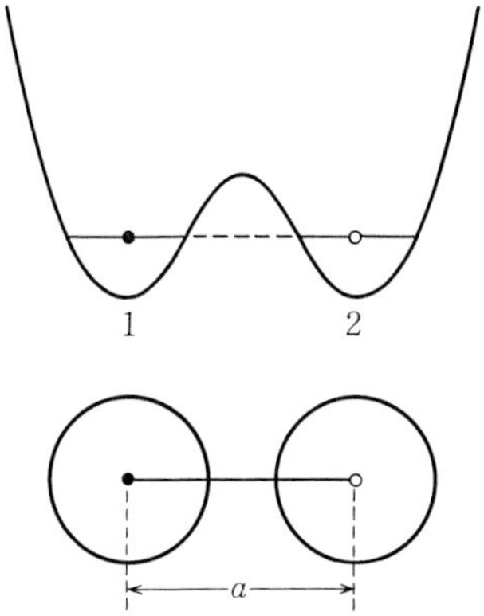

図 3-6 荷電粒子 μ^+ が 1 から 2 にトンネルすると，それを遮蔽する伝導電子雲も 1 から 2 に移る．両者を含めた複合粒子の有効トンネル行列要素は電子雲間の重なり積分によって小さくなる．

ルギーである．問題の指数 K は

$$K = -\frac{1}{8\pi^2}\mathrm{Tr}\{\log[\hat{S}_{\mathrm{f}}(\mu)\hat{S}_{\mathrm{i}}(\mu)^{-1}]\}^2 \tag{3.58}$$

と表わされる．ここで，$\hat{S}_{\mathrm{i}}$, $\hat{S}_{\mathrm{f}}$ はそれぞれ始，終状態における S 行列の Fermi 面での値である．この結果は **Friedel の総和則**を一般化した(3.18)式に対応させて考えることができる．始状態も局所的な変化を受けていると，一般化された Friedel の総和則も

$$\Delta N = \frac{1}{2\pi i}\mathrm{Tr}\log[\hat{S}_{\mathrm{f}}(\mu)\hat{S}_{\mathrm{i}}(\mu)^{-1}] \tag{3.59}$$

となる．もし，$\hat{S}_{\mathrm{i}}(\mu)=\hat{1}$ で $\hat{S}_{\mathrm{f}}(\mu)$ が球対称のときは $S_l=e^{2i\delta_l}$ を用いて

$$K = \frac{1}{\pi^2}\sum_l(2l+1)\delta_l^{\,2} \tag{3.60}$$

となり，前述の(3.42)式などの結果に一致する．ただし，ここでは電子スピンも考慮して対角和をとった．一般化された直交定理を用いて図 3-6 に示す中心の異なるポテンシャルをもつ 2 つの N 電子系間の重なり積分を求めよう*.

簡単のためにそれぞれのポテンシャルの遮蔽は中心に関し，$l=0$ の s 波のみによってなされるとして，その位相のずれを共に δ とする．このときの K

* K. Yamada, A. Sakurai and S. Miyazima: Prog. Theor. Phys. **73** (1985) 1342.

の値 K_0 は一般式(3.58)を用いて，少し複雑な計算を経て，電子スピン当り，

$$K_0(x,\delta) = \left[\frac{1}{\pi}\tan^{-1}\frac{\sqrt{1-x}\tan\delta}{\sqrt{1+x}\tan^2\delta}\right]^2 \tag{3.61}$$

と求められる．ただし，$x=j_0{}^2(k_{\mathrm{F}}a)$ で，j_0 は0次の球Bessel関数，$j_0(z)=\sin z/z$ である．$k_{\mathrm{F}}a$ が現われるのは**Friedelの振動**に見られる電荷の空間変化を生じる波動関数が重なり積分に関係しているためと考えられる．ここで距離 $a=\infty$ とすると $x=0$ であり

$$K_0(0,\delta) = \left(\frac{\delta}{\pi}\right)^2 \tag{3.62}$$

となる．これはサイト1で δ の位相のずれが消え，サイト2で δ が独立に生じたときの重なり積分を表わしている．スピンを考慮すると $K=2K_0$ となる．

もとの $\tilde{J}$ を求める問題にもどって，(3.56)式を考える．われわれの問題では高エネルギーのカットオフ $\hbar\omega_l$ は，先に述べたように非断熱的な電子・正孔対励起の上限である荷電粒子の井戸中の振動数 ω_0 となる．低エネルギーのカットオフは低温で $k_{\mathrm{B}}T<\tilde{J}$ のときは，荷電粒子によるポテンシャルが $\hbar/\tilde{J}$ の時間で消滅するので，$\hbar\omega_s=\tilde{J}$ となる．このとき $\tilde{J}$ は

$$\tilde{J} = J\left(\frac{\tilde{J}}{\hbar\omega_0}\right)^K = J\left(\frac{J}{\hbar\omega_0}\right)^{K/(1-K)} \tag{3.63}$$

とセルフコンシステントに定まる．したがって，$K>1$ のときは $\tilde{J}=0$ となり，荷電粒子は局在する．$\Delta Z=1$ の電荷をs波で遮蔽するとして，Friedelの総和則を用いると $\delta=\pi/2$ となる．このとき，K は最大で1/2となる．それ故，1価の粒子は上の過程で局在することはない．

もし，温度が高くなり $k_{\mathrm{B}}T>\tilde{J}$ となると $\tilde{J}$ は $\omega_s=k_{\mathrm{B}}T$ として

$$\tilde{J} = J\left(\frac{k_{\mathrm{B}}T}{\hbar\omega_0}\right)^K \tag{3.64}$$

となる．温度が高くなるとFermi面近くが $k_{\mathrm{B}}T$ のエネルギーで乱れ，直交性が弱まるためである．

実験との対応を見るために，**拡散係数** D を考えよう．D は粒子の速度 v と

平均自由時間τを用いて

$$D = \langle v^2 \rangle \tau \tag{3.65}$$

と表わされる．荷電粒子$\boldsymbol{K}$が伝導電子$\boldsymbol{k}$と相互作用$V_{\boldsymbol{k}\boldsymbol{k}'}$で衝突して$\boldsymbol{K}'$と$\boldsymbol{k}'$になる過程によって生じる準位幅$\hbar/\tau$は黄金律で計算すると

$$\tau^{-1} = \frac{2\pi}{\hbar} \sum_{\substack{\boldsymbol{k}\boldsymbol{k}' \\ \sigma \boldsymbol{K}'}} |V_{\boldsymbol{k}'\boldsymbol{k}}|^2 f_{\boldsymbol{k}}(1-f_{\boldsymbol{k}'})\delta(\varepsilon_{\boldsymbol{k}}-\varepsilon_{\boldsymbol{k}'}+E_{\boldsymbol{K}}-E_{\boldsymbol{K}'}) \tag{3.66}$$

となる．ここで電子と荷電粒子のバンドエネルギーをそれぞれ$\varepsilon_{\boldsymbol{k}}, E_{\boldsymbol{K}}$とした．荷電粒子がバンドをなしていると運動量保存則$\boldsymbol{k}-\boldsymbol{k}'+\boldsymbol{K}-\boldsymbol{K}'=0$が成立する．粒子の質量が重く，粒子のバンドエネルギーより温度$k_{\mathrm{B}}T$の方が大きいときには

$$\tau^{-1} = \frac{4\pi}{\hbar} \sum_{\boldsymbol{k}\boldsymbol{k}'} |V_{\boldsymbol{k}'\boldsymbol{k}}|^2 f_{\boldsymbol{k}}(1-f_{\boldsymbol{k}'})\delta(\varepsilon_{\boldsymbol{k}}-\varepsilon_{\boldsymbol{k}'}) = \frac{4\pi}{\hbar}(\rho V)^2 k_{\mathrm{B}}T \tag{3.67}$$

となる．輸送問題では前方散乱は緩和に効かないことを考えると

$$\tau^{-1} = 2\pi K k_{\mathrm{B}}T/\hbar \tag{3.68}$$

となる．ただし，Kは前出の$K=2K_0$であり，ρVが小さいときは

$$K = 2(\rho V)^2(1-j_0{}^2(k_{\mathrm{F}}a)) \tag{3.69}$$

である．

荷電粒子の速さ$v=\tilde{J}a$であるから，(3.65)式を用いて荷電粒子のホップ率νは

$$\nu = \frac{D}{a^2} = \frac{J^2}{2\pi K\omega_0}\left(\frac{k_{\mathrm{B}}T}{\hbar\omega_0}\right)^{2K-1} \tag{3.70}$$

となる．$K<1/2$であるから，$-1<2K-1<0$となり，温度が下がるとともに，ホップ率νが増大する．図3-7に示したのが正ミューオンμ^+のCu金属中のホップ率である．ミューオンスピン共鳴(μSR)を用いて測定されたものである．確かに，20 K以下で$T^{-0.68}$の温度依存性を示し，$K=0.16$と求められる．このように伝導電子による遮蔽の効果は荷電粒子の拡散において，特有の温度依存性を与える．

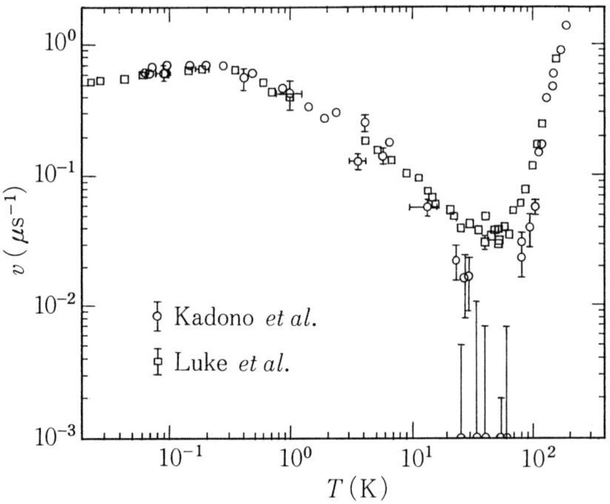

図 3-7　スピン縦緩和法により得られたCu中でのμ^+のホップ率ν.（門野良典：固体物理 **26**（1991）773）

さて，遷移金属のd電子や希土類金属のf電子や正孔は狭いバンドを形成し，有効質量の大きい荷電粒子である．それ故，ここで検討したようにs,p電子からなる軽い伝導電子による遮蔽の効果によって，dやf電子のバンド幅がよりいっそう狭くなっているはずである．したがって遮蔽効果と直交定理は通常の遷移金属や希土類金属など相関の強い電子系においても重要な問題なのである．

4

s-d ハミルトニアンと近藤効果

金属中の多体問題の典型的な例として，近藤効果を紹介する．まず，伝導電子の局所的な磁場によるスピン分極を一般的に議論した後，s-d ハミルトニアンによる伝導電子の分極を求める．その後で，電気抵抗極小を説明した近藤効果の理論を紹介する．さらに，この系の基底状態について検討する．

4-1 伝導電子のスピン磁化率

空間的・時間的に変動する磁場 $H(\boldsymbol{r}, t)$ がスピン σ をもつ自由な伝導電子に働いているときの磁化率を求めよう．磁場の方向を z 軸として，それをスピンの量子化軸とする．σ を Pauli 行列として，スピン $\boldsymbol{s}=\sigma/2$ をもつ電子の **Zeeman** エネルギー H_{Z} は

$$H_{\mathrm{Z}} = -\frac{1}{2}\sigma g \mu_{\mathrm{B}} H(\boldsymbol{r}, t) \tag{4.1}$$

となる．ここで g と μ_{B} は電子スピンの g 値と **Bohr 磁子**である．$H(\boldsymbol{r}, t)$ を Fourier 変換して

$$H(\boldsymbol{r}, t) = \iint H(\boldsymbol{q}, \omega) e^{i\boldsymbol{q}\cdot\boldsymbol{r}+i\omega t+\alpha t} d\boldsymbol{q} d\omega \tag{4.2}$$

とし，$H(\boldsymbol{q},\omega)$ の1次までの摂動を考える．ただし，α は正の微小量で，$t=-\infty$ で $H(\boldsymbol{r},t)=0$ とする．スピン σ の電子に働くポテンシャル $\delta u_\sigma(\boldsymbol{r},t)$ は

$$\begin{aligned}\delta u_\sigma(\boldsymbol{r},t) &= -\frac{\sigma}{2}g\mu_{\mathrm{B}}H(\boldsymbol{r},t)\\ &= \iint u_\sigma(\boldsymbol{q},\omega)e^{i\boldsymbol{q}\cdot\boldsymbol{r}+i\omega t+\alpha t}d\boldsymbol{q}d\omega \end{aligned} \tag{4.3}$$

$$u_\sigma(\boldsymbol{q},\omega) = -\sigma g\mu_{\mathrm{B}}H(\boldsymbol{q},\omega)/2$$

となる．スピンの向きに依存した局所ポテンシャルであるが，(1.68)式の局所ポテンシャルが働いた場合の計算がそのまま利用できる．その結果を用いると σ スピンをもつ伝導電子の密度の変化 $\delta\rho_\sigma(\boldsymbol{q},\omega)$ は $f(\boldsymbol{k})$ を Fermi 分布関数として，

$$\delta\rho_\sigma = \frac{1}{\Omega}\sum_{\boldsymbol{k}}\left\{\frac{f(\boldsymbol{k})-f(\boldsymbol{k}+\boldsymbol{q})}{\varepsilon(\boldsymbol{k})-\varepsilon(\boldsymbol{k}+\boldsymbol{q})+\hbar\omega-i\hbar\alpha}e^{i\boldsymbol{q}\cdot\boldsymbol{r}+i\omega t+\alpha t}u_\sigma(\boldsymbol{q},\omega)+\mathrm{C.C.}\right\} \tag{4.4}$$

となる．磁化 $M(\boldsymbol{r},t)$ は

$$\begin{aligned}M(\boldsymbol{r},t) &= \frac{1}{2}g\mu_{\mathrm{B}}\sigma(\boldsymbol{r},t) = \frac{1}{2}g\mu_{\mathrm{B}}\sigma\{\delta\rho_\sigma(\boldsymbol{r},t)-\delta\rho_{-\sigma}(\boldsymbol{r},t)\}\\ &= -\left(\frac{1}{2}g\mu_{\mathrm{B}}\right)^2\frac{2}{\Omega}\iint\left\{\sum_{\boldsymbol{k}}\frac{f(\boldsymbol{k})-f(\boldsymbol{k}+\boldsymbol{q})}{\varepsilon(\boldsymbol{k})-\varepsilon(\boldsymbol{k}+\boldsymbol{q})+\hbar\omega-i\hbar\alpha}e^{i\boldsymbol{q}\cdot\boldsymbol{r}+i\omega t+\alpha t}\right.\\ &\qquad\left.\times H(\boldsymbol{q},\omega)+\mathrm{C.C.}\right\}d\boldsymbol{q}d\omega \end{aligned} \tag{4.5}$$

ここで H, Ω はそれぞれ磁場の大きさと系の体積である．磁化率 $\chi(\boldsymbol{r},t)$ を

$$\chi(\boldsymbol{r},t) = \iint \chi(\boldsymbol{q},\omega)e^{i\boldsymbol{q}\cdot\boldsymbol{r}+i\omega t+\alpha t}d\boldsymbol{q}d\omega \tag{4.6}$$

と Fourier 変換し，$M(\boldsymbol{r},t)$ の Fourier 変換 $M(\boldsymbol{q},\omega)$ を用いて

$$M(\boldsymbol{q},\omega) = \chi(\boldsymbol{q},\omega)H(\boldsymbol{q},\omega) \tag{4.7}$$

で $\chi(\boldsymbol{q},\omega)$ を導入する．磁化率 $\chi(\boldsymbol{q},\omega)$ は(4.5)式を用いて

$$\chi(\boldsymbol{q},\omega) = -\frac{(g\mu_{\mathrm{B}})^2}{2\Omega}\sum_{\boldsymbol{k}}\frac{f(\boldsymbol{k})-f(\boldsymbol{k}+\boldsymbol{q})}{\varepsilon(\boldsymbol{k})-\varepsilon(\boldsymbol{k}+\boldsymbol{q})+\hbar\omega-i\hbar\alpha} \tag{4.8}$$

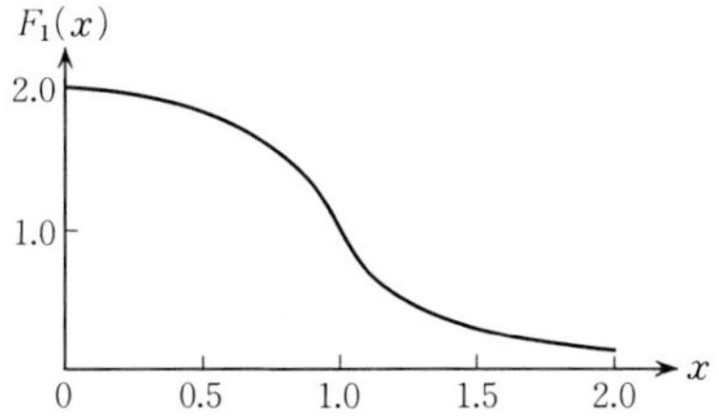

図 4-1　関数 $F_1(x)$.

となる．自由電子の $\chi(\boldsymbol{q}, \omega=0)=\chi(\boldsymbol{q})$ は

$$\chi(\boldsymbol{q}) = \left(\frac{g\mu_\mathrm{B}}{2}\right)^2 \frac{2}{\Omega} \sum_{\boldsymbol{k}} \frac{f(\boldsymbol{k})-f(\boldsymbol{k}+\boldsymbol{q})}{\varepsilon(\boldsymbol{k}+\boldsymbol{q})-\varepsilon(\boldsymbol{k})}$$

$$= \chi_\mathrm{Pauli}\frac{1}{2}F_1\left(\frac{q}{2k_\mathrm{F}}\right) \tag{4.9}$$

$$F_1(x) = 1+\frac{1-x^2}{2x}\log\left|\frac{1+x}{1-x}\right| \tag{4.10}$$

となる．ただし，χ_Pauli は伝導電子の Pauli 磁化率(1.35)であり，Fermi 面の状態密度 $\rho(\varepsilon_\mathrm{F})$ に比例する．ここで $F_1(x)$ は図 4-1 に示す関数であり，$x=1$ $(q=2k_\mathrm{F})$ で微分が発散する．これは **Friedel の振動**と同様，電子の分布の変化に Fermi 面の存在が反映し，$1/2k_\mathrm{F}$ より短い波長の変化が生じにくいことを示している．

4-2 s-d 交換相互作用とスピン分極

さて，Cu に不純物として Mn を希薄に含む CuMn の希薄合金を考える．Mn は $S=5/2$ のスピンを持ち，伝導電子のスピンと交換相互作用をする．簡単のため $S=1/2$ とし，伝導電子を自由電子とする．この状態を次のハミルトニアンで記述する．

$$\mathcal{H} = \mathcal{H}_0+\mathcal{H}_\mathrm{s\text{-}d} = \sum_{\boldsymbol{k}\sigma}\varepsilon_{\boldsymbol{k}} c_{\boldsymbol{k}\sigma}{}^\dagger c_{\boldsymbol{k}\sigma} - \frac{J}{2N}\sum_{\substack{\boldsymbol{k}\boldsymbol{k}'\\ \sigma\sigma'}} c_{\boldsymbol{k}'\sigma'}{}^\dagger \sigma_{\sigma'\sigma} c_{\boldsymbol{k}\sigma}\cdot\boldsymbol{S} \tag{4.11}$$

第 1 項の $\mathcal{H}_0$ は伝導電子のエネルギーを表わし，第 2 項が s-d 交換相互作用と

呼ばれるハミルトニアンである*．第2項は

$$\mathscr{H}_{\text{s-d}} = -\frac{J}{2N}\sum_{\boldsymbol{k}\boldsymbol{k}'}\{(c_{\boldsymbol{k}'\uparrow}{}^{\dagger}c_{\boldsymbol{k}\uparrow} - c_{\boldsymbol{k}'\downarrow}{}^{\dagger}c_{\boldsymbol{k}\downarrow})S_z + c_{\boldsymbol{k}'\uparrow}{}^{\dagger}c_{\boldsymbol{k}\downarrow}S_- + c_{\boldsymbol{k}'\downarrow}{}^{\dagger}c_{\boldsymbol{k}\uparrow}S_+\} \tag{4.12}$$

と表わすこともできる．**交換相互作用** J を負とすると，局在スピンと伝導電子スピンが反平行のときにエネルギーが下がる．いま，局在スピンが磁場等によって向きが固定され，z 成分の平均値 $\langle S_z\rangle$ をもつとする．このとき，伝導電子は局在スピン S との交換相互作用によって分極するはずである．その分極を求めよう．

局在スピンの z 成分 $\langle S_z\rangle$ は伝導電子に対して，

$$H_{\boldsymbol{q}} = \frac{J}{N}\langle S_z\rangle\Big/\left(\frac{1}{2}g\mu_{\text{B}}\right) \tag{4.13}$$

の Fourier 成分の磁場が働いたのと等価であるから，伝導電子のスピン分極は

$$\begin{aligned}\sigma(\boldsymbol{r}) &= \frac{1}{\Omega}\int\chi(\boldsymbol{q})\frac{1}{2}(H_{\boldsymbol{q}}e^{-i\boldsymbol{q}\cdot\boldsymbol{r}} + H_{-\boldsymbol{q}}e^{i\boldsymbol{q}\cdot\boldsymbol{r}})d\boldsymbol{q} \\ &= \frac{1}{2\Omega g\mu_{\text{B}}}\frac{J}{N}\langle S_z\rangle\chi_{\text{Pauli}}\int F_1\left(\frac{q}{2k_{\text{F}}}\right)(e^{-i\boldsymbol{q}\cdot\boldsymbol{r}} + e^{i\boldsymbol{q}\cdot\boldsymbol{r}})d\boldsymbol{q}\end{aligned} \tag{4.14}$$

となる．ここで次の計算が必要となる．

$$\begin{aligned}\Omega^{-1}\sum_{\boldsymbol{q}}F_1(q/2k_{\text{F}})(e^{-i\boldsymbol{q}\cdot\boldsymbol{r}} + e^{i\boldsymbol{q}\cdot\boldsymbol{r}}) &= \frac{2\pi}{8\pi^3}\int_0^{\infty}dqq^2\int_{-1}^{1}dzF_1(q/2k_{\text{F}})(e^{-iqrz} + e^{iqrz}) \\ &= \frac{(2k_{\text{F}})^2}{(2\pi^2 r)}(-i)\int_{-\infty}^{\infty}dxxF_1(x)e^{2ik_{\text{F}}xr} \\ &= \frac{(2k_{\text{F}})^2}{(2\pi^2 r)}\pi\int_{-1}^{1}dx\frac{1-x^2}{2}e^{2ik_{\text{F}}xr}\end{aligned} \tag{4.15}$$

ただし，図4-2の積分路に対して

$$\log\left(\frac{x+1}{x-1}\right) = \log\left|\frac{1+x}{1-x}\right| - \pi i \qquad (|x|<1) \tag{4.16}$$

---

* 今，J が $\boldsymbol{k}, \boldsymbol{k}'$ によらないとすると伝導電子 $\boldsymbol{r}$ と局在スピン $\boldsymbol{R}$ の相互作用を δ 関数 $\delta(\boldsymbol{r}-\boldsymbol{R})$ で表わしたことになり，局所的な相互作用を仮定している．

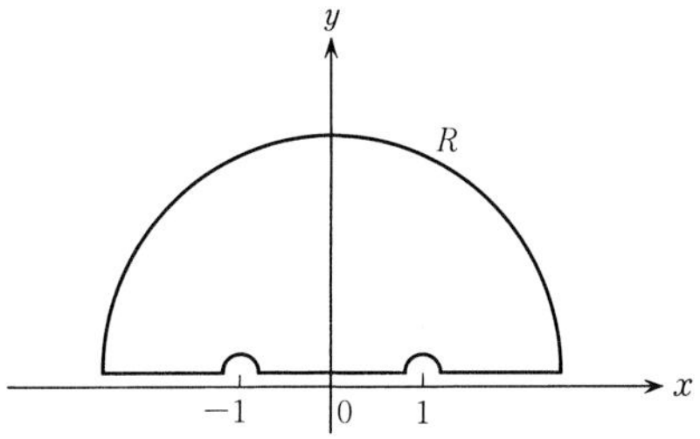

図 4-2 積分路を示す複素平面．半円は無限の半径とする．

を用いた．さらに，(4.15)を $2k_{\rm F}r$ が大きいとして部分積分すると

$$\sigma(r) = \frac{12\pi}{\Omega}\frac{N_{\rm e}}{N}\frac{J}{g\mu_{\rm B}}\langle S_z\rangle \chi_{\rm Pauli} F_2(2k_{\rm F}r) \tag{4.17}$$

$$F_2(x) = \frac{-x\cos x+\sin x}{x^4} \tag{4.18}$$

が得られる．$N_{\rm e}$ は体積 Ω 内の伝導電子の数である．

こうして，局在電子との交換相互作用による伝導電子のスピン分極 $\sigma(\boldsymbol{r})$ は，(4.17)式に示されるように，(3.17)式の Friedel の振動と同様 $\cos(2k_{\rm F}r)$ で振動しながら $(2k_{\rm F}r)^{-3}$ で減衰することがわかる．これらは直接的には(4.10)式が $q=2k_{\rm F}$ で示す特異性の反映である．この振動は研究者の名をとって **RKY (Ruderman-Kittel-芳田)の振動*** と呼ばれる．

Friedel の振動と同様，伝導電子のスピン分極 $\sigma(\boldsymbol{r})$ を半径 R の球で積分すると，(3.15)式に対応して

$$\int_0^R \sigma(r)4\pi r^2 dr = \frac{2J}{Ng\mu_{\rm B}}\langle S_z\rangle \chi_{\rm Pauli}\left(1-\frac{\sin 2k_{\rm F}R}{2k_{\rm F}R}\right) \tag{4.19}$$

となる．(4.17)や(4.19)式が示していることは，局在スピン S による局所的な摂動によって伝導電子のスピン分極はその周囲に局在し，$1/N$ の次数でも無限の遠くに及ぶことはないということである．この伝導電子のスピン分極の $1/r^3$ の依存性は CuMn における Cu の核スピンの核磁気共鳴において，Mn からの Cu の位置 $\boldsymbol{r}$ によって $\sigma(\boldsymbol{r})$ が異なることによる共鳴線の幅や非対称性

* K. Yosida: Phys. Rev. **106** (1957) 893.

として観測される．大多数の Cu は Mn から遠くにあり，その影響は局所的であるので中心線がずれることはない．

以上の議論は伝導電子の分極という問題だけに留まらず，伝導電子を介しての局在スピン間の相互作用としても重要である．1つの局在スピン $\boldsymbol{S}_1$ から $\boldsymbol{R}$ の位置に局在スピン $\boldsymbol{S}_2$ を置いたとする．$\boldsymbol{R}$ での $\boldsymbol{S}_1$ による伝導電子の分極は $\sigma(\boldsymbol{R})$ であるから，$\boldsymbol{S}_2$ の電子に対して

$$
\begin{aligned}
-\frac{J\boldsymbol{S}_{2z}\Omega}{N}\int d\boldsymbol{r}\sigma(\boldsymbol{r}-\boldsymbol{R}_1)\delta(\boldsymbol{r}-\boldsymbol{R}_2)\bigg/\left(\frac{1}{2}g\mu_{\mathrm{B}}\right) \\
= -9\pi\frac{J^2}{\varepsilon_{\mathrm{F}}}\left(\frac{N_{\mathrm{e}}}{N}\right)^2 F_2(2k_{\mathrm{F}}|\boldsymbol{R}_1-\boldsymbol{R}_2|)S_{1z}S_{2z} \qquad (4.20)
\end{aligned}
$$

が働くことになる．スピンの横成分も考慮して一般に，局在スピン間の相互作用 $\mathcal{H}_{\mathrm{RKKY}}$ は

$$
\begin{aligned}
\mathcal{H}_{\mathrm{RKKY}} &= -9\pi\frac{J^2}{\varepsilon_{\mathrm{F}}}\left(\frac{N_{\mathrm{e}}}{N}\right)^2 F_2(2k_{\mathrm{F}}|\boldsymbol{R}_1-\boldsymbol{R}_2|)\boldsymbol{S}_1\cdot\boldsymbol{S}_2 \\
&= -J_{\mathrm{RKKY}}\boldsymbol{S}_1\cdot\boldsymbol{S}_2 \qquad (4.21)
\end{aligned}
$$

となる．この相互作用は RKY に糟谷を加えて，**RKKY 相互作用**と呼ばれ，希土類金属の磁性や CuMn のスピングラスなどを議論する上で重要な相互作用である．$R^{-3}=\Omega^{-1}$ であるので，スピングラスの転移温度 T_{g} を Mn の濃度 $(\propto\Omega^{-1})$ で規格化すると一定になり，濃度によらない一般的な議論ができるなど，面白い結果をもたらす．

4-3　近藤効果

Au, Ag, Cu などの正常金属に Mn や Fe などの磁性不純物が 0.1% 程度の微量に入ると，図 4-3 に示すように，電気抵抗がある温度で極小値を示すことが 1930 年代に発見された．つまり，通常の金属では常温で格子振動による散乱を受け，電気抵抗を生じるが，温度を下げていくと格子振動による電気抵抗が T^5 に比例して減少していく．ところが磁性希薄合金系では降温とともに再び

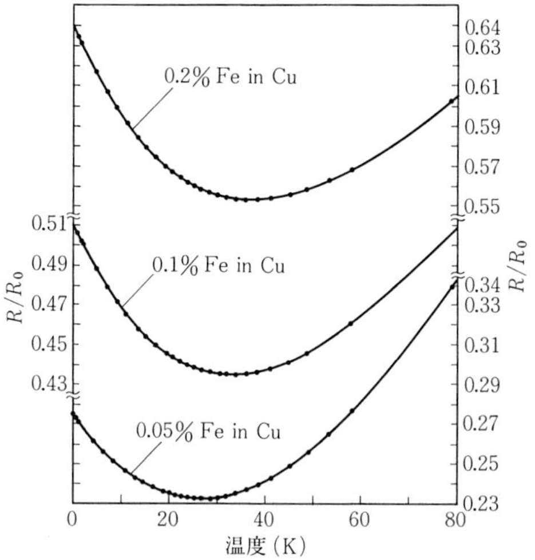

図 4-3 抵抗極小の温度変化を示す実験.(J. P. Franck *et al.*: Proc. Roy. Soc. **A263** (1961) 494)

抵抗が上昇しはじめるのである.発見以来約30年後の1964年に,近藤によってこの電気抵抗極小を説明する理論が発表された.この理論は長年にわたる**電気抵抗極小**の謎を解明したのみならず,金属中における電子の多体効果の重要性をあざやかに示した画期的な理論である.近藤が提起したこの局在スピンを介しての伝導電子の多体問題は今日,**近藤問題**と呼ばれている.以後,20年以上にわたって世界中の理論家がとりくんできた.

まず近藤の電気抵抗極小の理論を紹介する*.金属の自由電子と局在スピン S が交換相互作用する s-d ハミルトニアン(4.11)式を考える.簡単のため,局在スピン S の大きさを1/2とする.**電気伝導率** σ は**平均自由時間** $\tau_{\boldsymbol{k}}$ と Fermi 面での電子の速度 $v_{\boldsymbol{k}}$ を用いて

$$\sigma = -\frac{2e^2}{3\Omega}\int d\varepsilon_{\boldsymbol{k}}\,\tau_{\boldsymbol{k}}\,v_{\boldsymbol{k}}{}^2\rho(\varepsilon_{\boldsymbol{k}})\frac{\partial f}{\partial \varepsilon_{\boldsymbol{k}}} \qquad (4.22)$$

と表わされる.$\Omega, \rho(\varepsilon_{\boldsymbol{k}})$ はそれぞれ系の体積および伝導電子の状態密度である.一般に散乱確率 $1/\tau(\varepsilon)$ は T 行列を用いて

* J. Kondo: Prog. Theor. Phys. **32** (1964) 37.

$$\frac{1}{\tau(\varepsilon)} = \frac{2\pi}{\hbar}\sum_{\mathrm{f}}|\langle \mathrm{f}\,|\,T(\varepsilon)\,|\,\mathrm{i}\rangle|^2\delta(\varepsilon-\varepsilon_{\mathrm{f}}+\varepsilon_{\mathrm{i}}) \tag{4.23}$$

で与えられる．$|\mathrm{i}\rangle, |\mathrm{f}\rangle$ はそれぞれ始，終状態である．T 行列は(3.21)式で定義したが，ここでは散乱ポテンシャル $\hat{V}$ として，(4.11)式の第2項の $\mathcal{H}_{\text{s-d}}$ を用いて，

$$\begin{aligned} T(\varepsilon+i\eta) &= \mathcal{H}_{\text{s-d}} + \mathcal{H}_{\text{s-d}}\frac{1}{\varepsilon-\mathcal{H}_0-\mathcal{H}_{\text{s-d}}+i\eta}\mathcal{H}_{\text{s-d}} \\ &= \mathcal{H}_{\text{s-d}} + \mathcal{H}_{\text{s-d}}\frac{1}{\varepsilon-\mathcal{H}_0+i\eta}\mathcal{H}_{\text{s-d}}+\cdots \end{aligned} \tag{4.24}$$

で与えられる．η は正の微小量である．

伝導電子 $\boldsymbol{k}\uparrow$ が $\boldsymbol{k}'\uparrow$ に散乱される T の1次の項は図4-4に示すように

$$T^{(1)}(\boldsymbol{k}\uparrow\to\boldsymbol{k}'\uparrow) = \langle \mathrm{f}\,|\mathcal{H}_{\text{s-d}}|\,\mathrm{i}\rangle = -\frac{J}{2N}\langle M|S_z|M\rangle \tag{4.25}$$

で与えられる．M は局在スピン S の z 成分である．$\boldsymbol{k}\uparrow$ から $\boldsymbol{k}'\downarrow$ に散乱されるスピン反転を伴う項は

$$\begin{aligned} T^{(1)}(\boldsymbol{k}\uparrow\to\boldsymbol{k}'\downarrow) &= -\frac{J}{2N}\langle M+1|S_+|M\rangle \\ &= -\frac{J}{2N}\sqrt{(S-M)(S+M+1)} \end{aligned} \tag{4.26}$$

となる．(4.25)と(4.26)式をまとめて

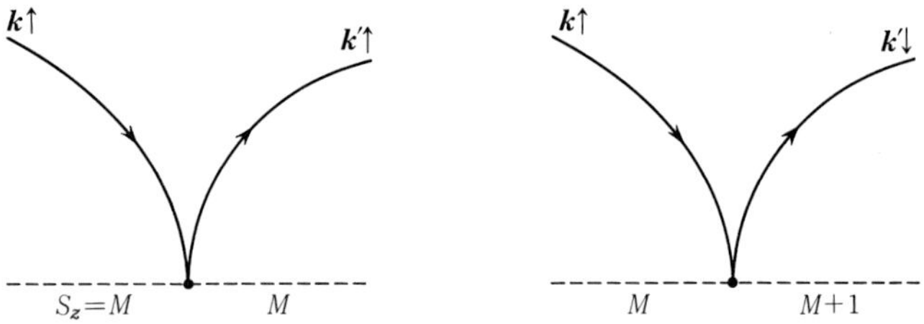

図 4-4 局在スピンによる電子の散乱を表わすグラフ．実線は電子．破線は局在スピン S を表わす．M はその z 成分．

$$T^{(1)} = -\frac{J}{2N}(\boldsymbol{\sigma}\cdot\boldsymbol{S}) \tag{4.27}$$

となる．$(\boldsymbol{S}\cdot\boldsymbol{\sigma})^2=S(S+1)-\boldsymbol{S}\cdot\boldsymbol{\sigma}$ を用いて，**Born** 近似による抵抗は

$$R_{\mathrm{B}} = \frac{3}{2}\frac{m\pi}{e^2\hbar}\frac{\Omega}{\varepsilon_{\mathrm{F}}}\left(\frac{J}{2N}\right)^2 S(S+1) \tag{4.28}$$

となる．この結果は，温度によらない一定の抵抗を与える．

そこで図 4-5 に示すような(a)～(d)の 4 つの 2 次の項を考える．(a)の $\boldsymbol{k}\uparrow \to \boldsymbol{k}''\uparrow \to \boldsymbol{k}'\uparrow$ というスピン反転のない過程に対しては，

$$\left(\frac{J}{2N}\right)^2 \sum_{\boldsymbol{k}''} \frac{1-f_{\boldsymbol{k}''}}{\varepsilon-\varepsilon_{\boldsymbol{k}''}+i\eta}\langle M|S_z{}^2|M\rangle \tag{4.29}$$

となる．(b)の過程に対しては

$$\left(\frac{J}{2N}\right)^2 \sum_{\boldsymbol{k}''} \frac{-f_{\boldsymbol{k}''}}{\varepsilon_{\boldsymbol{k}''}-\varepsilon-i\eta}\langle M|S_z{}^2|M\rangle \tag{4.30}$$

となる．ただし，始，終状態の電子のエネルギーは $\varepsilon_{\boldsymbol{k}}=\varepsilon_{\boldsymbol{k}'}=\varepsilon+i\eta$ に固定した．(c)の過程に対しては途中でスピンが反転し，S_z は M から $M+1$ になる．つまり，

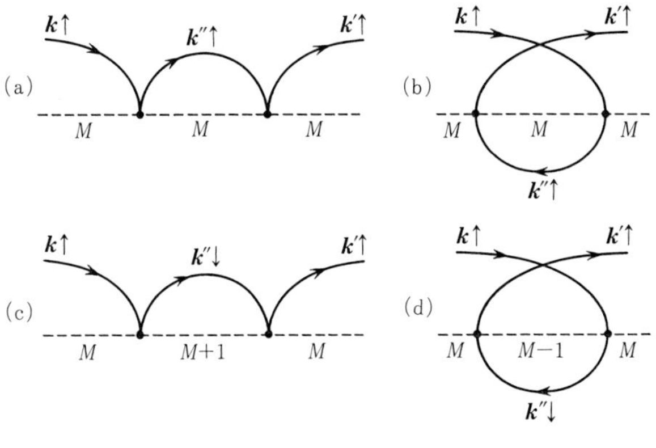

図 4-5 伝導電子の局在スピンによる散乱の 2 次の過程．右向きの矢印の実線は電子を，左向きの矢印は空孔を表わす．

$$\left(\frac{J}{2N}\right)^2 \sum_{\boldsymbol{k}''} \frac{1-f_{\boldsymbol{k}''}}{\varepsilon-\varepsilon_{\boldsymbol{k}''}+i\eta}\langle M|S_-S_+|M\rangle \tag{4.31}$$

(d)の過程に対しては

$$\left(\frac{J}{2N}\right)^2 \sum_{\boldsymbol{k}''} \frac{-f_{\boldsymbol{k}''}}{\varepsilon_{\boldsymbol{k}''}-\varepsilon-i\eta}\langle M|S_+S_-|M\rangle \tag{4.32}$$

となる．2 次の過程を(a)~(d)まであわせると

$$\begin{aligned} T^{(2)}(\boldsymbol{k}\uparrow\to\boldsymbol{k}'\uparrow) &= \left(\frac{J}{2N}\right)^2\left\{\sum_{\boldsymbol{k}''}\frac{1}{\varepsilon-\varepsilon_{\boldsymbol{k}''}+i\eta}\langle M|S_z{}^2|M\rangle+\sum_{\boldsymbol{k}''}\frac{1-f_{\boldsymbol{k}''}}{\varepsilon-\varepsilon_{\boldsymbol{k}''}+i\eta}\langle M|S_-S_+|M\rangle\right. \\ &\quad \left.+\sum_{\boldsymbol{k}''}\frac{f_{\boldsymbol{k}''}}{\varepsilon-\varepsilon_{\boldsymbol{k}''}+i\eta}\langle M|S_+S_-|M\rangle\right\} \\ &= \left(\frac{J}{2N}\right)^2\left\{\sum_{\boldsymbol{k}''}\frac{1}{\varepsilon-\varepsilon_{\boldsymbol{k}''}+i\eta}S(S+1)-\sum_{\boldsymbol{k}''}\frac{1-2f_{\boldsymbol{k}''}}{\varepsilon-\varepsilon_{\boldsymbol{k}''}+i\eta}\langle M|S_z|M\rangle\right\} \end{aligned} \tag{4.33}$$

ただし，ここで等式

$$S_\pm S_\mp = S(S+1)-S_z{}^2\pm S_z \tag{4.34}$$

を用いた．

同様にして，始状態 $\boldsymbol{k}\uparrow$ から，終状態 $\boldsymbol{k}'\downarrow$ に散乱される 2 次の T 行列は

$$T^{(2)}(\boldsymbol{k}\uparrow\to\boldsymbol{k}'\downarrow) = -\left(\frac{J}{2N}\right)^2\sum_{\boldsymbol{k}''}\frac{1-2f_{\boldsymbol{k}''}}{\varepsilon-\varepsilon_{\boldsymbol{k}''}+i\eta}\langle M+1|S_+|M\rangle \tag{4.35}$$

となる．1 次の項もあわせて，2 次までの T 行列は

$$T^{(1)+(2)}(\varepsilon) = \left(\frac{J}{2N}\right)^2 S(S+1)\sum_{\boldsymbol{k}''}\frac{1}{\varepsilon-\varepsilon_{\boldsymbol{k}''}+i\eta}-\frac{J}{2N}(\boldsymbol{S}\cdot\boldsymbol{\sigma})\left\{1+\frac{J}{2N}\sum_{\boldsymbol{k}''}\frac{1-2f(\varepsilon_{\boldsymbol{k}''})}{\varepsilon-\varepsilon_{\boldsymbol{k}''}+i\eta}\right\} \tag{4.36}$$

となる．上式の｛ ｝内の第 2 項は

$$\begin{aligned} -\left(\frac{J}{2N}\right)^2\sum_{\boldsymbol{k}''}\frac{1-2f(\varepsilon_{\boldsymbol{k}''})}{\varepsilon-\varepsilon_{\boldsymbol{k}''}+i\delta} &= -\left(\frac{J}{2N}\right)^2\int_{-\infty}^{\infty}\rho(\varepsilon')P\frac{1-2f(\varepsilon')}{\varepsilon-\varepsilon'}d\varepsilon' \\ &\quad +i\pi\left(\frac{J}{2N}\right)^2\rho(\varepsilon)[1-2f(\varepsilon)] \end{aligned} \tag{4.37}$$

ここで，簡単のために次のような状態密度の伝導電子を考える．

$$\begin{aligned}\rho(\varepsilon) &= \rho \qquad (-D \leq \varepsilon \leq D) \\ \rho(\varepsilon) &= 0 \qquad (|\varepsilon| > D)\end{aligned} \tag{4.38}$$

(4.37)式の第1項の実数部分は

$$-\left(\frac{J}{2N}\right)^2 \rho\left\{-\log|D-\varepsilon| - \log|D+\varepsilon| - 2\int_{-D}^{D} \log|\varepsilon-\varepsilon'|\frac{df'}{d\varepsilon'}d\varepsilon'\right\}$$

$$= -\frac{J}{2N}\frac{J\rho}{N}\log\frac{|\varepsilon|}{D} \qquad (|\varepsilon| > kT) \tag{4.39}$$

$$= -\frac{J}{2N}\frac{J\rho}{N}\log\frac{kT}{D} \qquad (|\varepsilon| < kT) \tag{4.40}$$

となる．したがって，T 行列は

$$T^{(1)+(2)}(\varepsilon) = -\frac{J}{2N}(\boldsymbol{S}\cdot\boldsymbol{\sigma})\left\{1+\frac{J\rho}{N}\log\frac{\mathrm{Max}(|\varepsilon|, kT)}{D}\right\} \tag{4.41}$$

となる．この T 行列を用いて(4.22)式から電気抵抗を計算すると

$$R = R_{\mathrm{B}}\left\{1+\frac{2J\rho}{N}\log\frac{kT}{D}+\cdots\right\} \tag{4.42}$$

となる．ここで R_{B} は(4.28)式の第1 Born 近似での結果を表わす．(4.42)式では第1 Born 近似の次の項が重要である．$J<0$ としたから，$kT \ll D$ においては抵抗 R が温度が下がるとともに対数的に増大することになる．これが，**抵抗極小**を示す磁性希薄合金で，近藤効果と呼ばれている低温側での電気抵抗を増大させる原因である．$\log(kT/D)$ という対数項が導かれた原因として次の事情が重要である．

(1) $[S_+, S_-] \neq 0$，つまり，S_+ と S_- が交換しないという量子力学的効果から生じている．

(2) 中間状態の Fermi 分布関数が重要な役割を果たしているように，局在スピンを介しての伝導電子間の多体的な散乱である．

(3) Fermi 分布関数 $f(\varepsilon)$ の鋭い変化，つまり，金属の Fermi 面が存在する．

これらの効果が巧妙に結合された結果である．

(4.42)式の結果は $T\to 0$ で対数発散する．その前に温度が

$$kT_{\mathrm{K}} = D\exp\left(\frac{-N}{|J\rho|}\right) \tag{4.43}$$

で定義される近藤温度に近づくと，第2 Born 近似の結果が第1 Born 近似の値に等しくなる．したがって，低温では $\rho J/N$ のより高次の項が必要である．$T=T_{\mathrm{K}}$ で1となる $[(\rho J/N)\log(kT/D)]^n$ の項を $n\to\infty$ まで集める計算が，A. Abrikosov によって行なわれた．このような項は $(\rho J/N)^n(\log(kT/D))^m$ $(n>m)$ の項に比べて，発散が強いので，**最強発散項**(most divergent terms)と呼ばれる．最強発散項をすべて集めた T 行列の結果は

$$T(\varepsilon) \simeq -\frac{J}{2N}\left[1-\frac{J\rho}{N}\log\frac{|\varepsilon|}{D}\right]^{-1}\boldsymbol{\sigma}\cdot\boldsymbol{S} \tag{4.44}$$

となる．これを用いて電気抵抗を計算すると

$$R = R_{\mathrm{B}}\left[1-\frac{J\rho}{N}\log\frac{kT}{D}\right]^{-2} \tag{4.45}$$

となる．この結果は $T=T_{\mathrm{K}}$ で抵抗が発散することになる．$J>0$ のときは抵抗が低温で小さくなり収束する．

磁性不純物による磁化率も芳田-興地によって計算された．その結果は

$$\chi_{\mathrm{imp}} = \frac{C}{T}\left\{1+\frac{J\rho}{N}\left(1-\frac{J\rho}{N}\log\frac{kT}{D}\right)^{-1}\right\} \tag{4.46}$$

である．ここで **Curie 定数** C は $C=(g\mu_{\mathrm{B}})^2S(S+1)/3$ である．(4.46)式において，$J<0$ として高温から温度を下げていくと，$(J\rho/N)\log(kT/D)$ が0から1に近づき，分母が小さくなる．その結果，χ_{imp} は途中で0になり，負になるという結果になる．(4.46)式の { } 内を Curie 定数 C に含めて考えると，温度が下がると局在スピン S が0になるとも考えられる．

4-4 磁性希薄合金系の基底状態

電気抵抗や磁化率の温度変化に見られる発散を含む異常な計算結果は何を意味しているのだろうか．低温の極限，つまり，基底状態はどのような状態であろうか．芳田は磁化率などの結果から，次のような1重項の基底状態を提出した(芳田理論)*．χ_α, χ_β を局在スピン，$\varphi_c{}^\alpha$，$\varphi_c{}^\beta$ をそれらに対応する伝導電子の波動関数として，

$$\Psi_s = \frac{1}{\sqrt{2}}(\varphi_c{}^\alpha \chi_\alpha - \varphi_c{}^\beta \chi_\beta) \tag{4.47}$$

を考える．χ_α が上向きとして $\varphi_c{}^\alpha$ が下向きスピンを，χ_β が下向きスピンを，$\varphi_c{}^\beta$ が上向きスピンを持つとスピン1重項を表わす．芳田らは $\varphi_c{}^\alpha, \varphi_c{}^\beta$ として，局在スピンと1個の伝導電子が1重項を形成した状態から出発して，無限個の電子・正孔対励起を伴う次のような状態を考えた．例えば，局在スピンが上向きの成分に対しては

$$\begin{aligned}\varphi_c{}^\alpha = &\sum_1 \Gamma_1{}^\alpha c_{1\downarrow}{}^\dagger + \sum_{123}(\Gamma_{12,3}{}^{\alpha\downarrow} c_{1\downarrow}{}^\dagger c_{2\downarrow}{}^\dagger c_{3\downarrow} + \Gamma_{12,3}{}^{\alpha\uparrow} c_{1\downarrow}{}^\dagger c_{2\uparrow}{}^\dagger c_{3\uparrow}) \\ &+ \sum_{12345}(\Gamma_{123,45}{}^{\alpha\downarrow\downarrow} c_{1\downarrow}{}^\dagger c_{2\downarrow}{}^\dagger c_{3\downarrow}{}^\dagger c_{4\downarrow} c_{5\downarrow} + \Gamma_{123,45}{}^{\alpha\downarrow\uparrow} c_{1\downarrow}{}^\dagger c_{2\downarrow}{}^\dagger c_{3\uparrow}{}^\dagger c_{4\downarrow} c_{5\uparrow} \\ &+ \Gamma_{123,45}{}^{\alpha\uparrow\uparrow} c_{1\downarrow}{}^\dagger c_{2\uparrow}{}^\dagger c_{3\uparrow}{}^\dagger c_{4\uparrow} c_{5\uparrow}) + \cdots\end{aligned} \tag{4.48}$$

ここで，1,2,3は $\boldsymbol{k}_1, \boldsymbol{k}_2, \boldsymbol{k}_3$ を表わす．$\Gamma_1{}^\alpha, \Gamma_{12,3}{}^{\alpha\downarrow}$ は定められるべき係数で $\boldsymbol{k}_i$ に依存する．

$\varphi_c{}^\beta$ に関しても同様の形を考えた(4.47)式を(4.11)式に代入したSchrödinger方程式を最低次の振幅 $\Gamma(\varepsilon_1) = \Gamma_1{}^\alpha$ に対する次の積分方程式にまとめることができた．

$$(\varepsilon_1 - \tilde{E})\Gamma(\varepsilon_1) + \frac{3J}{4N}\sum_2 \Gamma(\varepsilon_2) = \sum_2 K(\varepsilon_1, \varepsilon_2; \tilde{E})\Gamma(\varepsilon_2) \tag{4.49}$$

* K. Yosida and A. Yoshimori: *Magnetism V*, edited by H. Suhl (Academic Press, 1973)

ここで，積分核 $K(\varepsilon_1, \varepsilon_2\,;\tilde{E})$ は最強発散項の近似で

$$K(\varepsilon_1, \varepsilon_2\,;\tilde{E}) = -\frac{3}{16}\frac{J}{N}\frac{J\rho}{N}\log\left[\frac{\varepsilon_1+\varepsilon_2-\tilde{E}}{D}\right]\Big/\left(1-\frac{J\rho}{N}\log\frac{\varepsilon_1+\varepsilon_2-\tilde{E}}{D}\right) \tag{4.50}$$

となる．

最強発散項の近似で，(4.49)式が解かれ，基底状態の固有エネルギーが求められた．その結果は，

$$E = \Delta E+\tilde{E} \tag{4.51}$$

と表わされる．ここで，ΔE は Fermi 球と局在スピンという 2 重項から出発して，J を摂動として展開できるエネルギーを表わす．$\tilde{E}$ は 1 重項から出発して初めて生じる項で，J では展開できない項であり，近藤温度 $T_{\rm K}$ とは

$$\tilde{E} = -kT_{\rm K} = -De^{-N/|\rho J|} \tag{4.52}$$

の関係にある．つまり，$|\tilde{E}|$ は 1 重項の結合エネルギーを表わす．それは近藤温度に対応するエネルギーである．磁化率は石井によって求められ，$T=0$ で

$$\chi_{\rm imp} = \frac{\frac{1}{2}(g\mu_{\rm B})^2}{kT_{\rm K}} = \frac{\frac{1}{2}(g\mu_{\rm B})^2}{(-\tilde{E})} \tag{4.53}$$

である．

基底状態の電子状態を 3-2 節で述べた Anderson の直交定理を用いて議論しよう．まず，直交定理は基底状態における任意の演算子 $\hat{O}$ の行列要素に対しても成立することに注意しよう．$\langle i|\hat{O}|j\rangle$ という行列要素に対して $\hat{O}|j\rangle$ も 1 つの状態であるから，それと $|i\rangle$ との重なり積分を考えれば，それぞれの局所的な電子数が一致しなければ直交してしまう．(4.12)式のハミルトニアンを s-d 交換相互作用が異方的な場合に拡張して

$$\begin{aligned}\mathcal{H} = &\sum_{\boldsymbol{k}\sigma}\varepsilon_{\boldsymbol{k}}c_{\boldsymbol{k}\sigma}{}^{\dagger}c_{\boldsymbol{k}\sigma}+\sum_{\boldsymbol{k}\boldsymbol{k}'}\frac{J_z}{2N}S_z(c_{\boldsymbol{k}'\uparrow}{}^{\dagger}c_{\boldsymbol{k}\uparrow}-c_{\boldsymbol{k}'\downarrow}{}^{\dagger}c_{\boldsymbol{k}\downarrow})\\ &+\sum_{\boldsymbol{k}\boldsymbol{k}'}\frac{J_\perp}{2N}(S_+c_{\boldsymbol{k}\downarrow}{}^{\dagger}c_{\boldsymbol{k}\uparrow}+S_-c_{\boldsymbol{k}'\uparrow}{}^{\dagger}c_{\boldsymbol{k}\downarrow})\end{aligned} \tag{4.54}$$

とする．横成分$J_\perp$の項を除いた(4.54)式の第1行の固有状態は(4.47)式の2つの成分であり縮退している．それを横成分$J_\perp$の項で結合し，1重項が基底状態となる．それ故，(4.54)式の基底状態は第3項の期待値が有限に残る状態でなければならない．つまり，(4.47)式のΨ_sは

$$\langle\Psi_s|\sum_{kk'}\frac{J_\perp}{2N}(S_+c_{k'\downarrow}^\dagger c_{k\uparrow}+S_-c_{k'\uparrow}^\dagger c_{k\downarrow})|\Psi_s\rangle$$

$$=\frac{J_\perp}{2N}\sum_{kk'}\frac{1}{2}\left\{\langle\varphi_c{}^\alpha\chi_\alpha|S_+c_{k'\downarrow}^\dagger c_{k\uparrow}|\varphi_c{}^\beta\chi_\beta\rangle+\langle\varphi_c{}^\beta\chi_\beta|S_-c_{k'\uparrow}^\dagger c_{k\downarrow}|\varphi_c{}^\alpha\chi_\alpha\rangle\right\}$$

$$=\frac{J_\perp}{4N}\left\{\langle\varphi_c{}^\alpha|\sum_{kk'}c_{k'\downarrow}^\dagger c_{k\uparrow}|\varphi_c{}^\beta\rangle+\langle\varphi_c{}^\beta|\sum_{kk'}c_{k'\uparrow}^\dagger c_{k\downarrow}|\varphi_c{}^\alpha\rangle\right\}\neq 0 \qquad (4.55)$$

を満足する必要がある．ここで$c_{0\sigma}^\dagger=\sum_k c_{k\sigma}^\dagger/\sqrt{N}$, $c_{0\sigma}=\sum_k c_{k\sigma}/\sqrt{N}$はそれぞれ，原点の伝導電子を1個生成，消滅する演算子である．$\varphi_c{}^\alpha$中のσスピンをもつ局所的な電子数を$n_\sigma{}^\alpha$とすると(4.55)の期待値が残るためには

$$n_\uparrow{}^\alpha=n_\uparrow{}^\beta-1 \qquad (4.56)$$

$$n_\downarrow{}^\alpha=n_\downarrow{}^\beta+1 \qquad (4.57)$$

が成立しなければならない．さらに，スピン間の交換相互作用によって局所的な伝導電子の電荷が変わらないとすると

$$\sum_\sigma(n_\sigma{}^\alpha+n_\sigma{}^\beta)=0 \qquad (4.58)$$

である．系はαとβに関して対称であるから，結局，局所的電子数は次のように定まる．

$$n_\uparrow{}^\alpha=n_\downarrow{}^\beta=-\frac{1}{2} \qquad (4.59)$$

$$n_\downarrow{}^\alpha=n_\uparrow{}^\beta=\frac{1}{2} \qquad (4.60)$$

これを図4-6に示す．このようにして，$\varphi_c{}^\alpha$は1/2個の下向きスピンの電子と1/2個の上向きの正孔をもち，結果として1個の下向きスピンが局所的に存在している状態である．同様にして$\varphi_c{}^\beta$は1個の上向きスピンを持つ．こうして

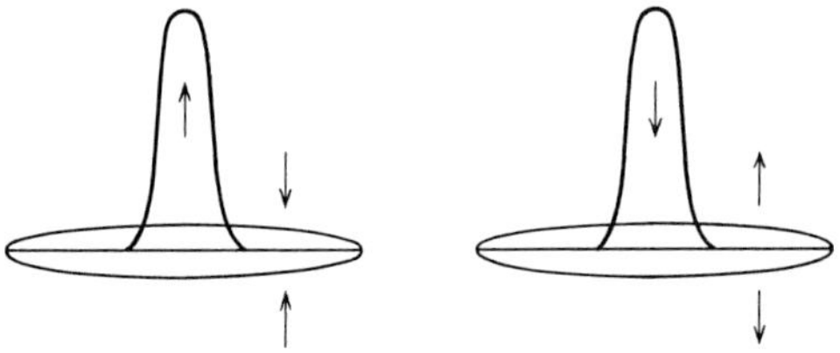

図 4-6 局在スピンの各成分に対する周囲の電子の局所分布．上向きの局在スピンに対し，下向きの電子が 1/2 個と上向きの 1/2 個の正孔が伴う．下向きの局在スピンに対しては，上向きの電子が 1/2 個と下向きの 1/2 個の正孔が伴う．

確かに，(4.47)式は局在スピンと伝導電子が結合したスピン 1 重項の状態であることが確認された*.

このような $\pm 1/2$ という電子数は **Friedel の総和則**によれば $\pm\pi/2$ の位相のずれに対応している．不純物による抵抗はその濃度を n_{i}，l 波の Fermi 面での位相のずれを δ_l として

$$R = \frac{4\pi\hbar n_{\mathrm{i}}}{N_{\mathrm{e}}e^2k_{\mathrm{F}}}(2l+1)\sin^2\delta_l \tag{4.61}$$

と表わされる．N_{e} は電子の密度である．位相のずれが $\pm\pi/2$ であるときは最大の散乱に対応し，**ユニタリティ極限**(unitarity limit)の抵抗を与える．こうして，近藤効果で示された低温での抵抗の増大は，局在スピンが存在しているスピン 2 重項の状態から，それが温度の低下とともに伝導電子のスピンと結合した 1 重項に移行していくことに起因している．1 重項基底状態に到達すれば，ユニタリティ極限に対応する一定の抵抗を与え，2 重項からの摂動計算で生じる発散はない．

---

* これは現実に(4.47)式を Schrödinger 方程式に代入した芳田理論の波動関数を用いて $n_\sigma{}^\alpha, n_\sigma{}^\beta$ を求めて確認される．

4-5 s-d 系のスケーリング則

一般に摂動を表わす演算子 $\hat{V}$ があると T 行列 $T(\omega)$ は

$$T(\omega) = \hat{V}+\hat{V}\frac{1}{\omega-\mathcal{H}_0}T(\omega) \tag{4.62}$$

と定義される．$\mathcal{H}_0$ は無摂動のハミルトニアンである．図 4-7 に示すように伝導電子のバンドを上下から ΔD の部分をとり，縮小していくことを考える*．$\hat{V}$ という相互作用による中間状態で，ΔD の幅に励起される確率を $P_{\Delta D}$ とすると，$P_{\Delta D}\ll 1$ のとき，

$$\begin{aligned} T(\omega) &= \hat{V}+\hat{V}\frac{P_{\Delta D}}{\omega-\mathcal{H}_0}T+\hat{V}\frac{(1-P_{\Delta D})}{\omega-\mathcal{H}_0}T \\ &= \hat{V}'+\hat{V}'\frac{1-P_{\Delta D}}{\omega-\mathcal{H}_0}T \end{aligned} \tag{4.63}$$

$$\hat{V}' = \hat{V}+\hat{V}\frac{P_{\Delta D}}{\omega-\mathcal{H}_0}\hat{V} = \hat{V}+\Delta\hat{V} \tag{4.64}$$

と近似できる．ただし，上の変形で $P_{\Delta D}$ の 2 次の項

$$\hat{V}\frac{P_{\Delta D}}{\omega-\mathcal{H}_0}\hat{V}\frac{P_{\Delta D}}{\omega-\mathcal{H}_0}T$$

を無視した．縮小した伝導帯に対して，$\hat{V}$ の代りに $\hat{V}'$ を用いると $T(\omega)$ は不

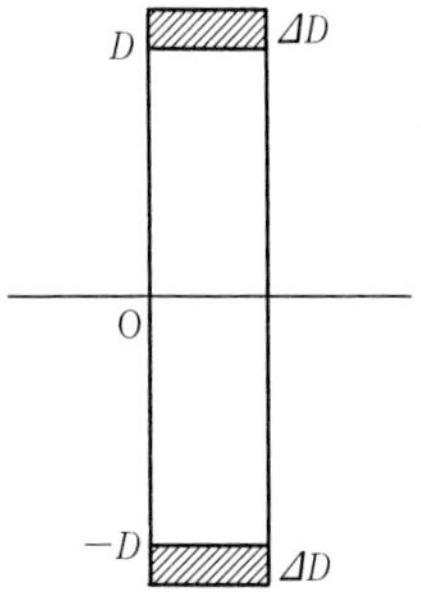

図 4-7 伝導電子のバンドの上，下端から ΔD だけ縮めてゆく．

---

* P. W. Anderson: J. Physics **C3** (1970) 2436.

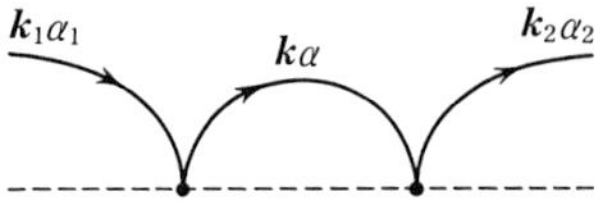

図 4-8 伝導電子と局在スピンの相互作用の 2 次の 1 つの過程.

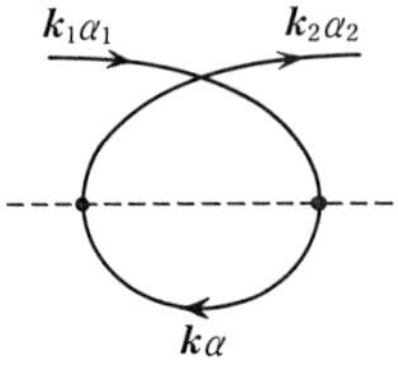

図 4-9 伝導電子と局在スピンの相互作用の 2 次のもう 1 つの過程.

変になる.

伝導帯の状態密度 ρ を一定とすると，$P_{\Delta D}=\rho\Delta D$ としてよい．この縮尺則を(4.54)式に対して適用する．(4.64)式の $\Delta\hat{V}$ を求めて

$$\Delta\hat{V} = \left(\frac{1}{2N}\right)^2 \sum_{\boldsymbol{k}_1\alpha_1}^{|\varepsilon_{\boldsymbol{k}_1}|<D-\Delta D} \sum_{\boldsymbol{k}_2\alpha_2}^{|\varepsilon_{\boldsymbol{k}_2}|<D-\Delta D} \sum_{\boldsymbol{k}\alpha}^{D>|\varepsilon_{\boldsymbol{k}}|>D-\Delta D} \frac{1}{\omega-D}$$
$$\times\left\{c_{\boldsymbol{k}_2\alpha_2}{}^{\dagger}c_{\boldsymbol{k}\alpha}c_{\boldsymbol{k}\alpha}{}^{\dagger}c_{\boldsymbol{k}_1\alpha_2}\left[J_z S_z \sigma_{\alpha_2\alpha}{}^z + \frac{J_\perp}{2}(S_-\sigma_{\alpha_2\alpha}{}^+ + S_+\sigma_{\alpha_2\alpha}{}^-)\right]\right.$$
$$\times\left[J_z S_z \sigma_{\alpha\alpha_1}{}^z + \frac{J_\perp}{2}(S_-\sigma_{\alpha\alpha_1}{}^+ + S_+\sigma_{\alpha\alpha_1}{}^-)\right]$$
$$+c_{\boldsymbol{k}\alpha}{}^{\dagger}c_{\boldsymbol{k}_1\alpha_1}c_{\boldsymbol{k}_2\alpha_2}{}^{\dagger}c_{\boldsymbol{k}\alpha}\left[J_z S_z \sigma_{\alpha\alpha_1}{}^z + \frac{J_\perp}{2}(S_-\sigma_{\alpha\alpha_1}{}^+ + S_+\sigma_{\alpha\alpha_1}{}^-)\right]$$
$$\left.\times\left[J_z S_z \sigma_{\alpha_2\alpha}{}^z + \frac{J_\perp}{2}(S_-\sigma_{\alpha_2\alpha}{}^+ + S_+\sigma_{\alpha_2\alpha}{}^-)\right]\right\} \tag{4.65}$$

ここで，$|\varepsilon_{\boldsymbol{k}}|\simeq D$ とし，ω と $|\varepsilon_{\boldsymbol{k}_1}|, |\varepsilon_{\boldsymbol{k}_2}|$ との差を無視した．(4.65)式の第 1 の過程で $c_{\boldsymbol{k}\alpha}c_{\boldsymbol{k}\alpha}{}^{\dagger}=1$，第 2 の過程で $c_{\boldsymbol{k}\alpha}{}^{\dagger}c_{\boldsymbol{k}\alpha}=1$ として

$$\Delta\hat{V} = \left(\frac{1}{2N}\right)^2 \sum_{\boldsymbol{k}_1\alpha_1}\sum_{\boldsymbol{k}_2\alpha_2} \frac{\rho\Delta D}{\omega-D}\left\{c_{\boldsymbol{k}_2\alpha_2}{}^{\dagger}c_{\boldsymbol{k}_1\alpha_1}\left[\delta_{\alpha_1\alpha_2}\left(\frac{J_z{}^2}{4}+\frac{J_\perp{}^2}{2}\right)\right.\right.$$
$$\left.-J_\perp{}^2 S_z\sigma_{\alpha_2\alpha_1}{}^z - \frac{J_\perp J_z}{2}(S_+\sigma_{\alpha_2\alpha_1}{}^- + S_-\sigma_{\alpha_2\alpha_1}{}^+)\right]$$
$$\left.+c_{\boldsymbol{k}_1\alpha_1}c_{\boldsymbol{k}_2\alpha_2}{}^{\dagger}\left[\delta_{\alpha_1\alpha_2}\left(\frac{J_z{}^2}{4}+\frac{J_\perp{}^2}{2}\right) + J_\perp{}^2 S_z\sigma_{\alpha_2\alpha_1}{}^z + \frac{J_\perp J_z}{2}(S_+\sigma_{\alpha_2\alpha_1}{}^- + S_-\sigma_{\alpha_2\alpha_1}{}^+)\right]\right\} \tag{4.66}$$

となる．$\delta_{\alpha_1\alpha_2}$ の因子をもつ項を ΔV_0 として

$$\Delta V_0 = \frac{\rho \Delta D}{8N}\frac{\rho D}{N}\frac{1}{\omega - D}(J_z{}^2 + 2J_\perp{}^2)$$

は伝導帯を D_0 から D に縮小したときのエネルギーシフト

$$\Delta E(D) = \frac{1}{8}\int_{D_0}^{D} dD\left\{\left(\frac{J_z \rho}{N}\right)^2 + 2\left(\frac{J_\perp \rho}{N}\right)^2\right\} \tag{4.67}$$

を与える．この寄与は ω を $\omega - \Delta E(D)$ で置きかえることによって取り込む．

スピンの部分はまとめて，

$$\frac{\Delta \hat{V}}{\Delta D} = \frac{\rho/N}{\omega - D - \Delta E}\frac{1}{2N}\sum_{\substack{\boldsymbol{k}_2\boldsymbol{k}_1\\ \alpha_2\alpha_1}} c_{\boldsymbol{k}_2\alpha_2}{}^\dagger c_{\boldsymbol{k}_1\alpha_1}\Big[-J_\perp{}^2 S_z \sigma_{\alpha_2\alpha_1}{}^z - \frac{J_\perp J_z}{2}(S_+\sigma_{\alpha_2\alpha_1}{}^- + S_-\sigma_{\alpha_2\alpha_1}{}^+)\Big] \tag{4.68}$$

となる．(4.68)式の関係を s-d 交換相互作用の大きさの関係に表わすと

$$\frac{dJ_z}{dD} = -\frac{\rho/N}{\omega - D - \Delta E}J_\perp{}^2 \tag{4.69}$$

$$\frac{dJ_\perp}{dD} = -\frac{\rho/N}{\omega - D - \Delta E}J_\perp J_z \tag{4.70}$$

となる．(4.69)と(4.70)式から

$$\frac{dJ_z}{dJ_\perp} = \frac{J_\perp}{J_z} \tag{4.71}$$

を得る．これを積分して

$$J_z{}^2 - J_\perp{}^2 = \text{const} \tag{4.72}$$

のスケーリング則を得る．これは図 4-10 に示すように双曲線を表わす．

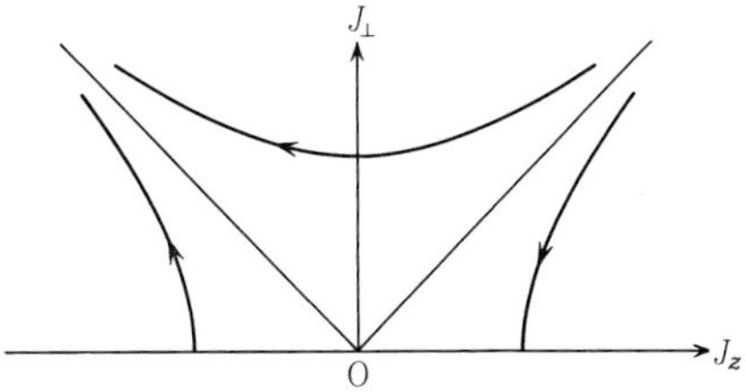

図 4-10 伝導帯の幅を小さくしていくと矢印の方向にスケールされる．$J_z>0$ で $|J_\perp|<J_z$ の領域を除いて $J\to-\infty$ にスケールされる．

$J_\perp = J_z$ の等方的な場合には，

$$\frac{dJ}{dD} = -\frac{\rho}{N}\frac{J^2}{\omega - D - \Delta E} \tag{4.73}$$

となる．$\Delta E(D)$ の D 依存性を無視して $D=D_0$ のとき，$J=J_0$ を初期条件として

$$-\frac{N}{\rho J_0}+\frac{N}{\rho J} = \log\left[\frac{D_0}{D-\omega+\Delta E}\right] \tag{4.74}$$

を得る．$D-\omega+\Delta E = -\tilde{E} = kT_{\mathrm{K}}$ で $J\rho/N \to \infty$ となる．

$$\frac{J\rho}{N} = \frac{J_0\rho}{N}\left[1+\frac{\rho J_0}{N}\log\frac{D_0}{D-\omega+\Delta E}\right]^{-1} = \frac{J_0\rho}{N}\bigg/\left(1+\frac{J_0\rho}{N}\log\frac{D_0}{D}\right) \tag{4.75}$$

となる．これは(4.44)式で示した Abrikosov の T 行列に対応していて，そこの ε を D で置きかえ，$J\rho/N$ が $T(\varepsilon)$ に対応して $D \sim kT_{\mathrm{K}}$ で結合定数 $|J\rho/N|$ が ∞ になる．このことは小さい結合定数 $J_0\rho/N$ から出発しても，低エネルギーの励起を見る限り，常に強結合の 1 重項の状態になることを示している．

4-6 Wilson の理論

4-5 節までの説明で s-d ハミルトニアンの基底状態は磁性原子の局在スピンと伝導電子のスピンが 1 重項に結合したものであることが明らかになった．しかし，このハミルトニアンを用いて，希薄磁性合金系の低温の比熱や電気抵抗などの物理量を求めることはむずかしい問題であった．芳田理論で基底状態の波動関数は求められたが，有限温度に拡張するためには励起状態の波動関数が必要である．基底状態自体たいへん複雑であるので，励起状態を求めることはむずかしい．この困難に対して，伝導電子系を巧みに変換し，数値計算を可能にして，数値的に比熱係数と $T=0$ の磁化率との比を求めたのが Wilson である*．彼の結果によれば

* K. Wilson: Rev. Mod. Phys. 47 (1975) 773.

$$\frac{T\chi_{\mathrm{imp}}}{C_{\mathrm{imp}}} = \frac{g^2\mu_{\mathrm{B}}{}^2}{k_{\mathrm{B}}{}^2}0.1521 = \frac{g^2\mu_{\mathrm{B}}{}^2}{k_{\mathrm{B}}{}^2}\frac{3}{2\pi^2} \tag{4.76}$$

となる．この(4.76)式の比は0.1521を$3/2\pi^2$と推定して置きかえたものであるが，相互作用のない伝導電子系の比の2倍である．これは，$g=2$として，(1.35)と(1.34)式の比を(4.76)式と較べて確認できる．今日，この比は**Wilson比**と呼ばれている．

Wilsonの工夫であるs-dハミルトニアン(4.11)式の変形は詳しく説明する余裕はないが，次のようなものである．伝導電子を球面波にわけ，s-d交換相互作用の空間依存性を$\delta(\boldsymbol{r}-\boldsymbol{R})$としてs波のみを考えると，伝導電子は1次元の波数で表わされる．ε_kをkに比例する線形の分散として，-1から1までのエネルギー幅に一定の密度で分布しているとする．それを対数をとったときに等間隔となる$\varepsilon_n=\Lambda^{-n}$という($\Lambda\geq1$)離散準位で置きかえる．こうすると近藤効果において重要な低エネルギーの伝導電子の状態を拡大していることになる．これを用いて不必要な高いエネルギーの状態は雑にして，低エネルギー状態の精度をあげ，効率的な計算ができる．さらに，この離散準位を局在スピンのある原点0から，1次元的に遷移するtight-binding型のハミルトニアンに変換すると

$$\mathcal{H}_N = \Lambda^{(N-1)/2}\left\{\sum_{n=0}^{N-1}\Lambda^{-n/2}(f_n{}^\dagger f_{n+1}+f_{n+1}{}^\dagger f_n)-\tilde{J}f_0{}^\dagger\boldsymbol{\sigma}f_0\cdot\boldsymbol{S}\right\} \tag{4.77}$$

となる．これは遠くのf_nになると$\Lambda^{-n/2}$で小さくなる．それに$\Lambda^{(N-1)/2}$をかけてあるので，遠くの低エネルギー励起のエネルギースケールを一定にして高いエネルギーを拡大する計算になっている．Nを大きくしていくとs-d交換相互作用の$\tilde{J}$は$\Lambda^{(N-1)/2}$がかかるから大きくなり，低エネルギーの状態はスピン1重項に近づいていく．もとのハミルトニアン$\mathcal{H}$は

$$\mathcal{H} = \lim_{N\to\infty}\Lambda^{-(N-1)/2}\mathcal{H}_N \tag{4.78}$$

で与えられる．こうして，基底状態がスピン1重項であることを数値計算によってあざやかに示すことができる．

4-7 Nozières の Fermi 液体論*

s-d ハミルトニアンの基底状態は，上，下向きの伝導電子に局在スピンの電子も含めて考えると，常に上向き電子 1/2 と下向き電子 1/2 が局所的に存在していることになる．したがって位相のずれ $\delta(\varepsilon_F)=\pi/2$ である．Nozières はこの状態からの励起を，位相のずれ $\delta(\varepsilon_\sigma, n_{\sigma'})$ を用いて準粒子のエネルギー ε_σ と分布 $n_{\sigma'}$ の関数として表わす．

$$\delta_\sigma = \delta_\sigma(\varepsilon_\sigma, n_{\sigma'}) \tag{4.79}$$

ここで，δ_σ を分布 $n_{\sigma'}$ の基底状態からのずれ，$\delta n_{\sigma'}=n_{\sigma'}-n_{\sigma'0}$ で展開し，1 次までとると

$$\delta_\sigma(\varepsilon) = \delta_0(\varepsilon)+\sum_{\varepsilon'\sigma'}\phi_{\sigma\sigma'}(\varepsilon,\varepsilon')\delta n_{\sigma'}(\varepsilon') \tag{4.80}$$

さらに，$\delta_0(\varepsilon)$ と $\phi_{\sigma\sigma'}$ を Fermi エネルギー $\mu=0$ から測ったエネルギー ε で展開する．

$$\delta_0(\varepsilon) = \delta_0+\alpha\varepsilon+\beta\varepsilon^2+\cdots \tag{4.81}$$

$$\phi_{\sigma\sigma'}(\varepsilon,\varepsilon') = \phi_{\sigma\sigma'}+\varphi_{\sigma\sigma'}(\varepsilon+\varepsilon')+\cdots \tag{4.82}$$

低温，低磁場として，T，H の 1 次までをとることにすると，δ_0，α，$\phi_{\sigma\pm\sigma}=\phi^s\pm\phi^a$ の 4 つのパラメーターとなる．全電子数が常に一定とすると $\phi^s=(\phi_{\sigma\sigma}+\phi_{\sigma-\sigma})/2$ は表に現われない．上下向きの電子数を $n_\uparrow$，$n_\downarrow$ とし，

$$n_\uparrow-n_\downarrow = m \tag{4.83}$$

とおくと δ_σ は

$$\delta_\sigma = \delta_0+\alpha\varepsilon+\sigma\phi^a m \tag{4.84}$$

と表わされる．σ は ↑ に対して 1，↓ に対して −1 をとる．$\delta_0=\pi/2$ である．逆向きスピンをもつ電子間のみに斥力が働くとすると

$$\phi_{\sigma\sigma} = \phi^s+\phi^a = 0 \tag{4.85}$$

---

* P. Nozières: J. Low. Temp. Phys. **17** (1974) 31.

となる．電子エネルギー ε は $\delta_\sigma(\varepsilon)/\pi$ を元の状態密度 ρ で割った値だけずれているから，ずれた後のエネルギー $\tilde{\varepsilon}$ は

$$\tilde{\varepsilon} = \varepsilon - \delta_\sigma(\varepsilon)/\pi\rho \tag{4.86}$$

となる．状態密度の変化は，$\alpha/\pi\rho$ は $1/N$ のオーダーであるから

$$\delta\rho = \rho\left[\frac{d\varepsilon}{d\tilde{\varepsilon}} - 1\right] = \frac{\alpha}{\pi} \tag{4.87}$$

となる．比熱の変化は

$$\delta C_{\mathrm{v}}/C_{\mathrm{v}} = \alpha/\pi\rho \tag{4.88}$$

となる．

磁場 H が働き，$T=0$ とすると，新しいエネルギー $\tilde{\varepsilon}_\sigma$ は

$$\tilde{\varepsilon}_\uparrow = \varepsilon_\uparrow - \frac{1}{2}g\mu_{\mathrm{B}}H - \frac{1}{\pi\rho}(\delta_0 + \alpha\varepsilon_\uparrow + \phi^a m) \tag{4.89}$$

$$\tilde{\varepsilon}_\downarrow = \varepsilon_\downarrow + \frac{1}{2}g\mu_{\mathrm{B}}H - \frac{1}{\pi\rho}(\delta_0 + \alpha\varepsilon_\downarrow - \phi^a m) \tag{4.90}$$

である．平衡状態では，$\tilde{\varepsilon}_\uparrow = \tilde{\varepsilon}_\downarrow = \mu = 0$ だから，磁化率 χ は

$$\chi = \frac{1}{2}g\mu_{\mathrm{B}}m/H = \frac{1}{2}\rho(g\mu_{\mathrm{B}})^2\left[1 + \frac{\alpha}{\pi\rho} + \frac{2\phi^a}{\pi}\right] \tag{4.91}$$

となる．したがって **Wilson 比**は

$$\frac{\delta\chi}{\chi}\Bigg/\frac{\delta C_{\mathrm{v}}}{C_{\mathrm{v}}} = 1 + \frac{2\rho\phi^a}{\alpha} \tag{4.92}$$

となる．この値は $\rho J/N \to 0$ のとき，Wilson が示したように 2 になるはずである．Nozières はこれを次のように推論する．伝導帯の幅 D に比べ J/N が小さいとき，スピン 1 重項状態は Fermi 面近くのごく狭いエネルギー幅の伝導電子で形成される．それ故，(4.80)式の $\delta_\sigma(\varepsilon)$ において，ε と μ を同じ値だけずらすと，$\delta_\sigma(\varepsilon)$ は不変であるから，

$$\alpha + 2\rho\phi^s = 0 \tag{4.93}$$

が成立する．これと(4.85)式より，

$$2\rho\phi^a/\alpha = 1 \tag{4.94}$$

が示される．こうして Wilson 比(4.92)式は 2 になる．このように s-d ハミルトニアンの低温の励起は Fermi 液体論で理解される．1 体問題と異なり，反平行スピン間の相互作用 ϕ^a のために Wilson 比は 2 になるのである．次に述べる Anderson ハミルトニアンでは，反平行電子間の相互作用 U によって連続的に 1 から 2 に変わる．

近藤効果についてまとめると次のようになる．高温で Curie 則を与える局在スピンは，低温では伝導電子のスピンと結合し，1 重項($S=0$)となり，スピンは消滅する．スピン 1 重項を形成することによって，スピンの生きた 2 重項の状態よりもエネルギーが下がる．これは，局在スピンの方向に関して縮退した 2 重項の状態間に，s-d 交換相互作用の横成分が働き，縮退を解き，エネルギーの低い基底状態が作られるからである．この結合エネルギーが近藤温度に相当する．したがって，この近藤温度で 2 重項から，1 重項への移行が起こる．s-d 交換相互作用は全スピンを保存するので，2 重項から，s-d 交換相互作用を摂動として，1 重項に到達するのは，困難を伴う．芳田理論以来，Wilson，Nozières などの理論はこの困難をさまざまな工夫によって克服し，基底状態に到達するものであった．このようにして，近藤効果はスピンの縮退を解き，基底状態に到達する一般的な現象として理解できる．斯波によって詳しく調べられたように，J_x, J_y, J_z のすべてが異なる一般の異方的な s-d 交換相互作用の場合，常に 1 重項の基底状態が形成され，縮退が残るのは J_x, J_y, J_z の 2 つが等しいなどの例外的な場合であることも自然な結果と考えられる．

s-d 交換相互作用は局在スピンの存在を前提として導かれたものである．ところが，基底状態では局在スピンは消失することが明らかになった．われわれの出発点，局在スピンの存在自体をあらためて検討することが必要になる．金属中の磁気モーメントとは何かを次章で考える．

5 Andersonハミルトニアン

Ag, Cu, Au など通常磁性を示さない金属に Mn, Fe や Co などの磁性原子を少量入れると，**Curie-Weiss** 則に従う磁化率が観測されることがある．これは不純物原子が磁気モーメントを持っているためと考えられる．同じ Mn でも Al 中では明確な Curie-Weiss 則は見られず，磁気モーメントを持たないように見える．このような金属中の磁性不純物を記述するために，Anderson は 1961 年に次のようなハミルトニアンを提出した．

$$\mathcal{H} = \sum_{\boldsymbol{k}\sigma} \varepsilon_{\boldsymbol{k}} c_{\boldsymbol{k}\sigma}^{\dagger} c_{\boldsymbol{k}\sigma} + \sum_{\boldsymbol{k}\sigma} (V_{\boldsymbol{k}\mathrm{d}} c_{\boldsymbol{k}\sigma}^{\dagger} d_{\sigma} + V_{\boldsymbol{k}\mathrm{d}}^{*} d_{\sigma}^{\dagger} c_{\boldsymbol{k}\sigma}) + \sum_{\sigma} \varepsilon_{\mathrm{d}} d_{\sigma}^{\dagger} d_{\sigma} + U d_{\uparrow}^{\dagger} d_{\uparrow} d_{\downarrow}^{\dagger} d_{\downarrow} \tag{5.1}$$

ここで，第 1 項は波数ベクトル $\boldsymbol{k}$，スピン σ，エネルギー $\varepsilon_{\boldsymbol{k}}$ をもつ伝導電子系のエネルギーを表わす．第 3 項はエネルギー ε_{d} の局在した d 軌道の電子のエネルギーを表わす．ここでは簡単化のために，d 軌道の縮退は無視した．その d 軌道に 2 電子が入ると第 4 項の Coulomb 反発力 U が働く．第 2 項はこの局在した d 軌道と伝導電子との混成を表わす．その混成の強さが $V_{\boldsymbol{k}\mathrm{d}}$ である．この **Anderson** ハミルトニアンは第 4 項の電子間相互作用のために多体問題となる．現在，この多体問題はほぼ完全に解かれており，理想的な Fermi 液体として教訓的である．

5-1 Hartree-Fock 近似

まず，$U=0$ としてみよう．このとき，エネルギー ε_d をもつ d 準位は連続的なエネルギーをもつ伝導電子と混成し，幅 $2\varDelta$ の共鳴準位となる．混成による遷移確率を計算して d 準位の幅は次式となる．

$$2\varDelta = 2\pi \sum_{\boldsymbol{k}} |V_{\boldsymbol{k}\mathrm{d}}|^2 \delta(\varepsilon_\mathrm{d}-\varepsilon_{\boldsymbol{k}}) = 2\pi |V|^2 \int d\varepsilon \rho_\mathrm{c}(\varepsilon)\delta(\varepsilon_\mathrm{d}-\varepsilon) = 2\pi |V|^2 \rho_\mathrm{c}(\varepsilon_\mathrm{d}) \tag{5.2}$$

ただし，$V_{\boldsymbol{k}\mathrm{d}}$ は $\boldsymbol{k}$ によらないとし，$\rho_\mathrm{c}(\varepsilon)$ はスピン当りの伝導電子の状態密度である．(5.2)式は d 電子が $\tau=\hbar/2\varDelta$ の寿命をもっていることを示している．したがって，d 電子のエネルギー状態密度 $\rho_\mathrm{d}(\varepsilon)$ は図 5-1 のような幅 $\varDelta$ の Lorentz 型の分布

$$\rho_\mathrm{d}(\varepsilon) = \frac{\varDelta/\pi}{(\varepsilon-\varepsilon_\mathrm{d})^2+\varDelta^2} \tag{5.3}$$

で表わされる．Fermi エネルギーを μ として，d 電子数 $n_{\mathrm{d}\sigma}$ を求めると

$$n_{\mathrm{d}\sigma} = \int_{-\infty}^{\mu} d\varepsilon \rho_\mathrm{d}(\varepsilon) = \frac{1}{2}+\frac{1}{\pi}\tan^{-1}\left(\frac{\mu-\varepsilon_\mathrm{d}}{\varDelta}\right) \tag{5.4}$$

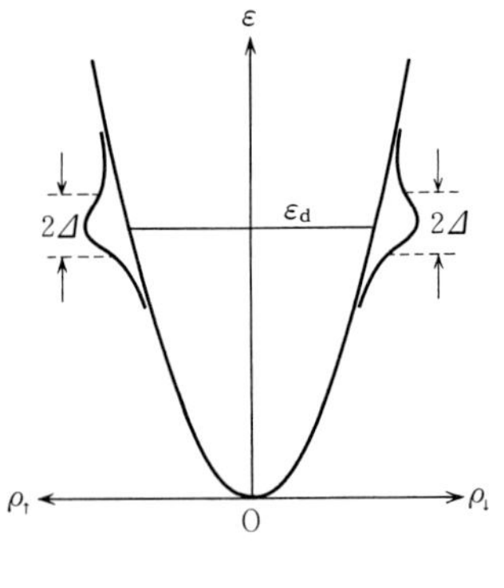

図 5-1 状態密度の模式図．ε_d のエネルギーの d 軌道が伝導電子と混成し，幅 $\varDelta$ の Lorentz 型の分布になる．2 次曲線の部分は伝導電子の状態密度を表わす．

となる．d 準位が μ に一致すると $n_{d\sigma}=1/2$ である．

$U \neq 0$ として，d 電子間に相互作用 U が働く場合を考える．2 個の電子が同時に d 軌道に入ると U だけエネルギーが高くなるから，d 電子は互いに避けあうようになる．まず，Anderson が議論したように **Hartree-Fock 近似**の結果を調べよう．この近似では(5.1)式の 2 体の相互作用を次のように分解して，揺らぎの 2 次の項を無視する．$n_{d\sigma}=d_\sigma^\dagger d_\sigma$ と表わして，

$$
\begin{aligned}
Un_{d\uparrow}n_{d\downarrow} &= U(n_{d\uparrow}-\bar{n}_{d\uparrow})(n_{d\downarrow}-\bar{n}_{d\downarrow})+U(\bar{n}_{d\downarrow}n_{d\uparrow}+\bar{n}_{d\uparrow}n_{d\downarrow}) \\
&\quad -U\bar{n}_{d\uparrow}\bar{n}_{d\downarrow}
\end{aligned}
\tag{5.5}
$$

ここで，$\bar{n}_{d\sigma}$ は Hartree-Fock 近似でセルフコンシステントに決定される $n_{d\sigma}$ の平均値である．(5.5)式の第 1 項の $n_{d\sigma}$ の揺らぎの 2 次の項を無視すると 1 体問題に帰着する．このとき，(5.1)式は

$$
\mathcal{H}_{\mathrm{HF}} = \sum_{\boldsymbol{k}\sigma} \varepsilon_{\boldsymbol{k}} c_{\boldsymbol{k}\sigma}^\dagger c_{\boldsymbol{k}\sigma} + \sum_{\boldsymbol{k}\sigma} (V_{\boldsymbol{k}\mathrm{d}} c_{\boldsymbol{k}\sigma}^\dagger d_\sigma + V_{\boldsymbol{k}\mathrm{d}}^* d_\sigma^\dagger c_{\boldsymbol{k}\sigma}) + \sum_\sigma E_{d\sigma} d_\sigma^\dagger d_\sigma \tag{5.6}
$$

$$
E_{d\sigma} = \varepsilon_{\mathrm{d}} + U\bar{n}_{\mathrm{d}-\sigma} \tag{5.7}
$$

となる．$\bar{n}_{d\sigma}=\bar{n}_{\mathrm{d}-\sigma}=\bar{n}$ である非磁性的な解から，$\bar{n}_{d\sigma}\neq\bar{n}_{\mathrm{d}-\sigma}$ の磁性的な解への転移を調べよう．δn を微小量として($\sigma=\pm 1$)，

$$
n_{d\sigma} = \bar{n}+\sigma\delta n \tag{5.8}
$$

とおく．この δn は g 値を 2 として，$m=2\mu_{\mathrm{B}}\delta n$ の磁気モーメントを発生する．電子数のずれ δn による系のエネルギー変化を求める．電子相関のエネルギーの変化 δE_{C} は

$$
\begin{aligned}
\delta E_{\mathrm{C}} &= U(\bar{n}+\delta n)(\bar{n}-\delta n)-U\bar{n}^2 \\
&= -U\delta n^2
\end{aligned}
\tag{5.9}
$$

となり，δn は系の電子相関のエネルギーを下げる．一方，運動エネルギーの変化 δE_{K} は図 5-2 に示すように上下のスピンの d 電子の準位のずれ ΔE が小さいとして，$\delta n=\rho_{\mathrm{d}}(\mu)\Delta E$ を用いて

$$
\delta E_{\mathrm{K}} = \Delta E\delta n = \frac{1}{\rho_{\mathrm{d}}(\mu)}\delta n^2 \tag{5.10}
$$

となる．全エネルギーの変化 δE は

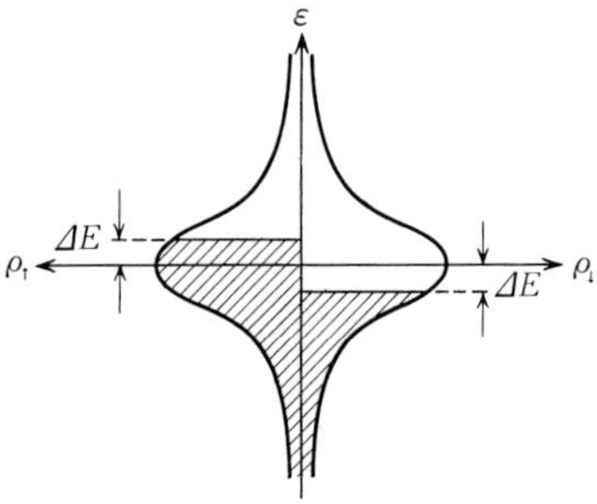

図 5-2 $\delta n=\rho_d\Delta E$ だけ上向き電子が増え，下向き電子が減少したとする．

$$\delta E = \delta E_C+\delta E_K = [1-\rho_d(\mu)U]\delta n^2/\rho_d(\mu) \tag{5.11}$$

となる．δn^2 の係数が負のとき，磁気的な解のエネルギーが低くなるから，

$$\rho_d(\mu)U > 1 \tag{5.12}$$

のとき，d 電子の局在磁気モーメントが発生する．(5.3)式を用いて

$$\rho_d(\mu) = \frac{\Delta/\pi}{(\mu-E_{d\sigma})^2+\Delta^2} \tag{5.13}$$

$$E_{d\sigma} = \varepsilon_d+U\bar{n} \tag{5.14}$$

である．ここで $\bar{n}=1/2$，$\varepsilon_d-\mu=-U/2$ とすると $E_{d\sigma}=\mu$ となるから，(5.4)式の ε_d に $E_{d\sigma}$ を入れて，$n=1/2$ となり，$\varepsilon_d-\mu=-U/2$ のとき，$\bar{n}=1/2$ は非磁性的なセルフコンシステントな解であることがわかる．$2\varepsilon_d+U=2\mu$ が成り立つとき，d 軌道は電子・正孔対称性をもち，**対称 Anderson ハミルトニアン**と呼ばれる．このとき，(5.13)式の $\rho_d(\mu)$ は

$$\rho_d(\mu) = \frac{1}{\pi\Delta} \tag{5.15}$$

となる．$U/\pi\Delta\geq 1$ で $\bar{n}_{d\uparrow}=\bar{n}_{d\downarrow}=1/2$ の解は不安定になり，磁気モーメントが発生する．

以上のように，Hartree-Fock 近似に基づいて，U が共鳴 d 準位の幅 Δ に比べて大きいと電子相関エネルギーを下げるよう局在磁気モーメントが発生するという結果が得られた．しかし，この結果は次の点で注意を要する．局在モーメントが発生した状態は，$\bar{n}_{d\uparrow}-\bar{n}_{d\downarrow}=\pm 2\delta n$ の 2 つの解をもち，磁気モーメ

ントの向きに関して，縮退していることである．しかも，この対称性の破れた状態は1つのd軌道に生じたものであるが，このような少数系では揺らぎが大きく，平均場近似が最も信頼できない場合である．この意味で，Anderson ハミルトニアンは，提唱者の平均場近似に基づく議論とは逆に，多体問題の面で重要な模型となった．電子相関 U の効果を議論する上で，典型的なモデルであるので，以下詳しく種々の角度から検討する．

5-2 $V_{\boldsymbol{k}\mathrm{d}}$ に関する摂動

混成項がないとすると，d軌道が孤立し，そのエネルギーはd電子数で決まってしまう．d電子数が n の状態の孤立d電子系のエネルギーを $E^{\mathrm{d}}(n)$，化学ポテンシャルを μ とすると，

$$E^{\mathrm{d}}(1) = \varepsilon_{\mathrm{d}}-\mu \tag{5.16}$$

$$E^{\mathrm{d}}(2) = 2(\varepsilon_{\mathrm{d}}-\mu)+U \tag{5.17}$$

である．今，d電子が1個詰まった状態が基底状態である $\varepsilon_{\mathrm{d}}+U/2>\mu>\varepsilon_{\mathrm{d}}$ の場合を考える．詰まっているd電子のスピンを上向きとしよう．混成項 $V_{\boldsymbol{k}\mathrm{d}}=0$ としたので，伝導電子は独立に Fermi 球の状態にある．それを ϕ_{v} と表わすと，$V_{\boldsymbol{k}\mathrm{d}}=0$ のときの基底状態 $\varphi_{\uparrow}$ は

$$\varphi_{\uparrow} = d_{\uparrow}^{\dagger}\phi_{\mathrm{v}} \tag{5.18}$$

と表わされる．この状態はdスピンが下向きの $\varphi_{\downarrow}$ と縮退している．次に，$\varphi_{\uparrow}$ に s-d 混成項 $V_{\boldsymbol{k}\mathrm{d}}$ の2次の摂動が作用して，d電子が1個の状態にもどる過程を考える．

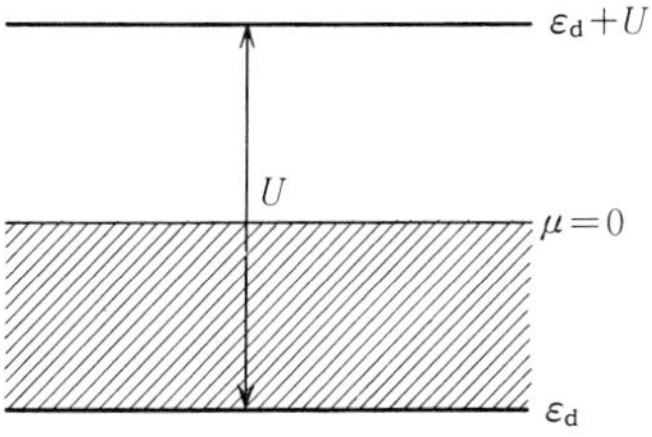

図 5-3 d電子のエネルギー準位．2個目の電子には U が働き $\varepsilon_{\mathrm{d}}+U$ となる．

i) $\boldsymbol{k}\downarrow$ が $\mathrm{d}\downarrow$ に入り，さらに $\mathrm{d}\downarrow$ が $\boldsymbol{k}'\downarrow$ として出ていく場合

$$\boldsymbol{k}\downarrow\to\mathrm{d}\downarrow\to\boldsymbol{k}'\downarrow:\quad \frac{V_{\boldsymbol{k}'\mathrm{d}}V_{\mathrm{d}\boldsymbol{k}}}{\varepsilon_{\boldsymbol{k}}-\varepsilon_{\mathrm{d}}-U}c_{\boldsymbol{k}'\downarrow}{}^{\dagger}d_{\downarrow}d_{\downarrow}{}^{\dagger}c_{\boldsymbol{k}\downarrow}$$

ii) $\boldsymbol{k}\downarrow$ が $\mathrm{d}\downarrow$ に入り，$\mathrm{d}\uparrow$ が $\boldsymbol{k}'\uparrow$ として出ていく場合

$$\begin{aligned}&\boldsymbol{k}\downarrow\to\mathrm{d}\downarrow\\&\qquad\mathrm{d}\uparrow\to\boldsymbol{k}'\uparrow:\quad \frac{V_{\boldsymbol{k}'\mathrm{d}}V_{\mathrm{d}\boldsymbol{k}}}{\varepsilon_{\boldsymbol{k}}-\varepsilon_{\mathrm{d}}-U}c_{\boldsymbol{k}'\uparrow}{}^{\dagger}d_{\uparrow}d_{\downarrow}{}^{\dagger}c_{\boldsymbol{k}\downarrow}\end{aligned}$$

iii) $\mathrm{d}\uparrow$ が $\boldsymbol{k}'\uparrow$ に出て，$\boldsymbol{k}\uparrow$ が $\mathrm{d}\uparrow$ に入る場合

$$\begin{aligned}&\mathrm{d}\uparrow\to\boldsymbol{k}'\uparrow\\&\qquad\boldsymbol{k}\uparrow\to\mathrm{d}\uparrow:\quad \frac{V_{\mathrm{d}\boldsymbol{k}}V_{\boldsymbol{k}'\mathrm{d}}}{\varepsilon_{\mathrm{d}}-\varepsilon_{\boldsymbol{k}'}}d_{\uparrow}{}^{\dagger}c_{\boldsymbol{k}\uparrow}c_{\boldsymbol{k}'\uparrow}{}^{\dagger}d_{\uparrow}\end{aligned}$$

iv) $\mathrm{d}\uparrow$ が $\boldsymbol{k}'\uparrow$ に出て，$\boldsymbol{k}\downarrow$ が $\mathrm{d}\downarrow$ に入る場合

$$\begin{aligned}&\mathrm{d}\uparrow\to\boldsymbol{k}'\uparrow\\&\qquad\boldsymbol{k}\downarrow\to\mathrm{d}\downarrow:\quad \frac{V_{\mathrm{d}\boldsymbol{k}}V_{\boldsymbol{k}'\mathrm{d}}}{\varepsilon_{\mathrm{d}}-\varepsilon_{\boldsymbol{k}}}d_{\downarrow}{}^{\dagger}c_{\boldsymbol{k}\downarrow}c_{\boldsymbol{k}'\uparrow}{}^{\dagger}d_{\uparrow}\end{aligned}\tag{5.19}$$

以上の過程に $\varphi_{\downarrow}=d_{\downarrow}{}^{\dagger}\varphi_{\mathrm{v}}$ から出発した $V_{\boldsymbol{k}\mathrm{d}}$ の2次の過程を加えて，混成項の2次の範囲で，$n_{\mathrm{d}\uparrow}+n_{\mathrm{d}\downarrow}=n_{\mathrm{d}}=1$ の空間での有効ハミルトニアンを作ると次の結果が得られる．

$$\mathcal{H}=\mathcal{H}_{\mathrm{pot}}+\mathcal{H}_{\mathrm{ex}}\tag{5.20}$$

$$\begin{aligned}\mathcal{H}_{\mathrm{pot}}=\sum_{\boldsymbol{k}\boldsymbol{k}'}V_{\boldsymbol{k}'\mathrm{d}}V_{\mathrm{d}\boldsymbol{k}}\left[\frac{1}{\varepsilon_{\boldsymbol{k}}-U-\varepsilon_{\mathrm{d}}}-\frac{1}{2}n_{\mathrm{d}}\left\{\frac{1}{\varepsilon_{\boldsymbol{k}}-\varepsilon_{\mathrm{d}}-U}+\frac{1}{\varepsilon_{\mathrm{d}}-\varepsilon_{\boldsymbol{k}'}}\right\}\right]\\\times(c_{\boldsymbol{k}'\uparrow}{}^{\dagger}c_{\boldsymbol{k}\uparrow}+c_{\boldsymbol{k}'\downarrow}{}^{\dagger}c_{\boldsymbol{k}\downarrow})\end{aligned}\tag{5.21}$$

$$\begin{aligned}\mathcal{H}_{\mathrm{ex}}=-\sum_{\boldsymbol{k}\boldsymbol{k}'}V_{\boldsymbol{k}'\mathrm{d}}V_{\mathrm{d}\boldsymbol{k}}\left(\frac{1}{\varepsilon_{\boldsymbol{k}}-\varepsilon_{\mathrm{d}}-U}+\frac{1}{\varepsilon_{\mathrm{d}}-\varepsilon_{\boldsymbol{k}'}}\right)\{(c_{\boldsymbol{k}'\uparrow}{}^{\dagger}c_{\boldsymbol{k}\uparrow}-c_{\boldsymbol{k}'\downarrow}{}^{\dagger}c_{\boldsymbol{k}\downarrow})S_z\\+c_{\boldsymbol{k}'\uparrow}{}^{\dagger}c_{\boldsymbol{k}\downarrow}S_{-}+c_{\boldsymbol{k}'\downarrow}{}^{\dagger}c_{\boldsymbol{k}\uparrow}S_{+}\}\end{aligned}\tag{5.22}$$

ここで，

$$S_z=\frac{1}{2}(d_{\uparrow}{}^{\dagger}d_{\uparrow}-d_{\downarrow}{}^{\dagger}d_{\downarrow})\tag{5.23}$$

$$S_+ = d_\uparrow{}^\dagger d_\downarrow \tag{5.24}$$

$$S_- = d_\downarrow{}^\dagger d_\uparrow \tag{5.25}$$

である．また，$n_\mathrm{d}=1$ を用いた．(5.22)式の s-d 交換相互作用の項は，

$$\begin{aligned}\mathcal{H}_\mathrm{ex} &= -\frac{J}{2N}\sum_{\substack{\boldsymbol{k}\boldsymbol{k}'\\ \sigma\sigma'}} c_{\boldsymbol{k}'\sigma'}{}^\dagger \sigma_{\sigma\sigma'} c_{\boldsymbol{k}\sigma}\cdot\boldsymbol{S} \\ &= -\frac{J}{2N}\sum_{\boldsymbol{k}\boldsymbol{k}'}\{(c_{\boldsymbol{k}'\uparrow}{}^\dagger c_{\boldsymbol{k}\uparrow} - c_{\boldsymbol{k}'\downarrow}{}^\dagger c_{\boldsymbol{k}\downarrow})S_z + c_{\boldsymbol{k}'\uparrow}{}^\dagger c_{\boldsymbol{k}\downarrow} S_- + c_{\boldsymbol{k}'\downarrow}{}^\dagger c_{\boldsymbol{k}\uparrow} S_+\}\end{aligned} \tag{5.26}$$

と表わされる．ここで $J/2N$ は $V_{\boldsymbol{k}'\mathrm{d}}V_{\mathrm{d}\boldsymbol{k}}$ を $|\boldsymbol{k}|=|\boldsymbol{k}'|=k_\mathrm{F}$ の値 $|V_{k_\mathrm{F}\mathrm{d}}|^2=|V|^2$ で近似して

$$\begin{aligned}\frac{J}{2N} &= |V_{k_\mathrm{F}\mathrm{d}}|^2\left\{\frac{1}{\varepsilon_{\boldsymbol{k}}-\varepsilon_\mathrm{d}-U}+\frac{1}{\varepsilon_\mathrm{d}-\varepsilon_{\boldsymbol{k}'}}\right\} \\ &\simeq -\frac{|V|^2}{U+\varepsilon_\mathrm{d}}-\frac{|V|^2}{|\varepsilon_\mathrm{d}|} = -|V|^2\left(\frac{1}{U+\varepsilon_\mathrm{d}}+\frac{1}{|\varepsilon_\mathrm{d}|}\right)\end{aligned} \tag{5.27}$$

ここで，$\varepsilon_{\boldsymbol{k}}, \varepsilon_{\boldsymbol{k}'}$ は Fermi エネルギー $\mu=0$ に近いとして無視した．(5.27)式の J は必ず負である．$\varepsilon_\mathrm{d}=-U/2$ が成立する対称 Anderson 模型では

$$\frac{J}{N} = -\frac{8|V|^2}{U} \tag{5.28}$$

となる．(5.21)式の $\mathcal{H}_\mathrm{pot}$ の項は $n_\mathrm{d}=1$ として

$$\begin{aligned}\mathcal{H}_\mathrm{pot} &= \frac{1}{2}\sum_{\boldsymbol{k}\boldsymbol{k}'}|V|^2\left[\frac{1}{\varepsilon_{\boldsymbol{k}}-\varepsilon_\mathrm{d}-U}-\frac{1}{\varepsilon_\mathrm{d}-\varepsilon_{\boldsymbol{k}'}}\right] \\ &\simeq \frac{1}{2}\sum_{\boldsymbol{k}\boldsymbol{k}'}|V|^2\left(-\frac{1}{\varepsilon_\mathrm{d}+U}-\frac{1}{\varepsilon_\mathrm{d}}\right)\end{aligned} \tag{5.29}$$

となり，$\varepsilon_\mathrm{d}=-U/2$ の対称 Anderson 模型では $\mathcal{H}_\mathrm{pot}\simeq 0$ となる．

以上の結果は，**Schrieffer-Wolff 変換**と呼ばれる正準変換によっても導くことができる*．正準変換によって(5.1)式の $\mathcal{H}$ が

$$\tilde{\mathcal{H}} = e^S\mathcal{H}e^{-S} \tag{5.30}$$

に変換されたとする．$\mathcal{H}$ の中で混成項以外の項を $\mathcal{H}_0$ とし，$V_{\boldsymbol{k}\mathrm{d}}$ を含む混成項

* J. R. Schrieffer and P. A. Wolff: Phys. Rev. **149** (1966) 491.

を$\mathscr{H}_1$とする．(5.30)式の$\tilde{\mathscr{H}}$において，$V_{\boldsymbol{k}\mathrm{d}}$の1次の項を消去するように

$$[\mathscr{H}_0, S] = \mathscr{H}_1 \tag{5.31}$$

を満たすSを求める．求められたSは

$$S = \sum_{\boldsymbol{k}\sigma}\left\{\frac{V_{\boldsymbol{k}\mathrm{d}}}{\varepsilon_{\boldsymbol{k}}-\varepsilon_{\mathrm{d}}-U}n_{\mathrm{d}-\sigma}c_{\boldsymbol{k}\sigma}{}^{\dagger}d_{\sigma}+\frac{V_{\boldsymbol{k}\mathrm{d}}}{\varepsilon_{\boldsymbol{k}}-\varepsilon_{\mathrm{d}}}(1-n_{\mathrm{d}-\sigma})c_{\boldsymbol{k}\sigma}{}^{\dagger}d_{\sigma}-\mathrm{H.C.}\right\} \tag{5.32}$$

である．ここで，H.C.はHermite共役項を表わす．このSを(5.30)式に代入し，$|V|^2$の次数まで求めると

$$\mathscr{H}_2 = \frac{1}{2}[S, \mathscr{H}_1] = \mathscr{H}_{\mathrm{ex}}+\mathscr{H}_{\mathrm{pot}}+\mathscr{H}_0{}'+\mathscr{H}_{\mathrm{ch}} \tag{5.33}$$

が得られる．新しい$\mathscr{H}_0{}'$はd準位の混成による一定のずれを表わし，$\mathscr{H}_{\mathrm{ch}}$はd電子数を2個変化させる項で，$n_{\mathrm{d}}=1$のときには効かない．このようにして，$|V|^2$まで求めた有効ハミルトニアンは(5.26)式の**s-dハミルトニアン**となる．したがって，Andersonハミルトニアンで混成項Vが小さく，d電子が不純物原子に1個詰まっている場合は，s-dハミルトニアンに帰着され，前章で議論した**近藤効果**や**1重項基底状態**の結論が導かれることになる．

もう一方の立場として，混成項をまず取り入れ，電子相関Uに関する摂動展開を考えることもできる．これを議論する準備として，次に**Green関数**を説明する．

5-3 Green関数

Fermi液体論はFermi面近くの準粒子を自由電子系に対応させて展開される．準粒子を多体系の波動関数で記述することが複雑で困難な場合であっても，Green関数で準粒子を記述すると簡単である場合が多い．Fermi液体論をミクロに展開する上で，Green関数はいわばFermi液体論の数学である．そこで，後の議論での必要上，Green関数の最小限の説明をする．

位置を$\boldsymbol{r}$，時刻をtとして，Heisenberg表示の電子の生成・消滅の演算子

をそれぞれ，$\psi_\sigma^\dagger(\boldsymbol{r},t)$，$\psi_\sigma(\boldsymbol{r},t)$とする（付録Bを参照）．このとき，1電子Green関数$G(\boldsymbol{r}t,\boldsymbol{r}'t')$は，$|\boldsymbol{\Phi}_0\rangle$を$N$電子系の基底状態として次のように定義される．

$$G_{\sigma\sigma'}(\boldsymbol{r}t,\boldsymbol{r}'t') = -i\langle\boldsymbol{\Phi}_0|T\{\psi_\sigma(\boldsymbol{r},t)\psi_{\sigma'}^\dagger(\boldsymbol{r}',t')\}|\boldsymbol{\Phi}_0\rangle \tag{5.34}$$

ここで，Tは右から左に演算子を時間tの小さい順に並べる演算子である．つまり，

$$T\{\psi_\sigma(\boldsymbol{r},t)\psi_{\sigma'}^\dagger(\boldsymbol{r}',t')\} = \begin{cases} \psi_\sigma(\boldsymbol{r},t)\psi_{\sigma'}^\dagger(\boldsymbol{r}',t') & (t'<t) \\ -\psi_{\sigma'}^\dagger(\boldsymbol{r}',t')\psi_\sigma(\boldsymbol{r},t) & (t'>t) \end{cases} \tag{5.35}$$

上の(5.35)式で下の式は，電子の生成・消滅演算子の入れかえで符号が変わるために－がつく．もしBose粒子なら正である．便宜上の因子$-i$を除いて，Green関数は次の意味をもつ．

$t>t'$のときは$N+1$個の電子をもつ状態$\psi_{\sigma'}^\dagger(\boldsymbol{r}',t')|\boldsymbol{\Phi}_0\rangle$と$\psi_\sigma^\dagger(\boldsymbol{r},t)|\boldsymbol{\Phi}_0\rangle$の間の内積を表わす．これは1個の電子の伝播を表わす．このGreen関数は$t<t'$のときは，$N-1$個の電子をもつ$\psi_\sigma(\boldsymbol{r},t)|\boldsymbol{\Phi}_0\rangle$と$\psi_{\sigma'}(\boldsymbol{r}',t')|\boldsymbol{\Phi}_0\rangle$の内積であり，1個の正孔の伝播を表わしている．

簡単のために$(\boldsymbol{r}',t')=(0,0)$と固定して

$$G(\boldsymbol{r}t,00) = G(\boldsymbol{r},t) \tag{5.36}$$

と表わす．$G(\boldsymbol{r},t)$は$t=0$に正負から近づけると

$$\begin{aligned} G(\boldsymbol{r},+0)-G(\boldsymbol{r},-0) &= -i\langle\boldsymbol{\Phi}_0|[\psi_\sigma(\boldsymbol{r}),\psi_\sigma^\dagger(0)]_+|\boldsymbol{\Phi}_0\rangle \\ &= -i\delta(\boldsymbol{r}) \end{aligned} \tag{5.37}$$

の関係がある．

次に$\boldsymbol{r}$をFourier変換して$\boldsymbol{k}$で表わそう．

$$G(\boldsymbol{r}t,\boldsymbol{r}'t') = \frac{1}{\Omega}\sum_{\boldsymbol{k}\boldsymbol{k}'} G(\boldsymbol{k}t,\boldsymbol{k}'t')e^{i(\boldsymbol{k}\cdot\boldsymbol{r}-\boldsymbol{k}'\cdot\boldsymbol{r}')} \tag{5.38}$$

$$\begin{aligned} G(\boldsymbol{k}t,\boldsymbol{k}'t') &= \frac{1}{\Omega}\iint d\boldsymbol{r}d\boldsymbol{r}'G(\boldsymbol{r}t,\boldsymbol{r}'t')e^{-i(\boldsymbol{k}\cdot\boldsymbol{r}-\boldsymbol{k}'\cdot\boldsymbol{r}')} \\ &= -i\langle\boldsymbol{\Phi}_0|T\{a_{\boldsymbol{k}}(t)a_{\boldsymbol{k}'}^\dagger(t')\}|\boldsymbol{\Phi}_0\rangle \end{aligned} \tag{5.39}$$

ただし，$a_{\boldsymbol{k}}$，$a_{\boldsymbol{k}'}^\dagger$は$\psi(\boldsymbol{r})$，$\psi^\dagger(\boldsymbol{r}')$のFourier変換である．

$$a_{\boldsymbol{k}}(t) = \frac{1}{\sqrt{\Omega}} \int d\boldsymbol{r} \psi(\boldsymbol{r}) e^{-i\boldsymbol{k}\cdot\boldsymbol{r}} \tag{5.40}$$

$$a_{\boldsymbol{k}'}^{\dagger}(t) = \frac{1}{\sqrt{\Omega}} \int d\boldsymbol{r} \psi^{\dagger}(\boldsymbol{r}) e^{i\boldsymbol{k}'\cdot\boldsymbol{r}} \tag{5.41}$$

空間的に一様な系では $\boldsymbol{k}'=\boldsymbol{k}$ のときのみ $G(\boldsymbol{k}t, \boldsymbol{k}'t')$ は0でない値をとるから，系が一様であるとすると

$$G(\boldsymbol{k}, t) = G(\boldsymbol{k}t, \boldsymbol{k}0) = -i\langle \boldsymbol{\Phi}_0 | T\{a_{\boldsymbol{k}}(t) a_{\boldsymbol{k}}^{\dagger}(0)\} | \boldsymbol{\Phi}_0 \rangle \tag{5.42}$$

$$G(\boldsymbol{k}, t) = \int d\boldsymbol{r} G(\boldsymbol{r}, t) e^{-i\boldsymbol{k}\cdot\boldsymbol{r}} \tag{5.43}$$

$$G(\boldsymbol{r}, t) = \frac{1}{\Omega} \sum_{\boldsymbol{k}} e^{i\boldsymbol{k}\cdot\boldsymbol{r}} G(\boldsymbol{k}, t) \tag{5.44}$$

と簡単化できる．$G(\boldsymbol{k}, t)$ も(5.37)式の $G(\boldsymbol{r}, t)$ と同様，$t=0$ で不連続である．

$$m_{\boldsymbol{k}} = \langle \boldsymbol{\Phi}_0 | a_{\boldsymbol{k}}^{\dagger} a_{\boldsymbol{k}} | \boldsymbol{\Phi}_0 \rangle \tag{5.45}$$

として正から近づくと

$$G(\boldsymbol{k}, +0) = -i(1-m_{\boldsymbol{k}}) \tag{5.46}$$

負から近づくと

$$G(\boldsymbol{k}, -0) = im_{\boldsymbol{k}} \tag{5.47}$$

であり，

$$G(\boldsymbol{k}, +0) - G(\boldsymbol{k}, -0) = -i \tag{5.48}$$

が成立する．ここで $m_{\boldsymbol{k}}$ は基底状態における波数ベクトル $\boldsymbol{k}$ の状態にある電子の平均占有数を表わす．

一般に $|\boldsymbol{\Phi}_0\rangle$ は多体系の基底状態であるから，$a_{\boldsymbol{k}}|\boldsymbol{\Phi}_0\rangle$ や $a_{\boldsymbol{k}}^{\dagger}|\boldsymbol{\Phi}_0\rangle$ は系の固有状態ではない．

$$a_{\boldsymbol{k}}(t) = e^{i\mathcal{H}t} a_{\boldsymbol{k}} e^{-i\mathcal{H}t} \tag{5.49}$$

であるから，

$$G(\boldsymbol{k}, t) = \begin{cases} -i\langle \boldsymbol{\Phi}_0 | e^{i\mathcal{H}t} a_{\boldsymbol{k}} e^{-i\mathcal{H}t} a_{\boldsymbol{k}}^{\dagger} | \boldsymbol{\Phi}_0 \rangle & (t>0) \\ i\langle \boldsymbol{\Phi}_0 | a_{\boldsymbol{k}}^{\dagger} e^{i\mathcal{H}t} a_{\boldsymbol{k}} e^{-i\mathcal{H}t} | \boldsymbol{\Phi}_0 \rangle & (t<0) \end{cases} \tag{5.50}$$

である.

さらに，時間 t を振動数 ω に関して Fourier 変換して，

$$G(\boldsymbol{k}\omega, \boldsymbol{k}'\omega') = \frac{1}{2\pi}\iint dtdt' G(\boldsymbol{k}t, \boldsymbol{k}'t')e^{i(\omega t-\omega' t')} \tag{5.51}$$

$$G(\boldsymbol{k}t, \boldsymbol{k}'t') = \frac{1}{2\pi}\iint d\omega d\omega' G(\boldsymbol{k}\omega, \boldsymbol{k}'\omega')e^{-i(\omega t-\omega' t')} \tag{5.52}$$

を考える．もしも，系が空間的に一様で，さらに時間的にも一様で $t-t'$ のみの関数とすると

$$G(\boldsymbol{k}\omega, \boldsymbol{k}'\omega') = G(\boldsymbol{k}, \omega)\delta_{\boldsymbol{k}\boldsymbol{k}'}\delta(\omega-\omega') \tag{5.53}$$

となる．この場合は

$$G(\boldsymbol{k}, t) = \frac{1}{2\pi}\int d\omega G(\boldsymbol{k}, \omega)e^{-i\omega t} \tag{5.54}$$

$$G(\boldsymbol{k}, \omega) = \int dt G(\boldsymbol{k}, t)e^{i\omega t} \tag{5.55}$$

と簡単化される.

例として，自由電子系

$$\mathcal{H} = \sum_{\boldsymbol{k}\sigma} \varepsilon_{\boldsymbol{k}}{}^0 c_{\boldsymbol{k}\sigma}{}^\dagger c_{\boldsymbol{k}\sigma} \tag{5.56}$$

を考える．(5.49)式から

$$a_{\boldsymbol{k}}(t) = e^{-i\varepsilon_{\boldsymbol{k}}{}^0 t}a_{\boldsymbol{k}} \tag{5.57}$$

$$a_{\boldsymbol{k}}{}^\dagger(t) = e^{i\varepsilon_{\boldsymbol{k}}{}^0 t}a_{\boldsymbol{k}}{}^\dagger \tag{5.58}$$

であり，$\varepsilon_{\boldsymbol{k}}{}^0=\hbar^2\boldsymbol{k}^2/2m$ である．k_F を Fermi 波数として，

$|\boldsymbol{k}|<k_\mathrm{F}$ では

$$G_0(\boldsymbol{k}, t) = \begin{cases} ie^{-i\varepsilon_{\boldsymbol{k}}{}^0 t} & (t<0) \\ 0 & (t>0) \end{cases} \tag{5.59}$$

$|\boldsymbol{k}|>k_\mathrm{F}$ では

$$G_0(\boldsymbol{k}, t) = \begin{cases} 0 & (t<0) \\ -ie^{-i\varepsilon_{\boldsymbol{k}}{}^0 t} & (t>0) \end{cases} \tag{5.60}$$

この(5.59)と(5.60)式の Fourier 変換をまとめて表わすと

$$G_0(\boldsymbol{k}, \omega) = \frac{1}{\omega - \varepsilon_{\boldsymbol{k}}{}^0 + i\eta} \tag{5.61}$$

となる．ここに η は微小量で，その符号は $(|\boldsymbol{k}| - k_{\mathrm{F}})$ の符号による．

$$\eta = \begin{cases} +0 & (|\boldsymbol{k}| > k_{\mathrm{F}}) \\ -0 & (|\boldsymbol{k}| < k_{\mathrm{F}}) \end{cases} \tag{5.62}$$

(5.61)式は複素積分を用いて，逆変換して簡単に確かめられる．

さて，一般の多体相互作用系にもどって，Green 関数の意味を検討しよう．$|\boldsymbol{\Phi}_n\rangle$ をエネルギー E_n をもつ粒子数 $N+1$ の固有状態とする．$|\boldsymbol{\Phi}_m\rangle$ を同様に E_m のエネルギーをもつ粒子数 $N-1$ の固有状態とする．E_0 を基底状態 $|\boldsymbol{\Phi}_0\rangle$ のエネルギーとして

$$\omega_{n0} = E_n - E_0 \tag{5.63}$$

$$\omega_{m0} = E_m - E_0 \tag{5.64}$$

として，

$$G(\boldsymbol{k}, t) = \begin{cases} -i \sum\limits_n |\langle \boldsymbol{\Phi}_n | a_{\boldsymbol{k}}{}^\dagger | \boldsymbol{\Phi}_0 \rangle|^2 e^{-i\omega_{n0}t} & (t>0) \\ i \sum\limits_m |\langle \boldsymbol{\Phi}_m | a_{\boldsymbol{k}} | \boldsymbol{\Phi}_0 \rangle|^2 e^{i\omega_{m0}t} & (t<0) \end{cases} \tag{5.65}$$

となる．N 個の電子をもつ基底状態のエネルギーを $E_0(N)$ と表わすと，μ を化学ポテンシャルとして

$$E_0(N+1) - E_0(N) = E_0(N) - E_0(N-1) = \mu \tag{5.66}$$

となる．$\omega_{n0} = \mu + \xi_{n0}$, $\omega_{m0} = -\mu + \xi_{m0}$ と表わして，電子と正孔の励起エネルギーに対する分布として，スペクトル関数 A_+, A_- を次のように定義する．

$$A_+(\boldsymbol{k}, \omega) = \sum_n |\langle \boldsymbol{\Phi}_n | a_{\boldsymbol{k}}{}^\dagger | \boldsymbol{\Phi}_0 \rangle|^2 \delta(\omega - \xi_{n0}) \tag{5.67}$$

$$A_-(\boldsymbol{k}, \omega) = \sum_m |\langle \boldsymbol{\Phi}_m | a_{\boldsymbol{k}} | \boldsymbol{\Phi}_0 \rangle|^2 \delta(\omega - \xi_{m0}) \tag{5.68}$$

これらを用いて Green 関数は

$$G(\boldsymbol{k},t) = \begin{cases} -i\displaystyle\int_0^\infty A_+(\boldsymbol{k},\omega)e^{-i(\mu+\omega)t}d\omega & (t>0) \\ i\displaystyle\int_0^\infty A_-(\boldsymbol{k},\omega)e^{-i(\mu-\omega)t}d\omega & (t<0) \end{cases}$$

$$G(\boldsymbol{k},\omega) = \int_0^\infty d\omega' \left\{ \frac{A_+(\boldsymbol{k},\omega')}{\omega-\omega'-\mu+i\eta} + \frac{A_-(\boldsymbol{k},\omega')}{\omega+\omega'-\mu-i\eta} \right\} \qquad (5.69)$$

と表わされる．ここで $\eta>0$ とした．

波数 $\boldsymbol{k}$ の裸の状態の占有数は次のように求められる．

$$m_{\boldsymbol{k}} = -i[G(\boldsymbol{k},t)]_{t=-0} = \frac{-i}{2\pi}\int_C d\omega G(\boldsymbol{k},\omega) \qquad (5.70)$$

ここで，積分路 C は $t=-0$ で円周部分が消えるように図 5-4 のようにとる．粒子の総数は

$$N = \sum_{\boldsymbol{k}} m_{\boldsymbol{k}} = \frac{-i}{2\pi}\sum_{\boldsymbol{k}}\int_C d\omega G(\boldsymbol{k},\omega) \qquad (5.71)$$

となる．

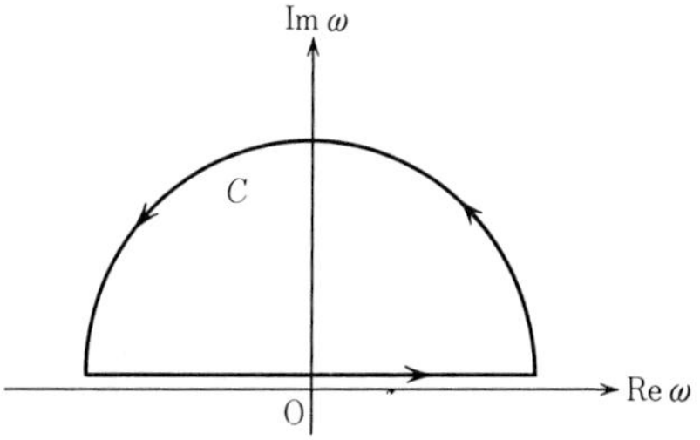

図 5-4　積分路 C．$t=-0$ で半径 $R\to\infty$ の円周部分の積分が消えるように上半面の半円をとる．

基底状態に波数ベクトル $\boldsymbol{k}$ をもつ 1 粒子をつけ加えた $a_{\boldsymbol{k}}^\dagger|\Phi_0\rangle$ は系の固有状態ではなく，多数の固有状態の線形結合である．$a_{\boldsymbol{k}}^\dagger|\Phi_0\rangle$ の時間発展を考えよう $(t>0)$．

$$\langle\Phi_0|a_{\boldsymbol{k}}(t)a_{\boldsymbol{k}}^\dagger|\Phi_0\rangle = iG(\boldsymbol{k},t) = e^{-i\mu t}\int_0^\infty A_+(\boldsymbol{k},\omega)e^{-i\omega t}d\omega \qquad (5.72)$$

であるが，積分路を変更して図 5-5 のようにとる．ただし，$e^{-\alpha t}$ が十分小さ

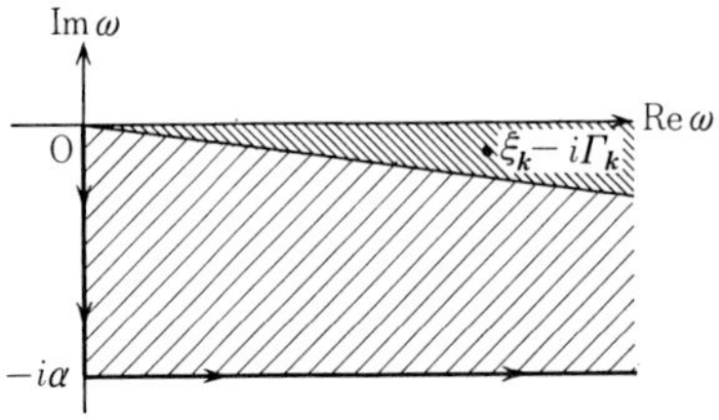

図 5-5 実軸上の積分を矢印の積分路にかえる．α は $\exp[-\alpha t]$ が十分小さくなるようにとる．

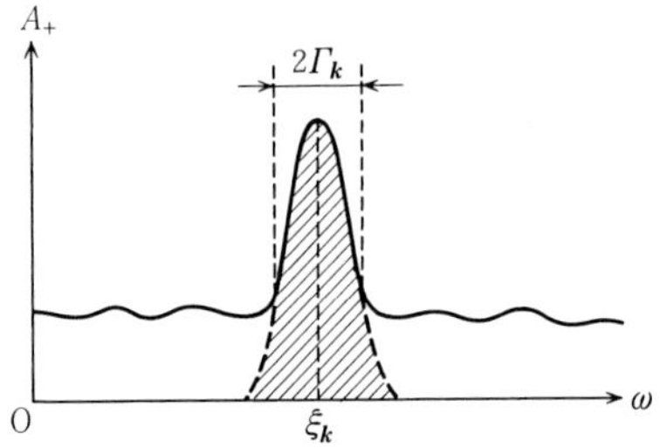

図 5-6 準粒子のスペクトラム $A_+(\boldsymbol{k},\omega)$ の ω 依存性．

くなるように α をとる．

$$iG(\boldsymbol{k},t)e^{i\mu t} = \int_0^\infty d\omega A_+(\boldsymbol{k},\omega)e^{-i\omega t}$$
$$\simeq \int_0^{-i\alpha} A_+(\boldsymbol{k},\omega)e^{-i\omega t}d\omega - 2\pi i \sum_j z_j e^{-i\xi_j t} \qquad (5.73)$$

ここで A_+ のエネルギー分布は図 5-6 のようである．ξ_j は $A_+(\boldsymbol{k},\boldsymbol{\omega})$ の極を表わし，z_j はその留数である．実軸近くの極は $\boldsymbol{\omega}=\xi_{\boldsymbol{k}}-i\Gamma_{\boldsymbol{k}}$ と表わされる．$\boldsymbol{k}$ の電子を励起してからの時間 t の大きさによって次の 3 つの場合が考えられる．

(a) t が小さい．このとき $\alpha t \gg 1$ であるためには α を大きくとる必要がある．(5.73)式の第 1 項が支配的になる．時間が短かすぎるため準粒子が形成されていないからである．つまり，(5.73)式で $A_+(\boldsymbol{k},\boldsymbol{\omega})$ の $\boldsymbol{\omega}$ の全領域が寄与する．

(b) $t \gg \Gamma_{\boldsymbol{k}}^{-1}$ のとき，積分路は α が小さいため，極を囲まなくなる．そのため，(5.73)式の第 1 項のみが寄与する．この時間では，準粒子が減衰してしまっているからである．つまり $A_+(\boldsymbol{k},\boldsymbol{\omega})$ の $\boldsymbol{\omega}$ の小さい領域のみが寄与する．

（c） $\Gamma_{\boldsymbol{k}}$ が十分小さいときには，上記(a)，(b)の中間として t が大きく，しかも $\Gamma_{\boldsymbol{k}}^{-1}$ より小さい時間 t を考えることができる．このときは α は小さく，しかも積分路は極を囲むから主たる寄与は次の極からのもので与えられる．

$$iG(\boldsymbol{k}, t) \simeq 2\pi i z_{\boldsymbol{k}} \exp[(-i\xi_{\boldsymbol{k}} - i\mu - \Gamma_{\boldsymbol{k}})t] \tag{5.74}$$

このとき，系の物理量は Fermi 面近くの準粒子によって記述できる．$\Gamma_{\boldsymbol{k}}$ が十分小さく，(c)の条件が満たされることが Fermi 液体の特徴である．

一般に $a_{\boldsymbol{k}}^{\dagger}|\boldsymbol{\Phi}_0\rangle$ は次の 2 つの部分にわけられる．

（1） ノルム $z_{\boldsymbol{k}}$ のコヒーレントな部分の寄与であり，Fermi 面近くの準粒子の寄与に相当する．

（2） 連続的でコヒーレントでないバックグラウンドで，このノルムは $1-m_{\boldsymbol{k}}-z_{\boldsymbol{k}}$ である．

以上の議論を具体的にするために，今，自由電子 $\varepsilon_{\boldsymbol{k}} = \hbar^2\boldsymbol{k}^2/2m$ に電子間相互作用が働き，電子の自己エネルギーが $\Sigma(\boldsymbol{k}, \omega)$ として与えられたとする．このとき，1 電子 Green 関数は

$$\left[\omega - \frac{\hbar^2\boldsymbol{k}^2}{2m} - \Sigma(\boldsymbol{k}, \omega)\right] G(\boldsymbol{k}, \omega) = 1 \tag{5.75}$$

で与えられる．$G(\boldsymbol{k}, \omega)$ の極は図 5-7 に示すように $\Sigma(\boldsymbol{k}, \omega)$ と $\omega - \hbar^2\boldsymbol{k}^2/2m$ の交点として定まる．一般に $\Sigma(\boldsymbol{k}, \omega)$ は複素数である．$G(\boldsymbol{k}, \omega)$ の極 $\omega = E_{\boldsymbol{k}}^{*}$ の留数 $z_{\boldsymbol{k}}$ は

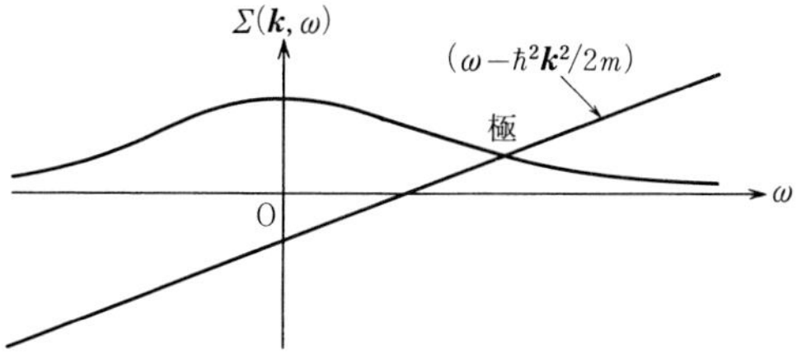

図 5-7 極は $\Sigma(\boldsymbol{k}, \omega)$ と $\omega - \hbar^2\boldsymbol{k}^2/2m$ の交点として定まる．

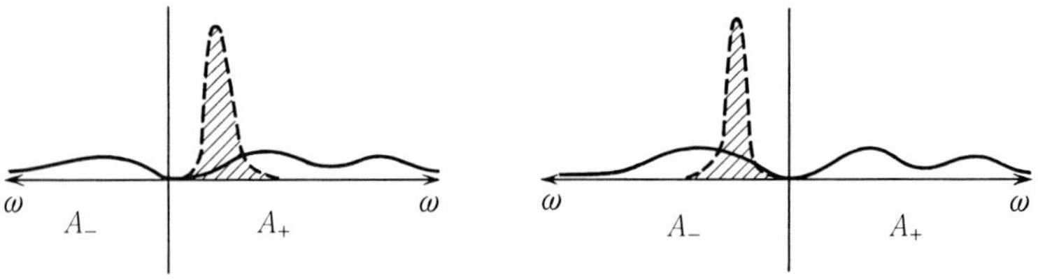

図 5-8 準粒子の励起スペクトル．$k>k_{\rm F}$ では電子，$k<k_{\rm F}$ では正孔の励起に対応する．斜線のピークがコヒーレントな部分で，実線がインコヒーレントな部分を表わす．

$$z_{\boldsymbol{k}} = \left[1-\left.\frac{\partial\Sigma(\boldsymbol{k},\omega)}{\partial\omega}\right|_{\omega=E_{\boldsymbol{k}}^*}\right]^{-1} \tag{5.76}$$

で与えられる．さらに $\Sigma(\boldsymbol{k},\omega)$ の虚数部分を考慮して

$$\Gamma_{\boldsymbol{k}}(\omega) = -\mathrm{Im}\,\Sigma(\boldsymbol{k},\omega) \tag{5.77}$$

とおき，極を $\omega=E_{\boldsymbol{k}}^*-i\Gamma_{\boldsymbol{k}}^*$ と表わすと

$$(E_{\boldsymbol{k}}^*-i\Gamma_{\boldsymbol{k}}^*)\left(1-\left.\frac{\partial\Sigma(\boldsymbol{k},\omega)}{\partial\omega}\right|_{\omega=E_{\boldsymbol{k}}^*}\right)-\varepsilon_{\boldsymbol{k}}-\mathrm{Re}\,\Sigma(\boldsymbol{k},0)+i\Gamma_{\boldsymbol{k}}(E_{\boldsymbol{k}}^*) = 0 \tag{5.78}$$

から，

$$\Gamma_{\boldsymbol{k}}^*(E_{\boldsymbol{k}}^*) = z_{\boldsymbol{k}}\Gamma_{\boldsymbol{k}}(E_{\boldsymbol{k}}^*) \tag{5.79}$$

$$E_{\boldsymbol{k}}^* = z_{\boldsymbol{k}}(\varepsilon_{\boldsymbol{k}}+\mathrm{Re}\,\Sigma(\boldsymbol{k},0)) \tag{5.80}$$

となる．このとき，電子の励起スペクトラム A_+，正孔の励起 A_- は図 5-8 のようになっている．$G(\boldsymbol{k},\omega)$ はインコヒーレントな部分を $G_{\rm inc}$ として

$$G(\boldsymbol{k},\omega) = G_{\rm inc}(\boldsymbol{k},\omega)+\frac{z_{\boldsymbol{k}}}{(\omega-E_{\boldsymbol{k}}^*)+i\Gamma_{\boldsymbol{k}}^*\,\mathrm{sgn}(k-k_{\rm F})} \tag{5.81}$$

で，$A_+(\boldsymbol{k},\omega)$ は

$$A_+(\boldsymbol{k},\omega) \simeq \frac{z_{\boldsymbol{k}}}{\pi}\frac{\Gamma_{\boldsymbol{k}}^*}{(\omega-E_{\boldsymbol{k}}^*)^2+\Gamma_{\boldsymbol{k}}^{*2}} \tag{5.82}$$

と表わされる．これが準粒子のスペクトルで，幅 $\Gamma_{\boldsymbol{k}}^*$，エネルギーが $E_{\boldsymbol{k}}^*$ であり，$z_{\boldsymbol{k}}$ は波数 $\boldsymbol{k}$ の裸の電子がその準粒子に占める割合を表わす．したがって，

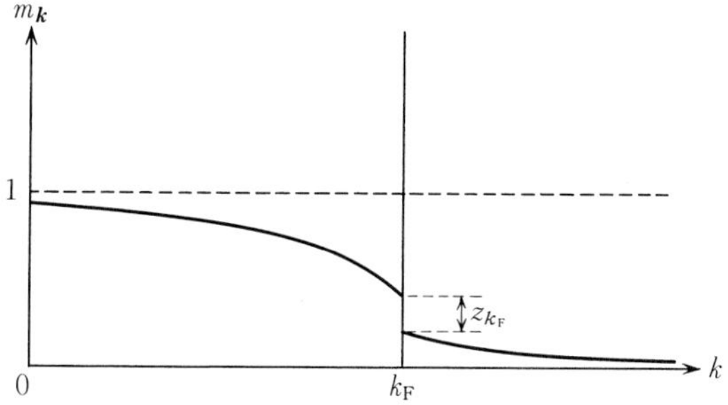

図 5-9　裸の粒子の分布．Fermi 面で z_{k_F} (<1) だけ跳びがある．

Fermi 面で，準粒子の占有率は低温では 1 から 0 に跳ぶが，裸の粒子の分布はその跳びが 1 に比べて小さい $z_{\boldsymbol{k}}$ になる．

以上が Green 関数と準粒子にまつわる物理量との基本的な関係である．$T \neq 0$ の有限温度の Green 関数は付録に示す．

5-4　U に関する摂動展開*

s-d ハミルトニアンの基底状態は局在スピンと伝導電子のスピンが結合した 1 重項であった．一方，$J=0$ の状態は局在スピンと Fermi 球からなる 2 重項であるから，$J=0$ は特異点である．同じ理由で $V_{\boldsymbol{k}\mathrm{d}}=0$ は特異点であり，J や $V_{\boldsymbol{k}\mathrm{d}}$ で基底状態は展開できない．一方，U の展開は 1 重項のままでの接続であり，解析的である．これが U の摂動が簡単である理由である．その意味で Fermi 液体の典型である．

a）　電子比熱

d 電子間の相関 U を摂動として取り扱うために，(5.1)式のハミルトニアンを次のように分離する．

* K. Yosida and K. Yamada: Prog. Theor. Phys. Suppl. No. 46 (1970) 244; K. Yamada: Prog. Theor. Phys. **53** (1975) 970; K. Yosida and K. Yamada: ibid. **53** (1975) 1286; K. Yamada: ibid. **54** (1975) 316; A. Yoshimori: ibid. **55** (1976) 67.

$$\mathcal{H} = \mathcal{H}_0 + \mathcal{H}' \tag{5.83}$$

$$\mathcal{H}_0 = \sum_{\boldsymbol{k}\sigma} \varepsilon_{\boldsymbol{k}} c_{\boldsymbol{k}\sigma}^{\dagger} c_{\boldsymbol{k}\sigma} + \sum_{\boldsymbol{k}\sigma} (V_{\boldsymbol{k}\mathrm{d}} c_{\boldsymbol{k}\sigma}^{\dagger} d_{\sigma} + V_{\boldsymbol{k}\mathrm{d}} d_{\sigma}^{\dagger} c_{\boldsymbol{k}\sigma})$$
$$+ \sum_{\sigma} E_{\mathrm{d}\sigma} n_{\mathrm{d}\sigma} - U \bar{n}_{\mathrm{d}\uparrow} \bar{n}_{\mathrm{d}\downarrow} \tag{5.84}$$

$$\mathcal{H}' = U(n_{\mathrm{d}\uparrow} - \bar{n}_{\mathrm{d}\uparrow})(n_{\mathrm{d}\downarrow} - \bar{n}_{\mathrm{d}\downarrow}) \tag{5.85}$$

ここで，$\bar{n}_{\mathrm{d}\sigma}$ はスピン σ の d 電子数の $\mathcal{H}_0$ の基底状態での平均値である．$\mathcal{H}_0$ は電子相関のない 1 体のハミルトニアンだから，$\bar{n}_{\mathrm{d}\sigma} = \bar{n}_{\mathrm{d}-\sigma}$ である．$E_{\mathrm{d}\sigma}$ はこの $\bar{n}_{\mathrm{d}\sigma}$ を用いて

$$E_{\mathrm{d}\sigma} = \varepsilon_{\mathrm{d}} + U\bar{n}_{\mathrm{d}-\sigma} \tag{5.86}$$

と表わされる．この系の分配関数 Z は

$$\mathcal{H}'(\tau) = e^{\tau\mathcal{H}_0} \mathcal{H}' e^{-\tau\mathcal{H}_0} \tag{5.87}$$

を用いて

$$Z = e^{-\beta\Omega} = e^{-\beta\Omega_0} \left\langle T_{\tau} \exp\left[-\int_0^{\beta} \mathcal{H}'(\tau) d\tau \right] \right\rangle \tag{5.88}$$

と表わされる（付録 C 参照）．$\beta = 1/k_{\mathrm{B}}T$ であり（以下 $k_{\mathrm{B}} = 1$ とする），Ω と Ω_0 はそれぞれ $\mathcal{H}$ と $\mathcal{H}_0$ に対する系の自由エネルギーである．ここで T_{τ} は，虚数時間 τ_i を左から大きい順に並べる演算子である．平均 $\langle A \rangle$ は無摂動状態 $\mathcal{H}_0$ での熱平均

$$\langle A \rangle = \mathrm{Tr}[e^{-\beta\mathcal{H}_0} A] / \mathrm{Tr}\, e^{-\beta\mathcal{H}_0} \tag{5.89}$$

を意味する．

d 電子の温度 Green 関数を次のように定義する（付録(C. 21)式参照）．

$$G_{\mathrm{d}\sigma}(\tau_1 - \tau_2) = -\langle\!\langle T_{\tau} d_{\sigma}(\tau_1) d_{\sigma}^{\dagger}(\tau_2) \rangle\!\rangle \tag{5.90}$$

ここで，$\langle\!\langle A \rangle\!\rangle$ は全ハミルトニアン $\mathcal{H}$ での熱平均

$$\langle\!\langle A \rangle\!\rangle = \mathrm{Tr}[e^{-\beta\mathcal{H}} A] / \mathrm{Tr}\, e^{-\beta\mathcal{H}} \tag{5.91}$$

を表わし，

$$A(\tau) = e^{\tau\mathcal{H}} A e^{-\tau\mathcal{H}} \tag{5.92}$$

である．(5. 90)式の Green 関数は相互作用表示を用いて，(C. 10)，(C. 25) 式から

$$G_{d\sigma}(\tau_1,\tau_2) = -\left\langle T_\tau d_\sigma(\tau_1)d_\sigma^\dagger(\tau_2)\exp\left[-\int_0^\beta \mathcal{H}'(\tau)dt\right]\right\rangle\Big/\left\langle T_\tau \exp\left[-\int_0^\beta \mathcal{H}'(\tau)d\tau\right]\right\rangle \tag{5.93}$$

と表わされる．ここでは，相互作用表示を用いているので，$A(\tau)$は(5.92)式の$\mathcal{H}$を$\mathcal{H}_0$で置きかえたものである．温度Green関数(5.90)式のFourier変換

$$G_{d\sigma}(\omega_l) = -\int_0^\beta d\tau \langle\!\langle T_\tau d_\sigma(\tau)d_\sigma^\dagger\rangle\!\rangle e^{i\omega_l\tau} \tag{5.94}$$

を導入する．ただし，lを整数として$\omega_l=(2l+1)\pi T$である．$\mathcal{H}'=0$の無摂動状態のd電子のGreen関数を$G_{d\sigma}{}^0(\omega_l)$とすると，1体問題なので

$$\begin{aligned} G_{d\sigma}{}^0(\omega_l) &= \left[i\omega_l+\mu-E_{d\sigma}-\sum_{\boldsymbol{k}}\frac{|V_{\boldsymbol{k}}|^2}{i\omega_l+\mu-\varepsilon_{\boldsymbol{k}}}\right]^{-1} \\ &= [i\omega_l+\mu-E_{d\sigma}+i\Delta\,\mathrm{sgn}\,\omega_l]^{-1} \end{aligned} \tag{5.95}$$

$$\Delta = \pi\rho\langle|V_{\boldsymbol{k}}|^2\rangle, \qquad \mathrm{sgn}\,\omega_l = \omega_l/|\omega_l|$$

で与えられる．(5.95)式の後の等号は伝導帯を密度一定の幅が広いバンドと仮定した結果である．ρは伝導帯のFermi面での状態密度，$\langle|V_{\boldsymbol{k}}|^2\rangle$はFermi面での平均である．

(5.85)式の$\mathcal{H}'$によるd電子の自己エネルギーを$\Sigma_\sigma(\omega_l)$と表わすと，d電子の温度Green関数は

$$G_{d\sigma}(\omega_l) = [i\omega_l+\mu-E_{d\sigma}-\Sigma_\sigma(\omega_l)+i\Delta\,\mathrm{sgn}\,\omega_l]^{-1} \tag{5.96}$$

となる．本来の自己エネルギー(proper self-energy)の繰り返しを許した(improperと呼ばれる)$\mathcal{H}'$に関するn次の自己エネルギーを$\Sigma'_{n\sigma}(\omega_l)$と表わして，熱力学ポテンシャル$\Omega$の$U$による変化は，(C.37)より

$$\Omega-\Omega_0 = 2\sum_n \frac{T}{2n}\sum_{\omega_l} G_{d\sigma}{}^0(\omega_l)\Sigma'_{n\sigma}(\omega_l) \tag{5.97}$$

となる．ただし，因子2はスピン，$1/2n$はΩを$G_d{}^0$とΣ'_nに分離するとき，$2n$本のGreen関数に対応して，$2n$個の同等なダイヤグラムを生じるので，その数えすぎを避けるためである．Luttingerによる自由エネルギーの最低次

の変化を求める方法*を用いて(付録C参照), T^2 の次数までの精度で(C.50)式から

$$\Omega = 2T \sum_{\omega_l} e^{i\omega_l 0_+} \log G_{d\sigma}(\omega_l) \tag{5.98}$$

と表わされる. ここで, $\omega=0$ で特異性をもつ関数の展開

$$2\pi T \sum_l F(\omega_l) = \int_{-\infty}^{\infty} d\omega F(\omega) - \left(\frac{\pi^2 T^2}{6}\right)\delta F'(0) + \cdots \tag{5.99}$$

$$\delta F'(0) = (\partial F/\partial\omega)_{\omega=0_-} - (\partial F/\partial\omega)_{\omega=0_+} \tag{5.100}$$

を用いて, 電子比熱 C は(5.98)式の Ω の T^2 項を求めて,

$$C = -T(\partial^2\Omega/\partial T^2) = \gamma T \tag{5.101}$$

となる. ここで $k_B=1$ とした k_B をつけて

$$\gamma = \frac{2\pi^2 k_B^2}{3}\rho_d(0)\tilde{\gamma} \tag{5.102}$$

$$\tilde{\gamma} = 1 - \left.\frac{\partial\Sigma(\omega)}{\partial\omega}\right|_{\omega=0} \tag{5.103}$$

$$\rho_d(0) = \frac{1}{\pi}\,\mathrm{Im}\,G_d(0_-) = \frac{1}{\pi}\,\mathrm{Im}[\mu - E_d - \Sigma(0) - i\Delta]^{-1} \tag{5.104}$$

である. d 電子による比熱は電子相関 U によって $\tilde{\gamma}$ 倍に増強される.

b) 多体相互作用系の Friedel の総和則

磁場 H が働いているとし, d 電子のエネルギー $E_{d\sigma}$ を

$$E_{d\sigma} = E_d - \frac{1}{2}g\mu_B\sigma H = E_d - h_\sigma \tag{5.105}$$

と表わす. h_σ は

$$h_\sigma = \frac{\sigma}{2}g\mu_B H = \sigma\mu_B H \qquad (g=2 \text{ に対して}) \tag{5.106}$$

である. 伝導電子の温度 Green 関数 $G_{\boldsymbol{kk}\sigma}(\tau)$ を

---

* J.M. Luttinger: Phys. Rev. **119** (1960) 1153.

$$G_{\boldsymbol{kk}\sigma}(\tau) = -\langle\!\langle T_\tau c_{\boldsymbol{k}\sigma}(\tau) c_{\boldsymbol{k}\sigma}^\dagger \rangle\!\rangle \tag{5.107}$$

と定義すると，その Fourier 変換 $G_{\boldsymbol{kk}\sigma}(\omega_l)$ は

$$G_{\boldsymbol{kk}\sigma}(\omega_l) = G_{\boldsymbol{kk}\sigma}{}^0(\omega_l) + G_{\boldsymbol{kk}\sigma}{}^0(\omega_l) V_{\boldsymbol{k}\mathrm{d}} G_{\mathrm{d}\sigma}(\omega_l) V_{\mathrm{d}\boldsymbol{k}} G_{\boldsymbol{kk}\sigma}{}^0(\omega_l) \tag{5.108}$$

となる．ここで d 電子の温度 Green 関数 $G_{\mathrm{d}\sigma}(\omega_l)$ は(5.96)式の元の形

$$G_{\mathrm{d}\sigma}(\omega_l) = \left[i\omega_l + \mu - E_{\mathrm{d}\sigma} - \Sigma_\sigma(\omega_l) - \sum_{\boldsymbol{k}} \frac{|V_{\boldsymbol{k}}|^2}{i\omega_l + \mu - \varepsilon_{\boldsymbol{k}}} \right]^{-1} \tag{5.109}$$

を用い，$G_{\boldsymbol{kk}\sigma}{}^0(\omega_l)$ は伝導電子の自由な Green 関数で

$$G_{\boldsymbol{kk}\sigma}{}^0(\omega_l) = [i\omega_l + \mu - \varepsilon_{\boldsymbol{k}}]^{-1} = G_{\boldsymbol{k}\sigma}{}^0(\omega_l) \tag{5.110}$$

である．不純物による局所的な全電子数の変化 $\Delta n_{\mathrm{d}\sigma}$ は，伝導電子の変化分である(5.108)式の第 2 項を(5.109)式に加えて($\delta = 0_+$)，

$$\begin{aligned}
\Delta n_{\mathrm{d}} = & -\frac{1}{\pi} \operatorname{Im} \int_{-\infty}^{\infty} d\omega f(\omega) G_{\mathrm{d}\sigma}(\omega + i\delta) \\
& - \sum_{\boldsymbol{k}} \frac{1}{\pi} \operatorname{Im} \int_{-\infty}^{\infty} d\omega f(\omega) G_{\boldsymbol{k}\sigma}{}^0(\omega) V_{\boldsymbol{k}\mathrm{d}} G_{\mathrm{d}\sigma}(\omega) V_{\mathrm{d}\boldsymbol{k}} G_{\boldsymbol{k}\sigma}{}^0(\omega) \\
= & \int_{-\infty}^{\infty} d\omega f(\omega) \left(-\frac{1}{\pi} \right) \operatorname{Im} \left\{ \frac{\partial}{\partial \omega} \log \left[E_{\mathrm{d}\sigma} + \Sigma_\sigma(\omega_+) - \mu - \omega_+ \right. \right. \\
& \left. \left. + \sum_{\boldsymbol{k}} |V_{\boldsymbol{k}}|^2 G_{\boldsymbol{k}\sigma}{}^0(\omega_+) \right] + G_{\mathrm{d}\sigma}(\omega_+) \frac{\partial}{\partial \omega} \Sigma_\sigma(\omega_+) \right\}
\end{aligned} \tag{5.111}$$

$T = 0$ では電子間相互作用がスピンに依存しないとき，エネルギーを保存することを用いて

$$\int_{-\infty}^{\infty} d\omega f(\omega) \left(-\frac{1}{\pi} \right) \operatorname{Im} \left\{ G_{\mathrm{d}\sigma}(\omega + i\delta) \frac{\partial}{\partial \omega} \Sigma_\sigma(\omega + i\delta) \right\} = 0 \tag{5.112}$$

が証明できる(付録 C 参照)．したがって，局所的な電子数の変化は

$$\Delta n_{\mathrm{d}\sigma} = -\frac{1}{\pi} \operatorname{Im} \log \left[E_{\mathrm{d}\sigma} + \Sigma_\sigma(\omega_+) - \mu + \sum_{\boldsymbol{k}} |V_{\boldsymbol{k}}|^2 G_{\boldsymbol{k}\sigma}{}^0(\omega_+) \right]_{\omega=0} \tag{5.113}$$

と表わされる．ここで，再び

$$\sum_{\boldsymbol{k}} |V_{\boldsymbol{k}}|^2 G_{\boldsymbol{k}\sigma}{}^0(i\delta) = -i\pi\rho \langle |V_{\boldsymbol{k}}|^2 \rangle = -i\Delta \tag{5.114}$$

として，

$$\Delta n_{d\sigma} = -\frac{1}{\pi}\,\mathrm{Im}\log[E_{d\sigma}+\Sigma_\sigma(i\delta)-\mu-i\Delta] \tag{5.115}$$

となる．位相のずれ(phase shift)を

$$\delta_\sigma = \tan^{-1}\frac{\Delta}{E_{d\sigma}+\Sigma_\sigma(i\delta)-\mu} = \frac{\pi}{2}-\tan^{-1}\frac{E_{d\sigma}+\Sigma_\sigma(0)-\mu}{\Delta} \tag{5.116}$$

とおくと

$$\Delta n_{d\sigma} = \delta_\sigma/\pi \tag{5.117}$$

となる．これは先に述べた **Friedel の総和則**を電子間相互作用の働く場合に拡張したものになっている*.

c） 磁化率

不純物の d 軌道のエネルギー準位 E_d を変化させると d 電子数が変化する．電荷感受率 χ_c として次の量を考える．

$$\chi_c = -\sum_\sigma \frac{\partial n_{d\sigma}}{\partial E_d} = \sum_\sigma \int_0^\beta d\tau \langle\!\langle (n_{d\sigma}(\tau)-\bar{n})(n_{d\sigma}(0)-\bar{n})\rangle\!\rangle \tag{5.118}$$

(5.115)式を用いて

$$\chi_c = \frac{1}{\pi}\sum_\sigma \frac{\Delta(1+\partial\Sigma_\sigma(0)/\partial E_d)}{(\mu-E_d-\Sigma_\sigma(0))^2+\Delta^2} = \sum_\sigma \rho_{d\sigma}(0)(1+\partial\Sigma_\sigma(0)/\partial E_d) \tag{5.119}$$

同様にして，スピン磁化率 χ_s は

$$\begin{aligned}\chi_s &= \partial M/\partial H|_{H=0} = \mu_B(\Delta n_{d\uparrow}-\Delta n_{d\downarrow})/H|_{H=0} \\ &= 2\mu_B{}^2\rho_d(0)[1-\partial\Sigma_\sigma(0)/\partial h_\sigma+\partial\Sigma_\sigma(0)/\partial h_{-\sigma}]|_{H=0} \\ &= 2\mu_B{}^2\rho_d(0)\tilde{\chi}_s \end{aligned}\tag{5.120}$$

$$\tilde{\chi}_s = \tilde{\chi}_{\uparrow\uparrow}+\tilde{\chi}_{\uparrow\downarrow} \tag{5.121}$$

$$\tilde{\chi}_{\uparrow\uparrow} = 1-\partial\Sigma_\sigma(0)/\partial h_\sigma|_{h_\sigma=0} \tag{5.122}$$

$$\tilde{\chi}_{\uparrow\downarrow} = \partial\Sigma_\sigma(0)/\partial h_{-\sigma}|_{h_\sigma=0} \tag{5.123}$$

---

* J. S. Langer and V. Ambegaokar: Phys. Rev. **121** (1961) 1090; H. Shiba: Prog. Theor. Phys. **54** (1975) 967.

である．磁化率も比熱と同様に電子相関によって $\tilde{\chi}_s$ 倍に増大する．(5.120)式で導入した h_σ や $h_{-\sigma}$ による自己エネルギーの微分と E_d による微分とは次の関係式で結ばれている．

$$-\frac{\partial\Sigma_\sigma(0)}{\partial E_d}=\frac{\partial\Sigma_\sigma(0)}{\partial h_\sigma}+\frac{\partial\Sigma_\sigma(0)}{\partial h_{-\sigma}} \tag{5.124}$$

d) Wardの恒等式

スピン σ と σ' をもつ電子間の相互作用を $\Gamma_{\sigma\sigma';\sigma'\sigma}(\omega_1,\omega_2;\omega_3,\omega_4)$ と表わす．この4点バーテックスと前述の自己エネルギーの種々の微分とは**Wardの恒等式**と呼ばれる関係式で結びつけられる．$T=0$ として，虚軸での ω の積分を考える．

$$-\frac{\partial\Sigma_\sigma(\omega)}{\partial E_d}=-\frac{1}{2\pi}\int_{-\infty}^{\infty}d\omega'\sum_{\sigma'}\Gamma_{\sigma\sigma';\sigma'\sigma}(\omega,\omega';\omega',\omega)G_{d\sigma'}{}^2(\omega') \tag{5.125}$$

自己エネルギー $\Sigma_\sigma(\omega)$ を構成するすべての閉じたループ(closed loop)のGreen関数のエネルギーを ω だけずらして*，$i\omega$ で微分すると

$$\frac{\partial\Sigma_\sigma(\omega)}{\partial i\omega}=\frac{\delta G}{2\pi i}\sum_{\sigma'}\Gamma_{\sigma\sigma';\sigma'\sigma}(\omega,0;0,\omega)$$
$$-\frac{1}{2\pi}\int d\omega'\sum_{\sigma'}\Gamma_{\sigma\sigma';\sigma'\sigma}(\omega,\omega';\omega',\omega)G_{d\sigma'}{}^2(\omega') \tag{5.126}$$

となる．ここでGreen関数の微分

$$\frac{\partial G(\omega)}{\partial i\omega}=-G^2(\omega)+\frac{\delta G}{i}\delta(\omega) \tag{5.127}$$

$$\delta G=G(i\delta)-G(-i\delta)=2i\,\mathrm{Im}\,G^R(0) \tag{5.128}$$

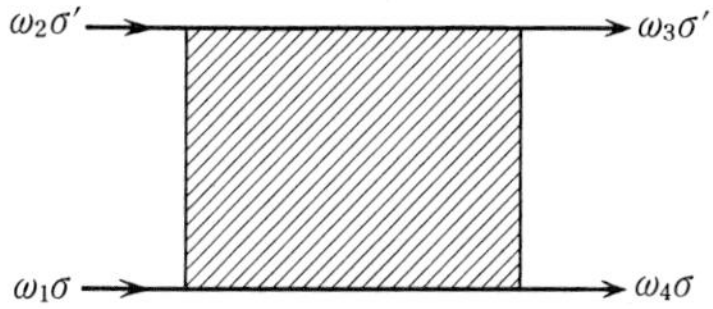

図5-10 4点バーテックス $\Gamma_{\sigma\sigma';\sigma'\sigma}(\omega_1,\omega_2;\omega_3,\omega_4)$．

* 輪になっているから，それを構成するGreen関数の振動数を同じ ω だけずらしてよい．

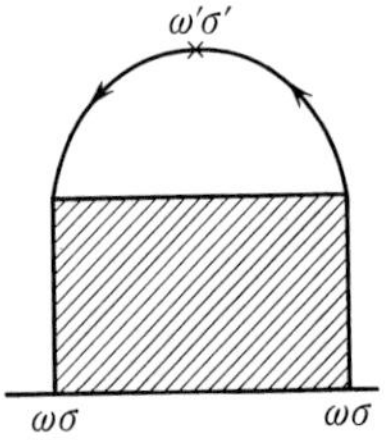

図 5-11 自己エネルギー $\Sigma_\sigma(\omega)$ の $h_{\sigma'}$ による微分．$G_{d\sigma'}(\omega')$ が微分により $-[G_{d\sigma'}(\omega')]^2$ になる．自己エネルギーの E_d による微分は h_σ と $h_{-\sigma}$ による微分の和となる．

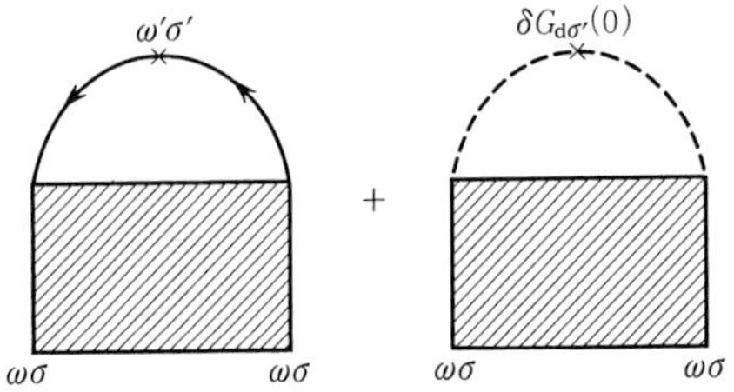

図 5-12 自己エネルギーの ω による微分．すべての閉じたループの振動数を ω だけずらしたときは σ' の和をとる．σ スピンのみの閉じたループの振動数をずらして ω で微分したときは $\sigma'=\sigma$ のみとなる．$G_{d\sigma'}(\omega)$ の $\omega=0$ での不連続により右図に対応する項が加わる．

を用いた．(5.127)式の第 2 項は $G(\omega)$ が $i\omega=0$ で不連続であることから生じる．

$\Sigma_\sigma(0)$ の $h_{\sigma'}$ による微分は

$$\frac{\partial \Sigma_\sigma(0)}{\partial h_{\sigma'}} = -\frac{1}{2\pi}\int_{-\infty}^{\infty} d\omega' \Gamma_{\sigma\sigma';\,\sigma'\sigma}(\omega,\omega'\,;\,\omega',\omega) G_{d\sigma'}{}^2(\omega') \qquad (5.129)$$

である．一方，(5.126)式ではスピンの向きによらず，すべての閉じたループの Green 関数の ω_i を ω だけ一様にずらしたが，σ スピンの閉じたループのみを ω だけずらして，ω で微分すると

$$\frac{\partial \Sigma_\sigma(\omega)}{\partial i\omega} = \frac{\delta G}{2\pi i}\Gamma_{\sigma\sigma;\,\sigma\sigma}(\omega,0\,;\,0,\omega) - \frac{1}{2\pi}\int_{-\infty}^{\infty} d\omega' \Gamma_{\sigma\sigma;\,\sigma\sigma}(\omega,\omega'\,;\,\omega',\omega) G_{d\sigma}{}^2(\omega')$$

(5.130)

が得られる．(5.125)と(5.126)式より

$$\frac{\partial \Sigma_\sigma(\omega)}{\partial i\omega} = -\frac{\partial \Sigma_\sigma(\omega)}{\partial E_{\mathrm{d}}} + \frac{\delta G}{2\pi i}\sum_{\sigma'} \Gamma_{\sigma\sigma';\,\sigma'\sigma}(\omega, 0\,;\,0, \omega) \tag{5.131}$$

が導かれる．(5.129)と(5.130)式から

$$\frac{\partial \Sigma_\sigma(\omega)}{\partial i\omega} = \frac{\partial \Sigma_\sigma(\omega)}{\partial h_\sigma} + \frac{\delta G}{2\pi i}\Gamma_{\sigma\sigma;\,\sigma\sigma}(\omega, 0\,;\,0, \omega) \tag{5.132}$$

が得られ，これらが **Ward の恒等式**の例である．

ここで，外部周波数 ω を 0 として，

$$1-\left.\frac{\partial \Sigma_\sigma(\omega)}{\partial i\omega}\right|_{\omega=0} = 1-\left.\frac{\partial \Sigma_\sigma(0)}{\partial h_\sigma}\right|_{h_\sigma=0} = \tilde{\chi}_{\uparrow\uparrow} \tag{5.133}$$

を得る．ここで，反対称化された平行スピン間のバーテックス $\Gamma_{\uparrow\uparrow}{}^{\mathrm{A}} = \Gamma_{\sigma\sigma;\,\sigma\sigma}{}^{\mathrm{A}}$ が

$$\Gamma_{\sigma\sigma;\,\sigma\sigma}{}^{\mathrm{A}}(0, 0\,;\,0, 0) = 0 \tag{5.134}$$

であることを用いた．

さらに，(5.124)式を用いて，(5.131)式から，(5.132)式を辺々差し引くと

$$\frac{\partial \Sigma_\sigma(\omega)}{\partial h_{-\sigma}} = -\frac{\delta G}{2\pi i}\Gamma_{\sigma-\sigma;\,-\sigma\sigma}(\omega, 0\,;\,0, \omega) \tag{5.135}$$

を得る．$\omega=0$ として

$$\tilde{\chi}_{\uparrow\downarrow} = -\frac{\delta G}{2\pi i}\Gamma_{\sigma-\sigma;\,-\sigma\sigma}(0, 0\,;\,0, 0) = \rho_{\mathrm{d}}(0)\Gamma_{\uparrow\downarrow}(0) \tag{5.136}$$

ここで，

$$-\delta G_{\mathrm{d}}/2\pi i = -(1/2\pi i)[G_{\mathrm{d}}(i\delta) - G_{\mathrm{d}}(-i\delta)] = \rho_{\mathrm{d}}(0) \tag{5.137}$$

を用いた．(5.103)と(5.133)式から次の恒等的な関係

$$\tilde{\gamma} = \tilde{\chi}_{\uparrow\uparrow} \tag{5.138}$$

を得る．

e) 電子・正孔対称 ($\varepsilon_{\mathrm{d}} = -U/2$) の場合

電子・正孔対称となる $\varepsilon_{\mathrm{d}} = -U/2$ の場合を考えると結果が簡単になり，教訓的である．このとき，$\bar{n}_{\mathrm{d}\sigma} = 1/2$ となり，(5.86)式の $E_{\mathrm{d}\sigma} = 0$ となる．そして無摂動の d 電子の Green 関数 $G_{\mathrm{d}\sigma}{}^0(\omega)$ は

$$G_{d\sigma}{}^{0}(\omega) = [i\omega + i\Delta\,\mathrm{sgn}\,\omega]^{-1} \tag{5.139}$$

となり，ω の奇関数である．したがって，奇数個の Green 関数の積の積分である $\Sigma_\sigma(\omega)$ は $\omega=0$ のとき 0 になる．

$$\Sigma_\sigma(0) = 0 \tag{5.140}$$

(5.137)式の $\rho_d(0)$ はこのとき

$$\rho_d(0) = \frac{1}{\pi\Delta} \tag{5.141}$$

となる．自己エネルギー $\Sigma_\sigma(\omega)$ の U に関する奇数次の項は $-\sigma$ スピンをもつ閉じたループの中に奇数個の Green 関数 $G_{d-\sigma}(\omega_i)$ をもつ．$-\sigma$ スピンをもつ Green 関数の作る閉じたループのすべての ω_i を逆まわりの $-\omega_i$ にすると $G_d(\omega_i)$ が奇関数だから，必ず全体に負符号がでる．ダイヤグラムの中には必ず閉じたループの向きを逆にしたものがあるから，それらは互いに相殺するはずである．したがって，$\Sigma_\sigma(\omega)$ には U の奇数次は存在しない．$\partial\Sigma_\sigma(0)/\partial h_\sigma$ も $-\sigma$ スピンをもつ閉じたループの上記の性質をかえないので，同様にして U の奇数次は存在しない．それ故，$u=U/\pi\Delta$ として

$$1-\frac{\partial\Sigma_\sigma(0)}{\partial h_\sigma} = \tilde{\chi}_{\uparrow\uparrow} = \tilde{\chi}_{\mathrm{even}} = \sum_{m=0}^{\infty} a_{2m}u^{2m} \tag{5.142}$$

逆に $\partial\Sigma_\sigma(0)/\partial h_{-\sigma}$ では，$G_{d-\sigma}(\omega_i)$ が $h_{-\sigma}$ での微分により $G_{d\sigma}{}^{2}(\omega_i)$ となるので，U の奇数次だけが残ることになる．

$$\frac{\partial\Sigma_\sigma(0)}{\partial h_{-\sigma}} = \tilde{\chi}_{\uparrow\downarrow} = \tilde{\chi}_{\mathrm{odd}} = \sum_{m=0}^{\infty} a_{2m+1}u^{2m+1} \tag{5.143}$$

こうして，

$$\tilde{\chi}_s = \sum_{n=0}^{\infty} a_n u^n = \tilde{\chi}_{\uparrow\uparrow}+\tilde{\chi}_{\uparrow\downarrow} = \tilde{\chi}_{\mathrm{even}}+\tilde{\chi}_{\mathrm{odd}} \tag{5.144}$$

となる．電荷感受率 χ_c は(5.124)式から

$$\chi_c = \sum_\sigma \rho_{d\sigma}(0)\tilde{\chi}_c \tag{5.145}$$

$$\tilde{\chi}_{\mathrm{c}} = 1+\frac{\partial \Sigma_\sigma(0)}{\partial E_{\mathrm{d}}} = \tilde{\chi}_{\uparrow\uparrow}-\tilde{\chi}_{\uparrow\downarrow} \tag{5.146}$$

$$= \tilde{\chi}_{\mathrm{even}}-\tilde{\chi}_{\mathrm{odd}} = \sum_{n=0}^{\infty} a_n(-u)^n = \tilde{\chi}_{\mathrm{s}}(-u) \tag{5.147}$$

となる．$u=U/\pi\varDelta$ が大きくなると電荷の揺らぎが抑えられるから，

$$\lim_{u\to\infty} \tilde{\chi}_{\mathrm{c}}(u) = 0 \tag{5.148}$$

である．このとき，

$$\tilde{\chi}_{\uparrow\uparrow} = \tilde{\chi}_{\mathrm{even}} = \tilde{\chi}_{\mathrm{odd}} = \tilde{\chi}_{\uparrow\downarrow} \tag{5.149}$$

となる．したがって，このとき独立なパラメーターは $\tilde{\chi}_{\uparrow\uparrow}=\tilde{\chi}_{\uparrow\downarrow}=\tilde{\gamma}$ と 1 つになる．

Wilson 比（または Sommerfeld 比）と呼ばれる χ_{s} と γ の比は次のようになる．

$$R_{\mathrm{W}} = \left(\frac{\chi_{\mathrm{s}}}{2\mu_{\mathrm{B}}{}^2}\right)\Big/\left(\gamma\Big/\frac{2\pi^2}{3}k_{\mathrm{B}}{}^2\right) = \tilde{\chi}_{\mathrm{s}}/\tilde{\gamma} = \frac{\tilde{\chi}_{\uparrow\uparrow}+\tilde{\chi}_{\uparrow\downarrow}}{\tilde{\chi}_{\uparrow\uparrow}} = 1+\tilde{\chi}_{\uparrow\downarrow}/\tilde{\chi}_{\uparrow\uparrow} \tag{5.150}$$

u が大きく $\tilde{\chi}_{\mathrm{c}}$ が 0 に近づくときには，$R_{\mathrm{W}}=2$ になる．これは s-d ハミルトニアンで，1 重項基底状態における Wilson 比に一致している．$u=0$ の 1 体問題では $R_{\mathrm{W}}=1$ であり，u が働くと増大し 2 に近づく．

U を摂動とする計算で次の結果が得られた*.

$$\chi_{\mathrm{s}} = \frac{(g\mu_{\mathrm{B}})^2}{2}\frac{1}{\pi\varDelta}\left\{1+u+\left(3-\frac{\pi^2}{4}\right)u^2+\left(15-\frac{3\pi^2}{2}\right)u^3+0.055u^4+\cdots\right\} \tag{5.151}$$

$$\gamma = \frac{2\pi^2}{3}k_{\mathrm{B}}{}^2\frac{1}{\pi\varDelta}\left\{1+\left(3-\frac{\pi^2}{4}\right)u^2+0.055u^4+\cdots\right\} \tag{5.152}$$

ただし，u^4 の項は数値計算による近似値である．図 5-13 に示す.

基底エネルギー E_{g} も U の摂動展開で求めることができる．その結果は

$$E_{\mathrm{g}} = E(u=0)+\pi\varDelta\left\{-\frac{1}{4}u-0.0369u^2+0.0008u^4+\cdots\right\} \tag{5.153}$$

* K. Yamada: Prog. Theor. Phys. **53** (1975) 970.

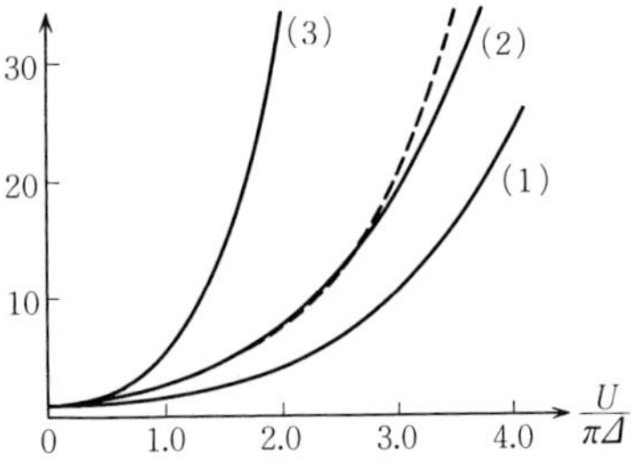

図 5-13 4次までの展開で得られた $\tilde{\gamma}, \tilde{\chi}_s, \tilde{R}=\tilde{\chi}_{\uparrow\uparrow}{}^2+\tilde{\chi}_{\uparrow\downarrow}{}^2/2$ を，それぞれ $u=U/\pi\Delta$ の関数として(1),(2),(3)で示す．(2)の近くの破線は $\exp[u]$ を示す．

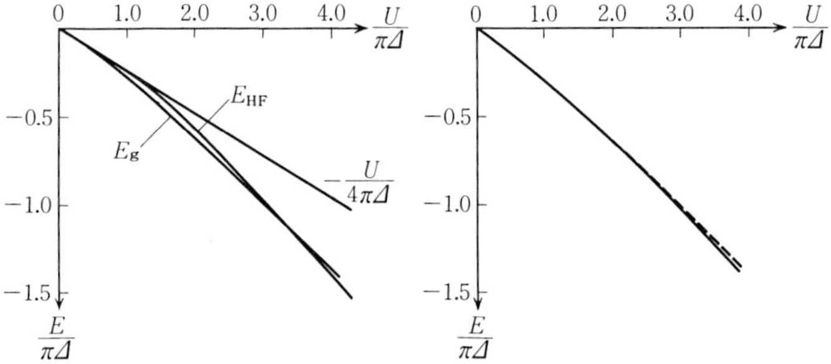

図 5-14 4次までの展開による基底状態のエネルギー E_g を $u=U/\pi\Delta$ の関数として Hartree-Fock 近似と比較して示す．右図で実線は Bethe 仮説に基づく厳密解の結果で，破線が4次までの展開．$u=1$ 付近では Hartree-Fock 近似はよくないことがわかる．

ここで，u の1次の項を除いて，電子・正孔対称により偶数次のみが残る．この基底エネルギーは図 5-14 に示すように $U/\pi\Delta=1$ を越えても Hartree-Fock 近似のエネルギーより低い．したがって Hartree-Fock 近似による磁気転移は根拠がないことになる．

電子・正孔対称のある場合，温度 Green 関数の自己エネルギー $\Sigma_\sigma(\omega)$ は低温，低エネルギーで次のように展開される*.

* K. Yosida and K. Yamada: Prog. Theor. Phys. **53** (1975) 1286; K. Yamada: Prog. Theor. Phys. **54** (1975) 316.

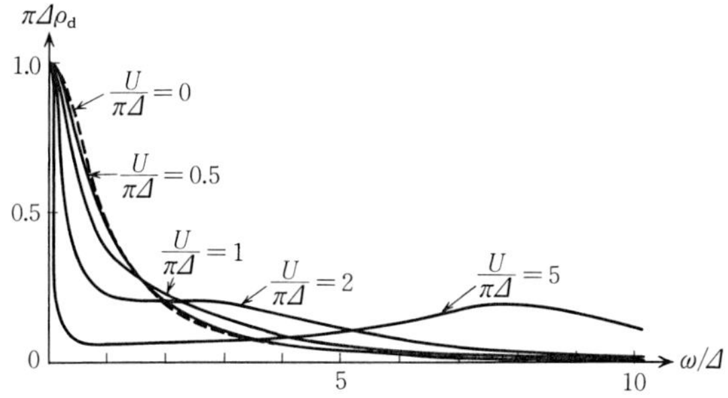

図 5-15 d 電子の状態密度を $\varepsilon_d=-U/2$ の場合に ω/Δ の関数として $u=U/\pi\Delta=0, 1/2, 1, 2, 5$ に対して示す．図は ω/Δ の符号に対して対称．2 次の自己エネルギー $\Sigma^{(2)}(\omega)$ を Green 関数 $G_d(\omega)$ に代入して得られたもの．Fermi 面のピークは u とともに幅が細くなるが高さは不変で，u が増大すると左右に $\omega=\pm U/2$ のピークが発達する．

$$\Sigma_\sigma(\omega) = -(\tilde{\chi}_{\uparrow\uparrow}-1)i\omega-\frac{i\Delta}{2}\tilde{\chi}_{\uparrow\downarrow}{}^2\left\{-\left(\frac{\omega}{\Delta}\right)^2+\left(\frac{\pi k_B T}{\Delta}\right)^2\right\}\mathrm{sgn}\,\omega+\cdots \qquad (5.154)$$

したがって d 電子のエネルギー状態密度は

$$\rho_d(\omega) = -\frac{1}{\pi}\,\mathrm{Im}\,G_d{}^R(\omega) = \frac{1}{\pi\Delta}\left\{1-\left(\frac{\omega}{\Delta}\right)^2\left(\frac{1}{2}\tilde{\chi}_{\uparrow\downarrow}{}^2+\tilde{\chi}_{\uparrow\uparrow}{}^2\right)-\frac{1}{2}\frac{\pi^2T^2}{\Delta^2}\tilde{\chi}_{\uparrow\downarrow}{}^2+\cdots\right\} \qquad (5.155)$$

のように $|\omega/\Delta|$ で展開される．$T=0$ として 2 次の自己エネルギーを用いた $\rho_d(\omega)$ の計算結果を図 5-15 に示す．

伝導電子 $\boldsymbol{k}$ の不純物散乱による緩和時間 $\tau_{\boldsymbol{k}}(\omega)$ は不純物濃度を n_i として

$$\frac{\hbar}{\tau_{\boldsymbol{k}}(\omega)} = -2n_i\,\mathrm{Im}\,t_{\boldsymbol{k}}(\omega) \qquad (5.156a)$$

$$t_{\boldsymbol{k}}(\omega) = V_{\boldsymbol{k}d}G_d{}^R(\omega)V_{d\boldsymbol{k}} \qquad (5.156b)$$

この t 行列の $G_d{}^R(\omega)$ に(5.154)式の $\Sigma_\sigma(\omega)$ を代入して，低温の電気抵抗を求めることができる．結果は，R_0 を $T=0$ のユニタリティ極限の抵抗値として，

$$R = R_0\left\{1-\frac{\pi^2}{3}\left(\frac{k_BT}{\Delta}\right)^2(2\tilde{\chi}_{\uparrow\uparrow}{}^2+\tilde{\chi}_{\uparrow\downarrow}{}^2)+\cdots\right\} \tag{5.157}$$

となる．$u\to\infty$ として，s-d ハミルトニアンに帰着できるときは $\tilde{\chi}_{\uparrow\uparrow}=\tilde{\chi}_{\uparrow\downarrow}=\tilde{\chi}_s/2$ から

$$R = R_0\left\{1-\frac{\tilde{\chi}_s{}^2}{4}\left(\frac{\pi k_BT}{\Delta}\right)^2+\cdots\right\} \tag{5.158}$$

となる．このように位相のずれ $\delta=\pi/2$ に対応するユニタリティ極限の抵抗値 R_0 から，温度と共に $(\pi k_B\tilde{\chi}_s/2\Delta)^2$ を係数として T^2 で抵抗が下がっていく．T^2 をスケールする温度は $T_K\simeq\Delta/\tilde{\chi}_s$ である．

上述の理論の d 軌道の縮退した系への拡張が，斯波や吉森らによってなされている．斯波は核磁気共鳴のスピン・格子緩和率 $T_1{}^{-1}$ の T の 1 次の項の係数が $\chi_s{}^2$ (χ_s は Knight シフトに対応する)に比例する，いわゆる **Korringa の関係式**が成立することを証明した．吉森は軌道縮退や結晶場などを含む一般化した不純物系における Wilson 比を導出した*.

5-5 Anderson ハミルトニアンの厳密解

1980 年代になって，Andrei らや Wiegmann らによって Bethe 仮説に基づく s-d ハミルトニアンの厳密解が得られた．続いて，Anderson ハミルトニアンの厳密解が Wiegmann らや川上・興地らによって得られた**．簡単にその結果を紹介する．

$\varepsilon_d=-U/2$ で，伝導帯の幅 $D\to\infty$，その状態密度 ρ=一定 とした前述の摂動展開とまったく同じ場合に解析的な形で解が得られている．

前述のように，

$$\chi_s = \frac{(g\mu_B)^2}{2}\frac{1}{\pi\Delta}\tilde{\chi}_s \tag{5.159}$$

* H. Shiba: Prog. Theor. Phys. **54** (1975) 967; A. Yoshimori: ibid. **55** (1976) 67.

** A. M. Tsvelisk and P. B. Wiegmann: Ad. Physics **32** (1983) 453; N. Kawakami and A. Okiji: Phys. Lett. **86A** (1981) 483; A. Okiji and N. Kawakami: J. Appl. Phys. **55** (1984) 1931.

$$\chi_c = \frac{2}{\pi\Delta}\tilde{\chi}_c \tag{5.160}$$

$$\gamma = \frac{2\pi^2 k_B{}^2}{3}\frac{1}{\pi\Delta}\tilde{\gamma} \tag{5.161}$$

とおく．厳密解によって得られた結果は

$$\tilde{\chi}_s = \sqrt{\frac{\pi}{2u}}\exp\left[\frac{\pi^2 u}{8}-\frac{1}{2u}\right]+\frac{1}{\sqrt{2\pi u}}\int_{-\infty}^{\infty}\frac{e^{-x^2/2u}}{1+\left(\frac{\pi u}{2}+ix\right)^2}dx \tag{5.162}$$

$$\tilde{\chi}_c = \frac{1}{\sqrt{2\pi u}}\int_{-\infty}^{\infty}\frac{e^{-x^2/2u}}{1+\left(\frac{\pi u}{2}+x\right)^2}dx \tag{5.163}$$

$$\tilde{\gamma} = \frac{1}{2}(\tilde{\chi}_s+\tilde{\chi}_c) \tag{5.164}$$

である．(5.162)式の第1項は $\exp(-1/u)$ の因子を持ち，$u=0$ で解析的でないように見える．しかし，この項は第2項の積分 I_s を変形することで，見かけ上のものであることが Zlatić と Horvatić によって示された*．まず，

$$I_s = \frac{1}{\sqrt{2\pi u}}\int_{-\infty}^{\infty}\frac{e^{-x^2/2u}}{1+\left(\frac{\pi u}{2}+ix\right)^2}dx = \frac{1}{\sqrt{2\pi u}}\mathrm{Re}\int_{-\infty}^{\infty}\frac{e^{-x^2/2u}}{x-z_0}dx \tag{5.165}$$

$$z_0 = -1+\frac{\pi u}{2}i$$

とする．さらに積分路を図5-16のように $\frac{\pi u}{2}i$ 上方にずらせると，$z=z_0$ の極から，(5.162)式の第1項の逆符号の項が生じ，第1項を消去する．残る項は次の形の $\tilde{\chi}_s$ を与える．

$$\tilde{\chi}_s = e^{\pi^2 u/8}\sqrt{\frac{2}{\pi u}}\int_0^{\infty}e^{-x^2/2u}\frac{\cos(\pi x/2)}{1-x^2}dx \tag{5.166}$$

---

* V. Zlatić and Horvatić: Phys. Rev. **B28** (1983) 6904.

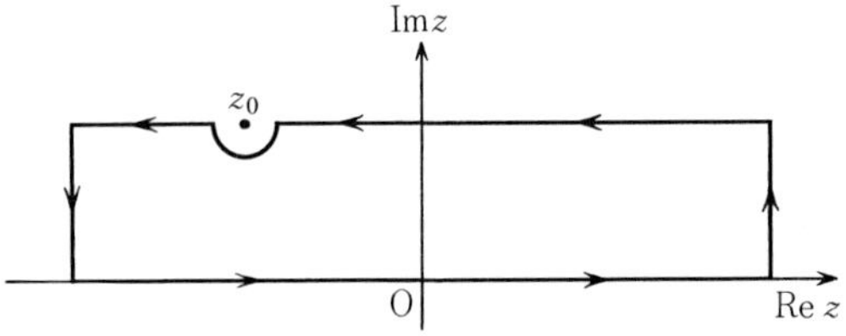

図 5-16 厳密解による χ_s の表式を変形するときに用いる積分路．z_0 の極からの寄与が特異的な寄与を打ち消し，解析的な表式となる．

$\tilde{\chi}_c$ に関しては(5.163)式の積分変数を x から，$x-\pi u/2$ にして，次の形にできる．

$$\tilde{\chi}_c = e^{-\pi^2 u/8}\sqrt{\frac{2}{\pi u}}\int_0^\infty e^{-x^2/2u}\frac{\cosh(\pi x/2)}{1+x^2}dx \tag{5.167}$$

(5.166)や(5.167)式に変形されると次のように u で展開できる．

$$\tilde{\chi}_s = \sum_{n=0}^{\infty} a_n u^n \tag{5.168}$$

$$\tilde{\chi}_c = \sum_{n=0}^{\infty} (-1)^n a_n u^n \tag{5.169}$$

$$\tilde{\gamma} = \frac{1}{2}(\tilde{\chi}_s+\tilde{\chi}_c) = \sum_{m=0}^{\infty} a_{2m}u^{2m} \tag{5.170}$$

この係数 a_n は(5.166),(5.167)式において，$x=\sqrt{2u}y$ として求めることができる．結果は次の漸化式で与えられる．

$$a_n = (2n-1)a_{n-1}-\left(\frac{\pi}{2}\right)^2 a_{n-2} \qquad (n\geq 2) \tag{5.171}$$

$$a_0 = a_1 = 1 \tag{5.172}$$

このようにして得られた a_n は 4 次まで，先に摂動計算で与えたものに一致している．一般に(5.171)式の解は

$$a_n = \left[\left(\frac{\pi}{2}\right)^{2n+1}\Big/(2n+1)!!\right]P_n \tag{5.173}$$

$$P_n = \sum_{k=0}^{\infty} \frac{(-1)^k}{k!} \frac{(2n+1)!!}{[2(n+k)+1]!!} \left(\frac{\pi^2}{8}\right)^k \tag{5.174}$$

となる．ここで，P_n は

$$\frac{2}{\pi} = P_0 \leq P_n \leq P_\infty = 1 \tag{5.175}$$

であり，(5.173)式から n が大きいとき

$$a_n \simeq \left(\frac{\pi}{2}\right)^{2n+1} \Big/ (2n+1)!! \tag{5.176}$$

であるから，$|u| \leq \infty$ で極めて速く収束することがわかる．たとえば，Wilson 比 $R_{\mathrm{W}}(u) = \tilde{\chi}_s/\tilde{\gamma}$ は先に述べたように $u \to \infty$ で 2 になる．$u=2$ では $R_{\mathrm{W}} = 1.962$ であり，十分強結合領域と考えてよい．このとき，n 次までの項を用いた結果，$R_{\mathrm{W}}{}^{(n)}(u)$ は

$$R_{\mathrm{W}}{}^{(4)}(2) = 1.889, \qquad R_{\mathrm{W}}{}^{(6)}(2) = 1.952, \qquad R_{\mathrm{W}}{}^{(8)}(2) = 1.961$$

と厳密な値に近づく．同様に他の物理量に対しても摂動計算がきわめてよい結果を与えることがわかる．

以上の結果は，Fermi 液体論の基礎となっている電子間相互作用に対する物理量の解析性が厳密解を用いて確認されたことを示している．Fermi 液体を単なる仮説と考える人もあるが，連続性の条件を満足する限り，厳密に現象を記述しているのである．

6
Hubbardハミルトニアン

結晶格子を構成する原子に束縛された軌道にある電子が，隣接する原子の軌道に移動するモデル（tight binding model）を考える．格子点 i に束縛されたエネルギー E_0 の原子軌道の電子の生成（消滅）演算子を $a_i^\dagger$ (a_i) とし，格子点 i,j 間の電子の移動の行列要素を t_{ij} とする．さらに同じ原子軌道に2電子がくると，Coulomb反発力 U が働くとする．ハミルトニアンは

$$\mathcal{H} = \sum_{i\sigma} E_0 a_{i\sigma}^\dagger a_{i\sigma} + \sum_{i \neq j, \sigma} t_{ij} a_{i\sigma}^\dagger a_{j\sigma} + \frac{1}{2} \sum_{i\sigma} U a_{i\sigma}^\dagger a_{i\sigma} a_{i-\sigma}^\dagger a_{i-\sigma} \tag{6.1}$$

となる．(6.1)式の**Hubbardハミルトニアン**は簡単ではあるが，電子相関に関連する物性物理の多様な現象を導くものであり，今なお，重要な研究課題である．

6-1　基本的性質

(6.1)式では原子軌道の縮退を無視した．さらに，簡単のために，t_{ij} は最近接格子点間でのみ有限であるとし，それを t とする．以下，格子点の数を N，全電子数を N_e とする．波数ベクトル $\boldsymbol{k}$ を導入して，

$$a_{\boldsymbol{k}} = \frac{1}{\sqrt{N}} \sum_i a_i e^{-i\boldsymbol{k}\cdot\boldsymbol{R}_i} \tag{6.2}$$

を用いて(6.1)式をかきかえると

$$\mathcal{H} = \sum_{\boldsymbol{k}\sigma} \varepsilon_{\boldsymbol{k}} a_{\boldsymbol{k}\sigma}{}^{\dagger} a_{\boldsymbol{k}\sigma} + \frac{U}{2N} \sum_{\substack{\boldsymbol{k}\boldsymbol{k}'q\neq 0 \\ \sigma}} a_{\boldsymbol{k}-\boldsymbol{q}\sigma}{}^{\dagger} a_{\boldsymbol{k}'+\boldsymbol{q}-\sigma}{}^{\dagger} a_{\boldsymbol{k}'-\sigma} a_{\boldsymbol{k}\sigma} \tag{6.3}$$

$$\varepsilon_{\boldsymbol{k}} = t \sum_{\boldsymbol{\delta}} e^{i\boldsymbol{k}\cdot\boldsymbol{\delta}} + E_0 \tag{6.4}$$

となる．ここで，$\boldsymbol{\delta}$ の和は $t_{ij} \neq 0$ の最近接格子点での和を表わし，N_{e}/N は格子点当りの平均電子数であるが，それが1のとき，バンドは半分詰まっていることになる．$N_{\mathrm{e}}/N > 1$ のときは電子の代りに正孔を考えれば $N_{\mathrm{e}}/N < 1$ の場合に対応させることができる．

まず，簡単な極限をとり，このモデルの物理的意味を考えよう．

a）$N_{\mathrm{e}}/N=1$（half-filling）の場合

（i） $t=0$ のとき

化学ポテンシャルを μ，温度を T として，$\mu - E_0 \gg k_{\mathrm{B}}T$ と $E_0 + U - \mu \gg k_{\mathrm{B}}T$ が成り立つとき，(6.1)式は上向き，または下向きのスピンを持つ電子が各格子点に1個ずつ独立に詰まった絶縁体となる．

（ii） 小さい遷移行列 t が働くとき（$|t| \ll \mu - E_0,\ E_0 + U - \mu \gg |t|$）

$t=0$ の状態から出発して，t^2 までの摂動を考える．隣りあう格子点の電子スピンが逆向きであると隣りの格子点の軌道に移れるが，同じ向きであると Pauli 原理のために移動できない．したがって，2次摂動でエネルギーが下がるのは反平行スピンの電子間である．i, j 2サイト間の2次摂動によるエネル

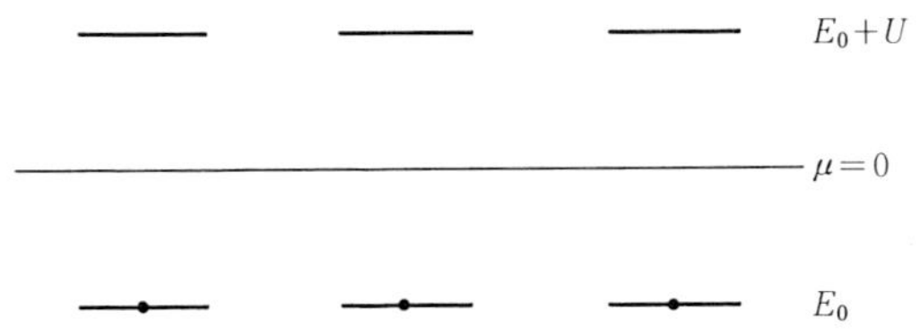

図6-1 E_0 の準位に2個目の電子を入れると U のため E_0+U となる．

ギーの下がり ΔE は

$$\Delta E = -2t^2/U \tag{6.5}$$

となる．因子 2 は i, j サイトの電子がそれぞれ j, i に移動してもどることに対応している．したがって，各格子点にある電子のスピンを $\boldsymbol{s}_i$ として，(6.1)式のハミルトニアンを

$$\mathcal{H} = -\sum_{\langle i,j\rangle} J\left(\boldsymbol{s}_i\cdot\boldsymbol{s}_j - \frac{1}{4}\right) \tag{6.6}$$

と表わすことができる*．$\langle i,j\rangle$ は，i, j 対に関して和をとる．(6.5), (6.6)式から，交換相互作用 J は

$$J = -2t^2/U \tag{6.7}$$

となる．$\boldsymbol{s}_i\cdot\boldsymbol{s}_j$ は 1 重項のとき $-3/4$，3 重項で $1/4$ となるから，それぞれ (6.6)式の値は J と 0 になる．(6.6)式のスピンハミルトニアンで記述される系は 3 次元では反強磁性状態が一般に基底状態となる．最近接のみではなく，遠くの交換相互作用を含めると，一般に J_{ij} の Fourier 変換 $|J(\boldsymbol{q})|$ が最大となる $\boldsymbol{q}=\boldsymbol{Q}$ の周期をもつスピン構造が実現する．

(iii) $U=0$ のとき

(6.3)式から，エネルギー $\varepsilon_{\boldsymbol{k}}$ を持つ $\boldsymbol{k}$ の状態に反平行スピンをもつ 2 電子を Fermi エネルギー μ まで詰めた状態が基底状態である．ある特定の波数ベクトル $\boldsymbol{q}$ の移動で Fermi 面が重なるネスティングと呼ばれる効果で，無摂動の電荷感受率や磁化率 $\chi_0(\boldsymbol{q})$ が発散するような特殊な場合を除いて**，弱い Coulomb 相互作用を導入しても，Fermi 液体状態が続くはずである．このとき，電子間相互作用 U は，電子比熱や磁化率を増大させる．

(iv) $U\neq0$, $t\neq0$ のとき

上述の(ii)は絶縁体，(iii)は金属状態であるから，(iv)の場合，U/t のある値で，金属・絶縁体転移が起こるはずである．つまり，t に由来する運動エネルギーの下がりと 2 電子が同一サイトに存在することによる Coulomb 相互作

* (6.6)式は Schrieffer-Wolff 変換で t の 1 次の項を消去しても得られる．

** 密度波については本講座 18『局在・量子ホール効果・密度波』参照．

用エネルギーの増加との大小で決まる．最近接格子点の数を z として U/zt が1程度の値より大きくなると，**Mott 転移**と呼ばれる電子相関による絶縁体への転移が起こる．$N_e/N=1$ としているので絶縁体では各格子点に1個ずつ電子が詰まり，もう1個詰めようとすると U だけエネルギーが上がり，Hubbard ギャップと呼ばれるギャップをもつ．この転移は電子相関が重要な役割を果たすこと，現実の遷移金属酸化物などがこの Mott 絶縁体であることなどから重要な研究課題である．これについては 6-4 節で議論する．

（v） 2原子問題

2つのサイト1,2に2電子を詰める Hubbard 模型を考える（$E_0=0$ とする）．

$$\mathcal{H} = \sum_{\sigma} t(a_{1\sigma}{}^{\dagger}a_{2\sigma}+a_{2\sigma}{}^{\dagger}a_{1\sigma})+U(n_{1\uparrow}n_{1\downarrow}+n_{2\uparrow}n_{2\downarrow}) \tag{6.8}$$

$t=0$ として次の2つの1重項を出発点にとる．

$$\varphi_1 = \frac{1}{\sqrt{2}}(a_{1\uparrow}{}^{\dagger}a_{2\downarrow}{}^{\dagger}+a_{2\uparrow}{}^{\dagger}a_{1\downarrow}{}^{\dagger}) \tag{6.9a}$$

$$\varphi_2 = \frac{1}{\sqrt{2}}(a_{1\uparrow}{}^{\dagger}a_{1\downarrow}{}^{\dagger}+a_{2\uparrow}{}^{\dagger}a_{2\downarrow}{}^{\dagger}) \tag{6.9b}$$

$t=0$ のとき，φ_1 のエネルギーは0，φ_2 は U である．$t\neq 0$ の $\mathcal{H}$ の固有関数を $\boldsymbol{\Phi}=(\varphi_1+g\varphi_2)/\sqrt{1+g^2}$，固有エネルギーを E として

$$(\mathcal{H}-E)\boldsymbol{\Phi} = 0 \tag{6.10}$$

より

$$-E+2tg = 0 \tag{6.11a}$$

$$2t+(U-E)g = 0 \tag{6.11b}$$

$$\begin{vmatrix} -E & 2t \\ 2t & U-E \end{vmatrix} = 0 \tag{6.12}$$

基底エネルギーは

$$E=\frac{-1}{2}(\sqrt{U^2+16t^2}-U) \tag{6.13}$$

となる．$g=E/2t$ である．$U\ll t$ では $E\simeq -2t+U/2-U^2/16t$，$U\gg t$ では $E\simeq$

$-4t^2/U$ となる．この結果は基底状態において U の増大と共に電子の移動が制限され，φ_2 の割合 $g^2/(1+g^2)$ が 1/2 から $4t^2/U^2$ に減少することを示している．

b）$N_e/N \neq 1$ の場合

U が働いても電子または正孔が互いに避けあって運動し，バンド幅が狭くなるが，金属状態に留まると考えられる．$N_e/N \neq 1$ なので，電子または正孔が詰まっていない格子点を通じて移動できるからである．ただし，$N_e/N=1$ のごく近くでは格子歪みを伴って電子・正孔が局在し，金属でないかも知れない．今はその問題は取り扱わない*．電子または正孔が低密度のときによい近似である金森の電子相関の理論を次に紹介する．

6-2 電子相関の理論

a） 金森の電子相関の理論

Brueckner の多重散乱の理論を電子相関に対して用いた金森の理論は，以下に見るように電子相関についての重要な考え方を含んでいる**．

Ni や Pd を想定して，d 正孔が少ない場合を考える．一般に s 電子などの遮蔽効果によって，異なる原子にある d 電子間の Coulomb 相互作用は小さくなる．結果として d 電子間の相関として重要なのは，同じ原子内の Coulomb 反発力 U である．この U が電子のバンド幅より大きいとき，有効な U の大きさ $U_{\rm eff}$ はバンド幅 W の大きさまで縮小される．これは原子内の Coulomb 反発力が大きいと，電子は互いに同じ原子に入ることを避けて運動する．このとき，電子の運動エネルギーの増加があり，それが $U_{\rm eff}$ に対応する．したがって，どんなに U を大きくしても金属である限り有限のエネルギーの増加として留まる．

---

* 長岡の定理として知られるように，強磁性が起こりやすくなることも知られている（6-6 節参照）．

** J. Kanamori: Prog. Theor. Phys. **30** (1963) 275.

具体的に(6.3)式のハミルトニアンにおいて単一バンド内の2電子の多重散乱を考えよう.

2電子を $\boldsymbol{k}_1\sigma_1, \boldsymbol{k}_2\sigma_2$ のように波数ベクトル $\boldsymbol{k}_i$ とスピン $\boldsymbol{\sigma}_i$ を用いて表わし,波動関数を反対称化して $|\boldsymbol{k}_1\sigma_1, \boldsymbol{k}_2\sigma_2\rangle$ とする. Hartree-Fock 近似を用いると2電子間の相互作用エネルギー ΔE_{HF} は

$$\Delta E_{\mathrm{HF}}(\boldsymbol{k}_1\sigma_1, \boldsymbol{k}_2\sigma_2) = \frac{U}{N}(1-\delta_{\sigma_1\sigma_2}) \tag{6.14}$$

となる. (6.14)式は平行スピンをもつ2電子に対して0であり, 反平行スピンの電子間の相互作用エネルギーが U/N であることを表わしている. 平行スピンをもつ2電子はPauli原理によって, 同じ原子軌道に入ることがないので, U が働かない. それ故 $\boldsymbol{\sigma}_1=\boldsymbol{\sigma}_2=\boldsymbol{\sigma}$ の平行スピンの場合には $|\boldsymbol{k}_1\boldsymbol{\sigma}, \boldsymbol{k}_2\boldsymbol{\sigma}\rangle$ が $\mathcal{H}$ の固有状態である. 反平行スピンをもつ2電子に対しては次の波動関数を考える.

$$\Psi(1,2) = \sum_{\boldsymbol{k}_1\boldsymbol{k}_2} \Gamma(\boldsymbol{k}_1, \boldsymbol{k}_2)\varphi(1, \boldsymbol{k}_1)\varphi(2, \boldsymbol{k}_2) \tag{6.15}$$

と軌道部分を表わすと, スピン1重項に対しては

$$\Gamma(\boldsymbol{k}_1, \boldsymbol{k}_2) = \Gamma(\boldsymbol{k}_2, \boldsymbol{k}_1) \tag{6.16}$$

である.

$$\mathcal{H}\Psi(1,2) = E\Psi(1,2) \tag{6.17}$$

に(6.15)式を代入して

$$[\varepsilon(\boldsymbol{k}_1)+\varepsilon(\boldsymbol{k}_2)-E]\Gamma(\boldsymbol{k}_1, \boldsymbol{k}_2)+\frac{U}{N}\sum_{\boldsymbol{k}'}\Gamma\left(\frac{\boldsymbol{Q}}{2}+\boldsymbol{k}', \frac{\boldsymbol{Q}}{2}-\boldsymbol{k}'\right) = 0 \tag{6.18}$$

ここで $\boldsymbol{Q}=\boldsymbol{k}_1+\boldsymbol{k}_2$ で $\boldsymbol{Q}/2\pm\boldsymbol{k}$ が第1 Brillouin 領域(zone)から出ると適当な逆格子ベクトルを加えて, その領域に還元するものとする. $\Gamma(\boldsymbol{k}_1, \boldsymbol{k}_2)=\Gamma(\boldsymbol{Q}/2+\boldsymbol{k}, \boldsymbol{Q}/2-\boldsymbol{k})$ とおいて, E は(6.18)式から, 重心の波数ベクトル $\boldsymbol{Q}$ を与えて

$$-\frac{1}{U} = \frac{1}{N}\sum_{\boldsymbol{k}}\frac{1}{\varepsilon(\boldsymbol{Q}/2+\boldsymbol{k})+\varepsilon(\boldsymbol{Q}/2-\boldsymbol{k})-E} \tag{6.19}$$

によって定められる. このようにスピン1重項では, U によってエネルギー

がずれる．それを $\Delta E(\boldsymbol{k}_1, \boldsymbol{k}_2)$ として

$$E = \varepsilon(\boldsymbol{k}_1)+\varepsilon(\boldsymbol{k}_2)+\Delta E(\boldsymbol{k}_1, \boldsymbol{k}_2) \tag{6.20}$$

とする．

無摂動状態($U=0$)として $\Psi(\boldsymbol{k}_1, \boldsymbol{k}_2)=\varphi(1, \boldsymbol{k}_1)\varphi(2, \boldsymbol{k}_2)$ を考え，これから出発して解を探すため(6.18)式で $\Gamma(\boldsymbol{k}_1, \boldsymbol{k}_2)=1$ とする．$\boldsymbol{q}=\boldsymbol{Q}/2=(\boldsymbol{k}_1+\boldsymbol{k}_2)/2$ として

$$\varepsilon(\boldsymbol{k}_1)+\varepsilon(\boldsymbol{k}_2)-E+\frac{U}{N}\left(1+\sum_{\boldsymbol{k}'}{}' \Gamma(\boldsymbol{q}+\boldsymbol{k}', \boldsymbol{q}-\boldsymbol{k}')\right) = 0 \tag{6.21}$$

ここで，第2項の $\boldsymbol{k}'$ の和は $\boldsymbol{q}+\boldsymbol{k}'=\boldsymbol{k}_1=\boldsymbol{q}+\boldsymbol{k}$，$\boldsymbol{q}-\boldsymbol{k}'=\boldsymbol{k}_2=\boldsymbol{q}-\boldsymbol{k}$ となる $\boldsymbol{k}'=\boldsymbol{k}$ を除く．$\boldsymbol{k}'\neq\boldsymbol{k}$ に対する $\Gamma(\boldsymbol{q}+\boldsymbol{k}', \boldsymbol{q}-\boldsymbol{k}')\equiv\Gamma(\boldsymbol{k}')$ は(6.17)式にもどって

$$[\varepsilon(\boldsymbol{q}-\boldsymbol{k}')+\varepsilon(\boldsymbol{q}+\boldsymbol{k}')-E]\Gamma(\boldsymbol{k}')+\frac{U}{N}\left(1+\sum_{\boldsymbol{k}''}{}' \Gamma(\boldsymbol{k}'')\right) = 0 \tag{6.22}$$

から決定される．(6.21)式から $1/N$ の 0 次で $E=\varepsilon(\boldsymbol{k}_1)+\varepsilon(\boldsymbol{k}_2)$ となるから，それを(6.22)式に代入して($\boldsymbol{k}'\neq\boldsymbol{k}$)

$$\Gamma(\boldsymbol{k}') = -\frac{U}{N}\left(1+\sum_{\boldsymbol{k}''}{}' \Gamma(\boldsymbol{k}'')\right)\Big/[\varepsilon(\boldsymbol{q}-\boldsymbol{k}')+\varepsilon(\boldsymbol{q}+\boldsymbol{k}')-\varepsilon(\boldsymbol{k}_1)-\varepsilon(\boldsymbol{k}_2)] \tag{6.23}$$

したがって，

$$\sum_{\boldsymbol{k}'}{}' \Gamma(\boldsymbol{k}') = -UG(\boldsymbol{k}_1, \boldsymbol{k}_2)/[1+UG(\boldsymbol{k}_1, \boldsymbol{k}_2)] \tag{6.24}$$

$$G(\boldsymbol{k}_1, \boldsymbol{k}_2) = \frac{1}{N}\sum_{\boldsymbol{k}'}{}' \frac{1}{\varepsilon(\boldsymbol{q}-\boldsymbol{k}')+\varepsilon(\boldsymbol{q}+\boldsymbol{k}')-\varepsilon(\boldsymbol{k}_1)-\varepsilon(\boldsymbol{k}_2)} \tag{6.25}$$

これらを(6.21)式に代入して，$\Delta E(\boldsymbol{k}_1, \boldsymbol{k}_2)$ が得られる．

$$\Delta E(\boldsymbol{k}_1, \boldsymbol{k}_2) = \frac{U}{N}\left[1-\frac{UG(\boldsymbol{k}_1, \boldsymbol{k}_2)}{1+UG(\boldsymbol{k}_1, \boldsymbol{k}_2)}\right] = \frac{U}{N}\frac{1}{1+UG(\boldsymbol{k}_1, \boldsymbol{k}_2)} \tag{6.26}$$

これを(6.14)式の Hartree-Fock 近似の式と比較すると

$$U_{\mathrm{eff}} = U/[1+UG(\boldsymbol{k}_1, \boldsymbol{k}_2)] \tag{6.27}$$

となったことに対応する．$G(\boldsymbol{k}_1, \boldsymbol{k}_2)$ は(6.25)式からわかるように一般にバン

ド幅 W の逆数程度の大きさである．それ故，U がバンド幅 W より大きいと，$U_{\mathrm{eff}} \sim W$ の大きさになる．

ここで行なわれた計算は2電子 $\boldsymbol{k}_1$ と $\boldsymbol{k}_2$ のみの散乱のくり返しを高次まで取り込んだものになっている．それが(6.27)式の分母である．粒子(正孔)数が少ないとき，他の粒子を無視して2電子間の散乱を考慮する計算が正当化される．それ故，電子や正孔数の小さい低密度の系で正しいと考えられ，**低密度近似**とか，**はしご(ladder)近似**とか呼ばれる．定性的な結論は N_{e}/N が1からずれれば，電子は互いに避けあって運動できるので，変わらないと思われる．

金森は上の結果を用いてNiなどの強磁性を議論した．Hartree-Fock近似での強磁性出現の条件はスピン当りのFermi面の電子の状態密度を $\rho(0)$ として $U_{\mathrm{eff}}\rho(0)>1$ で与えられるが，U が(6.27)式の U_{eff} に小さくなる結果，電子相関として電子が互いに避けあう効果を入れると強磁性が起こりにくくなることを示した．そしてNiのように全体のバンド幅に対して，Fermi面の状態密度 $\rho(0)$ が大きいものが強磁性になりうることを示した．

b) Gutzwillerの変分理論

Hubbard模型において同一サイトでのCoulomb反発力 U が大きいとき，多体系の波動関数は同じサイトを占有する確率を小さくし，U によるエネルギーの損失を小さくしているはずである．この点を取り入れた変分関数がGutzwillerによって提案された*．その基本的な考え方を説明する．

温度 $T=0$ とし，格子点の数を L とする．σ のスピンをもつ電子数を N_σ，↑, ↓の2電子で占有された格子点の数を D とする．それぞれ L で割り，サイト当りの $n_\sigma=N_\sigma/L$，$d=D/L$ を導入する．$U=0$ の相関の働かない系の基底状態を $|\Psi_0\rangle$ と表わす．このときの2重占有格子点の数 D_0 は $D_0=n_\uparrow n_\downarrow L$ である．$U \neq 0$ とすると相互作用のエネルギーが UD なので，D が減少し，$D<D_0$ となる．$U \neq 0$ の波動関数を $|\Psi\rangle$ として，**Gutzwillerの変分関数**を

* M. C. Gutzwiller: Phys. Rev. Lett. **10** (1963) 159; Phys. Rev. **134A** (1964) 923; ibid. **137A** (1965) 1726.

$$|\Psi\rangle = \prod_{i=1}^{L}[1-(1-g)n_{i\uparrow}n_{i\downarrow}]|\Psi_0\rangle = g^D|\Psi_0\rangle \tag{6.28}$$

と置き，エネルギー E が最小となるよう g を決定する．E は

$$E = \frac{\langle\Psi|\mathcal{H}|\Psi\rangle}{\langle\Psi|\Psi\rangle} = \left[\left\langle\Psi\left|\sum_{ij}\sum_{\sigma} t_{ij}a_{i\sigma}{}^{\dagger}a_{j\sigma}\right|\Psi\right\rangle + \left\langle\Psi\left|U\sum_{i} n_{i\uparrow}n_{i\downarrow}\right|\Psi\right\rangle\right]\Big/\langle\Psi|\Psi\rangle \tag{6.29}$$

ここで，$|\Psi\rangle$ は $\sum_i n_{i\uparrow}n_{i\downarrow}$ の固有状態であるから，(6.29)式の第2項は UD となる．第1項の運動エネルギーの計算に Gutzwiller は近似を用いた．上向きスピンの電子は下向きスピンの電子とは独立であると仮定して，上向きスピンの電子が下向きスピンの電子を乱雑に分布させた静的な状態を移動する時の運動エネルギーの減少を確率的に計算する*．g の変分をとって極小にしたエネルギー E_g は

$$E_g/L = q_{\uparrow}(d, n_{\uparrow}, n_{\downarrow})\bar{\varepsilon}_{\uparrow} + q_{\downarrow}(d, n_{\uparrow}, n_{\downarrow})\bar{\varepsilon}_{\downarrow} + Ud \tag{6.30}$$

となる．さらに d の変分を取って極小にするのであるが，q_σ は電子の占有数 $\langle a_{\boldsymbol{k}\sigma}{}^{\dagger}a_{\boldsymbol{k}\sigma}\rangle$ の Fermi 面における跳びを表わし，

$$q_\sigma = \frac{\{[(n_\sigma-d)(1-n_\sigma-n_{-\sigma}+d)]^{1/2}+[(n_{-\sigma}-d)d]^{1/2}\}^2}{n_\sigma(1-n_\sigma)} \tag{6.31}$$

である．バンドエネルギー $\bar{\varepsilon}_\sigma$ は

$$\bar{\varepsilon}_\sigma = L^{-1}\left\langle\Psi_0\left|\sum_{ij} t_{ij}a_{i\sigma}{}^{\dagger}a_{j\sigma}\right|\Psi_0\right\rangle = \sum_{|\boldsymbol{k}|<k_{\mathrm{F}\sigma}} \varepsilon_{\boldsymbol{k}} < 0 \tag{6.32}$$

である．q_σ は $U \neq 0$ のとき常に1より小さいから，2重占有数を減らすことによって，バンドが狭くなり運動エネルギーの下がりが小さくなることを(6.30)式は表わしている．

Gutzwiller はこの理論から強磁性が起こりにくいという結論を導いたのであるが，それとは別の金属・絶縁体転移の面で Gutzwiller 理論は注目された．Brinkman と Rice が示したように**，half-filled の $n=1$ のとき，常磁性状態

* T. Ogawa *et al.*: Prog. Theor. Phys. **53** (1975) 614 も参照.

** W. F. Brinkman and T. M. Rice: Phys. Rev. **B2** (1970) 4302.

を仮定して(6.31)式は

$$q = 8d(1-2d) \tag{6.33}$$

となるが，これを(6.30)式に代入し，d で変分すると次の解が得られる．

$$d = \frac{1}{4}\left(1-\frac{U}{U_c}\right) \tag{6.34}$$

$$q = 1-\left(\frac{U}{U_c}\right)^2 \tag{6.35}$$

$$\frac{E_g}{L} = -|\bar{\varepsilon}_0|\left[1-\frac{U}{U_c}\right]^2 \tag{6.36}$$

ただし，$\bar{\varepsilon}_0=2\bar{\varepsilon}_\uparrow=2\bar{\varepsilon}_\downarrow$ として，$U_c=8|\bar{\varepsilon}_0|$ である．U が U_c に近づくと，$d=q=E_g=0$ となり，絶縁体になることを示している．厳密にいうと，絶縁体に転移しても，(6.6)式の交換相互作用が残るので反強磁性状態であるが，金属・絶縁体転移が得られた点で注目すべき結果である．

このとき，電子の質量 m^* は

$$\frac{m^*}{m} = q^{-1} = \left[1-\left(\frac{U}{U_c}\right)^2\right]^{-1} \tag{6.37}$$

スピン磁化率 χ_s は Bohr 磁子を μ_B，$\rho(0)$ を Fermi 面でのスピン当りの電子の状態密度，$\chi_s{}^0=2\mu_B{}^2\rho(0)$ として，

$$\chi_s = 2\mu_B{}^2\rho(0)\left\{\left[1-\left(\frac{U}{U_c}\right)^2\right]\times\left[1-\rho(0)U\frac{1+U/(2U_c)}{(1+U/U_c)^2}\right]\right\}^{-1} \tag{6.38}$$

で与えられる．ここで，大切なことは Fermi 液体論で議論したように，$U\to U_c$ に近づくと，$m^*\to\infty$ となり，m^* と χ_s が発散する．しかし，χ_s と m^* の比は一定に留まり，強磁性状態への不安定性として，発散するのではないことに注意しよう．つまり，(2.53)式の $m^*/m=1+F_1{}^s/3$ が発散し，$1+F_0{}^a$ が 0 に近づくのではない．

Gutzwiller の理論は変分関数を仮定し，さらに(6.29)式の第1項の計算で近似を用いている．後者の近似を用いないで正しく期待値を計算すると，Brinkman-Rice の結果に反して，絶縁体に転移しないことが横山・斯波によ

って示された*．このことは Gutzwiller の変分関数が金属・絶縁体転移に対してはよい近似でないことを示している．ただし，後に述べる無限次元の Hubbard 模型では Gutzwiller の近似が正当化され，Brinkman-Rice による Mott 転移も正しいことになる．この結果は次節で述べる無限次元モデルの Mott 転移の結果と正しい対応を示している．一般の次元では Gutzwiller の変分理論は金属状態に適した近似と考えられる．

6-3　無限次元 Hubbard ハミルトニアン

一般の次元のモデルに較べて取り扱いやすいものとして，最近，次元 $d=\infty$ の Hubbard 模型が提案されている**．2 次元正方格子，3 次元立方格子の高次元の延長として，超立方格子を考える．最近接格子点間の電子遷移行列を t，格子間隔 a を長さの単位として，バンドエネルギーは波数ベクトルを $\boldsymbol{k}=(k_1, k_2, \cdots, k_n, \cdots, k_d)$ として，

$$\varepsilon_{\boldsymbol{k}} = -2t\sum_{n=1}^{d}\cos k_n \qquad (-\pi\leq k_n\leq\pi) \tag{6.39}$$

で与えられる．このようなエネルギーを持つ電子系のエネルギー状態密度 $\rho_{\mathrm{d}}(\varepsilon)$ は $d\to\infty$ で次のような Gauss 分布となる．

$$\rho_{\mathrm{d}}(\varepsilon) = \sum_{\boldsymbol{k}}\delta(\varepsilon-\varepsilon_{\boldsymbol{k}}) = \frac{1}{2t(\pi d)^{1/2}}\exp\left[-\left(\frac{\varepsilon}{2t\sqrt{d}}\right)^2\right] \tag{6.40}$$

この結果は，$\rho_{\mathrm{d}}(\varepsilon)$ の Fourier 変換 $\Phi_{\mathrm{d}}(s)$ を s で展開して，$1/d$ 以上の次数の項を無視して得られる．(6.40)式の $\rho_{\mathrm{d}}(\varepsilon)$ は次元 d が大きくなると幅が広がっていくので，それを不変にして物理的なモデルにするために，t を $t^*=t/\sqrt{2d}$ に縮小する．つまり，(6.39)式の代わりに

$$\varepsilon_{\boldsymbol{k}} = -\frac{2t}{\sqrt{2d}}\sum_{n=1}^{d}\cos k_n \tag{6.41}$$

---

* H. Yokoyama and H. Shiba: J. Phys. Soc. Jpn. **59** (1990) 3669.
** W. Metzner and D. Vollhardt: Phys. Rev. Lett. **62** (1989) 324.

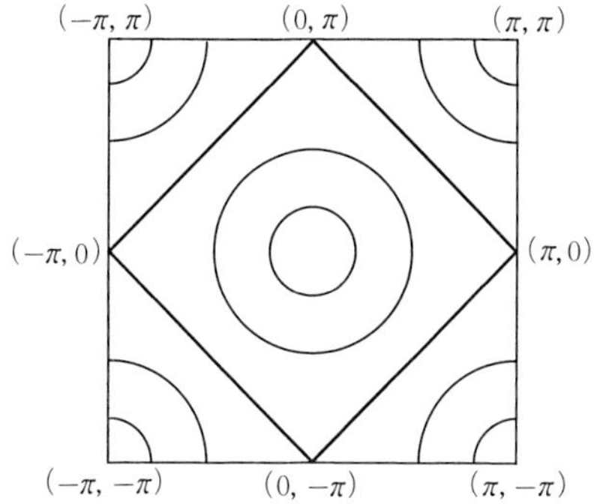

図 6-2 正方格子 $\varepsilon_{\boldsymbol{k}}=\cos k_x+\cos k_y$ の等エネルギー線の模式図. $\varepsilon_{\boldsymbol{k}}=0$ の太い実線が Fermi 線. Fermi 線は $(\pm\pi, \pm\pi)$ 平行移動すると重なる.

とした模型を採用する.

さらに, (6.41)式の形の $\varepsilon_{\boldsymbol{k}}$ について少し注意が必要である. $\cos(k_n+\pi)=-\cos k_n$ であるから,

$$\varepsilon_{\boldsymbol{k}+\boldsymbol{Q}} = -\varepsilon_{\boldsymbol{k}}, \qquad \boldsymbol{Q} = \pi(1,1,\cdots,1) \tag{6.42}$$

が成立する. half-filling の $N_e/N=1$ の場合には, いわゆる完全ネスティングの場合になり, 無摂動($U=0$)の磁化率 $\chi^0(\boldsymbol{Q})$ が発散し, 無限小の電子間相互作用 U で反強磁性になる. この場合, 基底状態は反強磁性秩序をもち, 全 Fermi 面($\varepsilon_{\boldsymbol{k}}=\mu=0$)にギャップをもつ. このような例も Hubbard ハミルトニアンの多彩な物理の一面であるが, むしろこのような特殊性を避け議論を一般的にするために*, 最近接よりも離れた 1 直線上の遠い m 番目の近接格子点の間の遷移行列 t_m を含めたモデルに拡張する.

$$\varepsilon_{\boldsymbol{k}} = \sum_{m=1}^{\infty} t_m \varepsilon_m(\boldsymbol{k}) \tag{6.43}$$

$$\varepsilon_m(\boldsymbol{k}) = -\frac{2}{\sqrt{2d}} \sum_{n=1}^{d} \cos mk_n \tag{6.44}$$

となる. この時, 少なくとも 1 つの偶数の m に対して $t_m \neq 0$ であると $\varepsilon_{\boldsymbol{k}}$ は完

* E. Müller-Hartmann: Z. Phys. **B74** (1989) 507; ibid. **B76** (1989) 211.

全ネスティングにはならない．都合のよいことにこの場合も状態密度 $\rho_{\rm d}(\varepsilon)$ は

$$\rho_{\rm d}(\varepsilon) = \exp[-(\varepsilon/t)^2/2+O(d^{-1/2})]/(2\pi t^2)^{1/2} \qquad (6.45)$$

となり，少なくとも $(1/d)^{1/2}=1/\sqrt{d}$ 以上の次数の項を無視する限り，Gauss 分布となる．以下，このような完全ネスティングをもたない，$d=\infty$ の系を考慮の対象とする．

$d=\infty$ モデルのもう1つの特徴は，自己エネルギー $\Sigma(\omega)$ が運動量に依存しないことである*．異なるサイト i と j が関与する自己エネルギー $\Sigma_{ij}(\omega)$ においては，図6-3に示すように少なくとも i,j を結ぶ3つの遷移行列 t が必要である．ところが，われわれのモデルでは t は $1/\sqrt{2d}$ に縮小されるから，$(1/2d)^{3/2}$ だけ，$\Sigma_{ii}(0)$ の項より小さい．i と j が最近接として，その項の数は $2d$ であり，全部の寄与をあわせても，$1/\sqrt{2d}$ だけサイト対角項より小さく $d\to\infty$ で無視できる．こうして，自己エネルギーは他のサイトに依存せず，運動量 $\boldsymbol{k}$ に依存しないことが理解される．

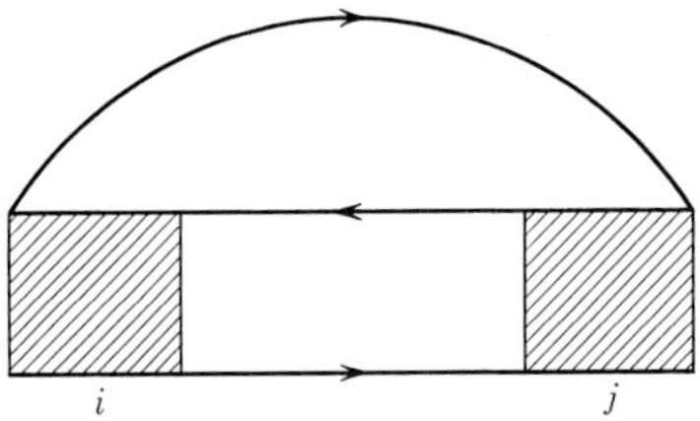

図 6-3 異なるサイト i,j の自己エネルギー Σ_{ij}.

このように $d=\infty$ として簡単化された Hubbard ハミルトニアンを調べることによって，Hubbard 模型の性質を探る試みがなされている．一般に次元が高くなると平均場近似が正しくなる点も計算上の利点である．以下，その例を紹介する．

温度 Green 関数は，$\boldsymbol{k}$ に依存しない自己エネルギー $\Sigma(i\omega_n)$ を用いて

$$G(\boldsymbol{k}, i\omega_n) = [i\omega_n+\mu-\varepsilon_{\boldsymbol{k}}-\Sigma(i\omega_n)]^{-1} \qquad (6.49)$$

と表わされる．このまま $\Sigma(i\omega_n)$ を U の摂動で計算してもよいが，CPA(コヒ

* Müller-Hartmann: 前掲.

ーレントポテンシャル近似)や分子場近似に対応する1サイト近似として次のような1つのサイトの作用 S で表わされる仮想的な不純物模型を考える.

$$S[G_0] = U\int_0^\beta d\tau n_\uparrow(\tau)n_\downarrow(\tau) - \int_0^\beta d\tau\int_0^\beta d\tau' \sum_\sigma c_\sigma^\dagger(\tau)[G_0(\tau-\tau')]^{-1}c_\sigma(\tau') \tag{6.50}$$

ここで G_0 は不純物模型では $U=0$ とした裸の Green 関数であるが, Hubbard 模型ではすでに他のサイトの情報も1体近似の意味で G_0 に含まれているとする. (6.50)式で与えられる自己エネルギー $\Sigma_{\rm imp}(G_0, i\omega_n)$ を用いて, (6.50)式の作用に対する Green 関数 $G(i\omega_n)$ は

$$G(i\omega_n) = [{G_0}^{-1} - \Sigma_{\rm imp}(G_0, i\omega_n)]^{-1} \tag{6.51}$$

と表わされる*. 平均場近似の方程式として, この $G(i\omega_n)$ が(6.49)式を $\boldsymbol{k}$ で和をとった, Hubbard 模型の Green 関数のサイトに関する対角成分に等しいとする. そのためには $\Sigma(i\omega_n)=\Sigma_{\rm imp}(i\omega_n)$ として

$$G(i\omega_n) = \int_{-\infty}^{\infty} d\varepsilon \frac{\rho(\varepsilon)}{i\omega_n+\mu-\Sigma_{\rm imp}(i\omega_n)-\varepsilon} \tag{6.52}$$

が成立しなければならない. ここで, $\rho(\varepsilon)$ は格子の性質を反映する唯一の量であるが, 外部パラメーターとして取り扱う. こうして問題は(6.51)と(6.52)式から, $d=\infty$ の Hubbard 模型を近似する無摂動の不純物系の Green 関数 G_0 を決定することになる.

まず, 並進対称性とスピン対称性を仮定して解を探す. 1サイトの不純物模型を表わす一般的なモデルとして, 次の Anderson ハミルトニアンを考える.

$$\mathcal{H}_{\rm AM} = \sum_{\boldsymbol{k}\sigma} \varepsilon_{\boldsymbol{k}} c_{\boldsymbol{k}\sigma}^\dagger c_{\boldsymbol{k}\sigma} + \varepsilon_{\rm d}\sum_\sigma d_\sigma^\dagger d_\sigma + Un_{\rm d\uparrow}n_{\rm d\downarrow} + \sum_{\boldsymbol{k}\sigma}[V_{\boldsymbol{k}} c_{\boldsymbol{k}\sigma}^\dagger d_\sigma + {\rm H.C.}] \tag{6.53}$$

ここで伝導電子の $c_{\boldsymbol{k}\sigma}$ に関しては2次なので, それを消去して

* 以下, 温度 Green 関数を用いて計算するが, 遅延 Green 関数を考えるときは $\omega_n>0$ として, $i\omega_n \to \omega + i\delta$ と置きかえればよい.

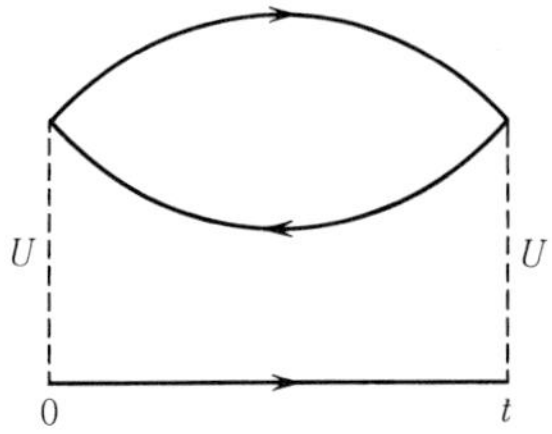

図 6-4 2次の自己エネルギー．

$$[G_0^{\mathrm{AM}}(i\omega_n)]^{-1} = i\omega_n - \varepsilon_{\mathrm{d}} + \int_{-\infty}^{\infty} \frac{d\varepsilon}{\pi} \frac{\Delta(\varepsilon)}{i\omega_n - \varepsilon} \tag{6.54}$$

$$\Delta(\varepsilon) = \pi \sum_{\boldsymbol{k}} |V_{\boldsymbol{k}}|^2 \delta(\varepsilon - \varepsilon_{\boldsymbol{k}}) \tag{6.55}$$

とする．Fermi 液体の解は $\mathrm{Im}\, G_0(i\omega_n = \omega + i\delta)$ が $\omega \to 0$ で 0 でないことを仮定して得られる．Fermi 液体の最適の場合として，電子・正孔対称($\varepsilon_{\mathrm{d}} - \mu = -U/2$)の Anderson ハミルトニアンを考える．第 5 章で述べたように

$$\mathscr{H}' = U\left(n_{\mathrm{d}\uparrow} - \frac{1}{2}\right)\left(n_{\mathrm{d}\downarrow} - \frac{1}{2}\right) \tag{6.56}$$

を用いて，$\tilde{G}_0^{-1} = G_0^{-1} - Un/2$ に対する(6.56)式の 2 次の自己エネルギー $\tilde{\Sigma}^{(2)}$ を計算する($n = N_{\mathrm{e}}/N$)．それを用いると図 6-4 の Σ は

$$\Sigma(t) = U^2 \tilde{G}_0^2(t) \tilde{G}_0(-t) \tag{6.57}$$

と表わされる．これを(6.52)式の Σ_{imp} に代入し，Green 関数 G を求め，$\tilde{G}_0^{-1} = G^{-1} + \Sigma$ から $\tilde{G}_0$ を求め最終的にセルフコンシステントに $\tilde{G}_0$ を定める．こうして得られた状態密度が，図 6-5 に示されている．Fermi 液体である限り，Fermi 面上のピークの高さが U によらず一定である点が重要である．最終的に $\Sigma(0) = 0$ で，U の効果は $\Sigma(\omega)$ の実部には ω の 1 次から現われ虚数部には ω^2 から効く．したがって，$\omega = 0$ の $\mathrm{Im}\, G(i\delta)$ は U による寄与はなく $\Delta(0)$ で決まる．これは第 5 章の対称 Anderson ハミルトニアンに対応させるとよく理解される(図 5-15 参照)．$\Delta(0)$ が 0 でなく有限であることは，電子間の混成があり，Fermi 液体であるための必要条件である．これは，第 4 章や第 7 章で議論する Anderson の直交定理を用いた混成項が本質的であるとする議論とコ

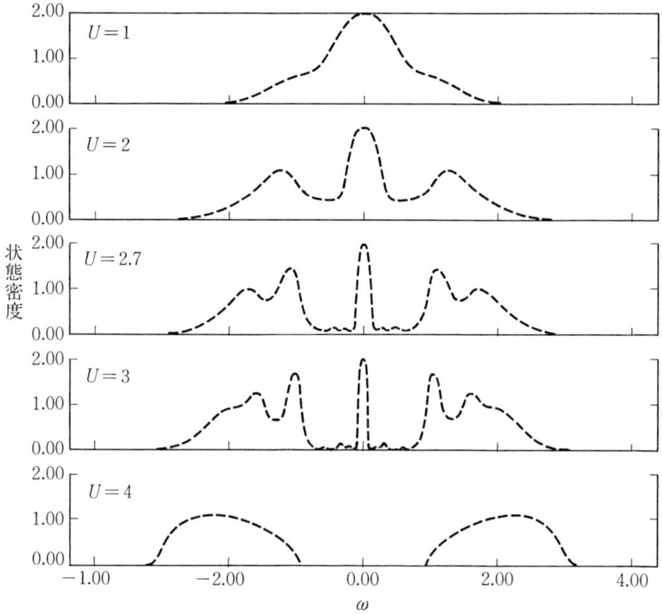

図 6-5 $d=\infty$ 模型の状態密度の U による変化．$U=U_c$ で金属・絶縁体転移が起こり，ギャップを生じる．U の値はバンド幅 $D=1$ を単位とした値．（X. Y. Zhang, M. J. Rozenberg and G. Kotliar: Phys. Rev. Lett. **70** (1993) 1666）

ンシステントである．

図 6-5 で U の大きいときに見られる Fermi 面から離れた左右のピークが Hubbard ギャップが存在するときに対応する状態密度である*．それぞれ，$-\sigma$ スピンの電子が $n_{-\sigma}=0$ または $n_{-\sigma}=1$ の状態に対する σ スピンの電子のエネルギースペクトラムを表わしている．真中の Fermi 面のピークは $\omega\simeq 0$ の電荷揺らぎの長時間平均に対応して，$n_{-\sigma}$ の平均値における σ スピンの電子の準位であり，$\varepsilon_d+U(n/2)=0$ のレベルに他ならない．U が大きくなり ω の 1

* Mott 絶縁体のとき，E_0 を中心とする占有バンドと E_0+U を中心とする空のバンドに状態が分かれ，間に状態密度のないエネルギー領域が現われる．このエネルギー領域を導出した Hubbard の名をとって Hubbard ギャップと呼ぶ．J. Hubbard: Proc. Roy. Soc. (London) **A276** (1963) 238; ibid. **A277** (1964) 237; ibid. **A281** (1964) 401.

次の実部によるシフトや Im $\Sigma \propto A\omega^2$ が大きくなると，Fermi 面のピークの幅が狭くなるのは対称 Anderson 模型の計算が示しているところである．これは，U の増大とともに電荷の揺らぎがおさえられ，$n_{-\sigma}=1/2$ を観測するには長時間を要するために Fermi 面上のピークの幅（ω の値の幅）が小さくなってしまうためと考えられる．これが Hubbard 模型など，Fermi 液体一般に普遍的であることが重要である．この高さ一定の狭くなった Fermi 面のピークは電子質量の増大と準粒子の寿命の減少（$1/A\omega^2$）の反映である．この極限に Mott 転移があると考えるのが自然であろう．では Mott 絶縁体はいまの $d=\infty$ モデルでどう記述されるであろうか．

上述のように Fermi 液体であれば必要条件として $\Delta(0) \neq 0$ である．この対偶をとるとき $\Delta(0)=0$ であると Fermi 液体ではないことになる．仮に $\Delta(0)=0$ とすると，Anderson ハミルトニアンでは T_{K} よりも高温の状態に対応して混成がなく，d 電子のスピンが自由に揺らいでいる状態である．これが Mott 絶縁体で磁気秩序がない状態に対応する．(6.57)式の 2 次の自己エネルギーを用いて，上述のセルフコンシステントな解を求めると，有限のバンド幅のモデルから出発する限り，Fermi 液体から Mott 絶縁体への転移が導かれる．このような転移は $d=\infty$ モデルでは近似によらず一般的で，量子モンテカルロ法などで確認されている．

6-4 Mott 転移

Hubbard ハミルトニアンで，$N_{\mathrm{e}}/N=1$ とすると，各格子点に平均して 1 電子が存在する．同一サイト内の 2 電子間の Coulomb 反発力 U が，t に比例するバンドエネルギーの利得を越えると，各格子点に 1 電子が局在し，絶縁体になる．電子相関 U によって金属が絶縁体になることを **Mott 転移**と呼び，電子相関に起源をもつ絶縁体を **Mott 絶縁体**と呼んでいる．電子相関の関与する物理現象の中でも，Mott 転移は残された重要な課題である．最近，無限次元 Hubbard ハミルトニアンの研究を通して，Fermi 液体から Mott 絶縁体への転移の様子が明らかになってきた.

$d=\infty$ 次元の Hubbard 模型で考えてみよう. 前節で述べた Gauss 分布のままの状態密度や Lorentz 型のエネルギー分布では, バンド幅が無限に伸びているので, Mott 転移を起こし, ギャップをつくるためには U を無限に大きくしなければならないであろう. 現実の系では必ずエネルギー状態密度は有限の領域におさまるので, 有限のバンド幅の状態密度を持つ $d=\infty$ 模型を考える. (6.52)式の $\rho(\varepsilon)$ として, 有限の幅をもつものを代入する. 簡単のために次の半円形の $\rho(\varepsilon)$ を考える*.

$$\rho(\varepsilon)=\frac{2}{\pi D^2}\sqrt{D^2-\varepsilon^2} \tag{6.58}$$

ここで,

$$\int_{-D}^{D}\frac{\rho(\varepsilon)d\varepsilon}{z-\varepsilon}=\frac{2}{z+\sqrt{z^2-D^2}} \tag{6.59}$$

を用いて, (6.52)式は $\mu=0$ として

$$[G_0{}^{-1}-\Sigma]^{-1}=\frac{2}{i\omega_n-\Sigma+i\,\mathrm{sgn}(\omega_n)\sqrt{D^2+(\omega_n+i\Sigma)^2}} \tag{6.60}$$

となる. ここで Σ として, 対称 Anderson ハミルトニアンの $\mathcal{H}'=U(n_\uparrow-1/2)(n_\downarrow-1/2)$ を摂動とした 2 次の自己エネルギー $\Sigma^{(2)}(i\omega_n)$ を用いるとよい. $\Sigma^{(2)}(i\omega_n)$ は $|\omega_n|\gg\Delta$ のとき,

$$\Sigma^{(2)}(i\omega_n)=\frac{U^2}{4}G_0(i\omega_n) \tag{6.61}$$

となるが, この形は混成項のない対称 Anderson ハミルトニアンの自己エネルギーに一致している. したがって Mott 絶縁体に対応する解は, (6.61)式を $\omega_n\to0$ まで用いて得られる. Fermi 液体としての U^2 項は $\omega_n\to0$ では(6.61)式の右辺とは異なり, $\omega_n\to0$ で 0 に近づく. Mott 絶縁体では $G_0(i\omega_n)$ は $\omega_n\to0$ で $\Delta(0)\to0$ となるので

---

* M. J. Rozenberg, X. Y. Zhang and G. Kotliar: Phys. Rev. Lett. **69** (1992) 1236.

$$G_0(i\omega_n) \simeq 1/i\omega_n \tag{6.62}$$

である．確かに(6.60)式に(6.61)式を代入して $G_0(i\omega_n)$ を求めると $|\omega_n| \ll U$ で

$$G_0(i\omega_n)^{-1} = [i\omega_n]\frac{U^2}{U^2-D^2} \tag{6.63}$$

である．$U \gg D$ で $\omega_n \sim \pm U/2$ では

$$G_0(i\omega_n)^{-1} = i\omega_n - i\omega_n \frac{4(i\omega_n)^2 - U^2 - \sqrt{[4(i\omega_n)^2 - U^2]^2 - 4[4(i\omega_n)^2 + U^2]D^2}}{2(4(i\omega_n)^2 + U^2)} \tag{6.64}$$

となる．これを(6.61)式とあわせて

$$G = [G_0{}^{-1} - \Sigma] = \left[G_0{}^{-1} - \frac{U^2}{4}G_0\right] \tag{6.65}$$

からエネルギー状態密度を求めると，$\omega = \pm U/2$ を中心として幅 $2D$ の状態密度を得る．このとき $\Delta(i\omega_n)$ は(6.63)式から ω_n の小さいところで

$$\Delta(i\omega_n) = G_0(i\omega_n)^{-1} - i\omega_n \simeq i\omega_n \frac{D^2}{U^2-D^2} \tag{6.66}$$

であり，確かに $i\omega_n$ に比例して 0 になる．結局，$G \to i\omega$, $G_0 \to 1/i\omega$, $\Sigma \to 1/i\omega$, $\Delta \sim i\omega$ の振舞いが得られた．こうして得られた解は，発散する自己エネルギーと U の大きさのギャップで特徴づけられる Mott 絶縁体を表わしている．Mott 絶縁体に Fermi 液体から近づくと，準粒子が局在寸前になり，一般に運動量依存性が弱くなる．それ故，$d=\infty$ の模型は Mott 絶縁体に近づく上で，本質点な点を損わないモデルと考えられる．

Fermi 液体から Mott 絶縁体への近づき方をまとめると，half-filling で U を大きくしていくと $m^*/m = 1 - \partial\Sigma/\partial\omega|_{\omega=0}$ が ∞ に近づき，$z = m/m^*$ は 0 に近づき，Fermi 面の跳びが 0 に近づく．Fermi 面の位置に高さ一定* で存在したピークが $U = U_c$ で幅が 0 になった極限として消失し，ギャップが生じる．

* 高さが一定なのは $d=\infty$ で $\Sigma_{\boldsymbol{k}}(\omega)$ の $\boldsymbol{k}$ 依存性がないための特殊性である．

この間 $\omega=\varepsilon_d$ と $\omega=\varepsilon_d+U$ に対応するピークは Fermi 液体の状態から発達し，Hubbard ギャップの上下に分離した状態密度に移行する．現実には Mott 絶縁体ではスピン間に交換相互作用が働くので，低温では反強磁性の磁気秩序が起こる．これは本章の最初に議論したことである．

6-5 1次元 Hubbard 模型

a） 1次元の特殊性

1次元電子系は Fermi 液体でなく，Luttinger 液体と呼ばれる特殊な性質を示すことが知られている．まず，Fermi 液体としての取扱いが許されない理由を明らかにしよう*.

電子間相互作用を U とし，その2次の自己エネルギー $\Sigma_{\boldsymbol{k}}(\omega)$ の虚数部は $\omega>0$ として

$$\begin{aligned}\mathrm{Im}\,\Sigma_{\boldsymbol{k}}(\omega) &= -\pi U^2 \sum_{\boldsymbol{k}_1\boldsymbol{k}_2\boldsymbol{k}_3} f(\varepsilon_{\boldsymbol{k}_1})[1-f(\varepsilon_{\boldsymbol{k}_2})][1-f(\varepsilon_{\boldsymbol{k}_3})] \\ &\quad \times\delta(\omega+\mu+\varepsilon_{\boldsymbol{k}_1}-\varepsilon_{\boldsymbol{k}_2}-\varepsilon_{\boldsymbol{k}_3})\delta_{\boldsymbol{k}+\boldsymbol{k}_1-\boldsymbol{k}_2-\boldsymbol{k}_3} \qquad (6.67)\end{aligned}$$

で与えられる．簡単にするために温度 $T=0$ とすると，Fermi 分布関数 $f(\varepsilon_{\boldsymbol{k}})$ は階段関数 $\theta(\mu-\varepsilon_{\boldsymbol{k}})$ に置きかえられる．

$$\begin{aligned}\mathrm{Im}\,\Sigma_{\boldsymbol{k}}(\omega) &= -\pi U^2 \sum_{\boldsymbol{k}_1\boldsymbol{k}_2\boldsymbol{k}_3} \int_{-\infty}^{\infty} d\varepsilon_1 d\varepsilon_2 d\varepsilon_3 \theta(\mu-\varepsilon_1)\theta(\varepsilon_2-\mu)\theta(\varepsilon_3-\mu) \\ &\quad \times\delta(\varepsilon_1-\varepsilon_{\boldsymbol{k}_1})\delta(\varepsilon_2-\varepsilon_{\boldsymbol{k}_2})\delta(\varepsilon_3-\varepsilon_{\boldsymbol{k}_3})\delta(\omega+\mu+\varepsilon_1-\varepsilon_2-\varepsilon_3)\delta_{\boldsymbol{k}+\boldsymbol{k}_1-\boldsymbol{k}_2-\boldsymbol{k}_3} \\ &\qquad (6.68)\end{aligned}$$

$\rho_{\boldsymbol{k}}(\varepsilon)=\delta(\varepsilon-\varepsilon_{\boldsymbol{k}})$ とおいて

$$\begin{aligned}\mathrm{Im}\,\Sigma_{\boldsymbol{k}}(\omega) &= -\pi U^2 \sum_{\boldsymbol{k}_1\boldsymbol{k}_2\boldsymbol{k}_3} \delta_{\boldsymbol{k}+\boldsymbol{k}_1-\boldsymbol{k}_2-\boldsymbol{k}_3} \int_{-\infty}^{\infty} d\varepsilon_1 d\varepsilon_2 \rho_{\boldsymbol{k}_1}(\varepsilon_1)\rho_{\boldsymbol{k}_2}(\varepsilon_2)\rho_{\boldsymbol{k}_3}(\omega+\mu+\varepsilon_1-\varepsilon_2) \\ &\quad \times\theta(\mu-\varepsilon_1)\theta(\varepsilon_2-\mu)\theta(\omega+\varepsilon_1-\varepsilon_2) \qquad (6.69)\end{aligned}$$

---

* 藤本聡：物性研究 1990 年 6 月号.

$$\begin{aligned}\mathrm{Im}\frac{\partial \Sigma_{\boldsymbol{k}}(\omega)}{\partial\omega} &= -\pi U^2 \sum_{\boldsymbol{k}_1\boldsymbol{k}_2\boldsymbol{k}_3} \delta_{\boldsymbol{k}+\boldsymbol{k}_1-\boldsymbol{k}_2-\boldsymbol{k}_3} \int_{-\infty}^{\infty} d\varepsilon_1 d\varepsilon_2 \rho_{\boldsymbol{k}_1}(\varepsilon_1)\rho_{\boldsymbol{k}_2}(\varepsilon_2) \\ &\quad\times \rho_{\boldsymbol{k}_3}(\omega+\mu+\varepsilon_1-\varepsilon_2)\theta(\mu-\varepsilon_1)\theta(\varepsilon_2-\mu)\delta(\omega+\varepsilon_1-\varepsilon_2) \\ &= -\pi U^2 \sum_{\boldsymbol{k}_1\boldsymbol{k}_2\boldsymbol{k}_3} \delta_{\boldsymbol{k}+\boldsymbol{k}_1-\boldsymbol{k}_2-\boldsymbol{k}_3} \int_{-\infty}^{\infty} d\varepsilon_1 \rho_{\boldsymbol{k}_1}(\varepsilon_1)\rho_{\boldsymbol{k}_2}(\omega+\varepsilon_1)\rho_{\boldsymbol{k}_3}(\mu) \\ &\quad\times\theta(\mu-\varepsilon_1)\theta(\omega+\varepsilon_1-\mu) \end{aligned} \tag{6.70}$$

ここで $\rho_{\boldsymbol{k}}(\mu+\omega)$ の微分は小さいので無視した.

$$\begin{aligned}\mathrm{Im}\left.\frac{\partial^2 \Sigma}{\partial\omega^2}\right|_{\omega=0} &= -\pi U^2 \sum_{\boldsymbol{k}_1\boldsymbol{k}_2\boldsymbol{k}_3} \delta_{\boldsymbol{k}+\boldsymbol{k}_1-\boldsymbol{k}_2-\boldsymbol{k}_3} \int_{-\infty}^{\infty} d\varepsilon_1 \rho_{\boldsymbol{k}_1}(\varepsilon_1)\rho_{\boldsymbol{k}_2}(\omega+\varepsilon_1)\rho_{\boldsymbol{k}_3}(\mu) \\ &\quad\times\theta(\mu-\varepsilon_1)\delta(\omega+\varepsilon_1-\mu) \\ &= -\pi U^2 \sum_{\boldsymbol{k}_1\boldsymbol{k}_2\boldsymbol{k}_3} \delta_{\boldsymbol{k}+\boldsymbol{k}_1-\boldsymbol{k}_2-\boldsymbol{k}_3} \delta(\mu-\varepsilon_{\boldsymbol{k}_1})\delta(\mu-\varepsilon_{\boldsymbol{k}_2})\delta(\mu-\varepsilon_{\boldsymbol{k}_3})\theta(\omega) \end{aligned} \tag{6.71}$$

こうして，一般に $\mathrm{Im}\,\Sigma_{\boldsymbol{k}}(\omega)$ は ω の展開で

$$\mathrm{Im}\,\Sigma_{\boldsymbol{k}}(\omega) = -\pi U^2 \frac{\omega^2}{2} \sum_{\boldsymbol{k}'\boldsymbol{q}} \rho_{\boldsymbol{k}'}(\mu)\rho_{\boldsymbol{k}'+\boldsymbol{q}}(\mu)\rho_{\boldsymbol{k}-\boldsymbol{q}}(\mu) \tag{6.72}$$

で与えられる.

ところが，1次元では，k' と q の2変数の積分に対して δ 関数が3個あり，有限の ω^2 の係数を得ることができない．容易に確かめられるように，2つの δ 関数が満足されると第3の δ 関数の引数も0となり，ω^2 の係数が発散してしまう．いま，1次元で線形のエネルギー分散を仮定して，$\varepsilon_k = \hbar v_k|k| = |k|$ とする．$\hbar v_k = 1$ とした．(6.67)式で $T=0$ とし，$k=k_{\mathrm{F}}$ に固定する．$\mu=\varepsilon_{\mathrm{F}}=k_{\mathrm{F}}$ である．エネルギー保存則は

$$\omega+\mu+\varepsilon_{k_1}-\varepsilon_{k_2}-\varepsilon_{k_3} = \omega+k_{\mathrm{F}}+|k_1|-|k_2|-|k_3| = 0 \tag{6.73}$$

となる．これはすべての k_i が正のとき，運動量保存則 $k+k_1-k_2-k_3=0$ に一致する．これが $\omega^2\delta(0)$ の項を与える．

$k, k_3>0$，$k_1, k_2<0$ の場合を考えると，エネルギー保存則は $\omega+k_{\mathrm{F}}-k_1+k_2-k_3=0$ となる．運動量保存則とあわせると $k_3=k_{\mathrm{F}}+\omega/2$，$k_2=k_1-\omega/2<-k_{\mathrm{F}}$ となる．したがって，残った積分変数 k_1 の積分は $-k_{\mathrm{F}}$ から $-k_{\mathrm{F}}+\omega/2$ まで

となる．

したがって，1次元では $\mathrm{Im}\,\Sigma_k(\omega)$ は

$$\mathrm{Im}\,\Sigma_k(\omega) \simeq -c_k|\omega| \tag{6.74}$$

と ω の1次に比例する．有限温度とすれば温度 T の1次に比例することがわかる．このベキは準粒子のエネルギー ω や T と同じであるから，準粒子のエネルギーが定義できないことになる．**Kramers-Kronigの関係**を用いて自己エネルギーの実数部分を求めると

$$\mathrm{Re}\,\Sigma_k(\omega) = \mathrm{P}\int_{-C}^{C} d\omega' \frac{\mathrm{Im}\,\Sigma_k(\omega')}{\omega'-\omega} \qquad (\omega>0) \tag{6.75}$$

で，$\mathrm{Im}\,\Sigma_k(\omega') \sim -c_k|\omega'|$ となる ω' 付近の寄与が大きいとして，

$$\begin{aligned}\mathrm{Re}\,\Sigma_k(\omega) &= \int_{-C}^{0} d\omega' \frac{c_k\omega'}{\omega'-\omega} - \int_{0}^{\omega-\delta} d\omega' \frac{c_k\omega'}{\omega'-\omega} - \int_{\omega-\delta}^{C} d\omega' \frac{c_k\omega'}{\omega'-\omega} \\ &= 2\omega c_k \log|\omega| - 2\omega c_k \log|c^2+\omega^2|\end{aligned} \tag{6.76}$$

となる．$|\omega|$ の小さいところでは，$\omega\log(\omega)$ の振舞いを示し，$\mathrm{Re}\,\Sigma_k(\omega)$ が ω の1次に比例する Fermi 液体とは異なる．さらに

$$\frac{\partial\Sigma_k(\omega)}{\partial\omega} \simeq \log|\omega| \tag{6.77}$$

となるから，$\omega=0$ で発散する．電子の運動量分布 n_k の Fermi 波数 $k=k_{\mathrm{F}}$ での跳びは

$$z_k = \left[1-\left.\frac{\partial\Sigma_k(\omega)}{\partial\omega}\right|_{\omega=0}\right]^{-1} = \left[\log\frac{c}{\omega}\right]^{-1} \to 0 \tag{6.78}$$

となり，跳びがなくなってしまう．

実はこの n_k の $k=k_{\mathrm{F}}$ 付近の振舞いは次のようなベキで表わされることが，種々の方法で確認されている．

$$n_k = n_{k_{\mathrm{F}}} - \mathrm{const}\,|k-k_{\mathrm{F}}|^{\theta}\,\mathrm{sgn}(k-k_{\mathrm{F}}) \tag{6.79}$$

θ の値は図6-6に示すように U/t と filling によるが，half-filling 付近では $U\neq 0$ である限り，$\theta=1/8$ に近づく．$N_{\mathrm{e}}/N=n=1$ の half-filling のときは，絶縁体である*．

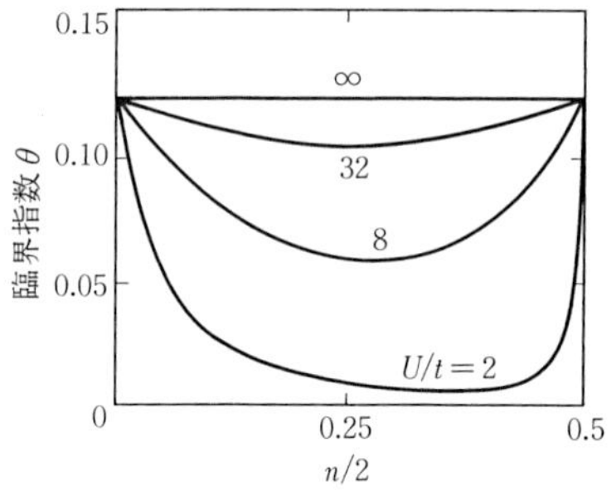

図 6-6 状態占有数 n_k の Fermi 点近くの関数 $|k-k_{\mathrm{F}}|^{\theta}$ の臨界指数 θ の電子密度 n と U 依存性.（N. Kawakami and S.-K. Yang: Phys. Rev. Lett. **65**（1990）2039）

2次元について言及すると，(6.72)式の $\boldsymbol{q}$ が Fermi 線に平行なときの寄与のために自己エネルギーの虚数部は $\omega^2\log(\omega/\varepsilon_{\mathrm{F}})$ や $T^2\log(T/T_{\mathrm{F}})$ の振舞いを示す．しかし，この減衰率は準粒子のエネルギー ω や T に比べて小さく，Fermi 液体を壊すことはないと考えられる．自己エネルギーの実部を求め，くり込み因子を計算すると有限の値が得られ，2次元では $n(\boldsymbol{k})$ は Fermi 面で有限の跳びをもつ．また，$T^2\log T$ の項は，反転(Umklapp)過程ではないので，抵抗には寄与せず，抵抗は2次元でも T^2 項で与えられる．

b）Bethe 仮説による厳密解

1次元 Hubbard ハミルトニアンは Lieb と Wu によって厳密解が得られている．その要点と結論を紹介する**.

$$\mathcal{H} = -t\sum_{\langle i,j\rangle}\sum_{\sigma} c_{i\sigma}{}^{\dagger}c_{j\sigma} + U\sum_{i} c_{i\uparrow}{}^{\dagger}c_{i\uparrow}c_{i\downarrow}{}^{\dagger}c_{i\downarrow} \tag{6.80}$$

ここで，$\langle i,j\rangle$ は最近接格子点間とする．エネルギーの単位として t をとり．$t=1$ とする．格子点数を L とし，1から L まで番号をつける．電子数を N とし，電子と正孔の対称性を考えれば，$N\leq L$ として一般性を失わない．波動関数 Ψ の振幅を $f(x_1, x_2, \cdots, x_M, x_{M+1}, \cdots, x_N)$ と表わす．ここで，下向きスピンの電子が格子点 $x_1, \cdots, x_M$ に，上向きスピンの電子が格子点 $x_{M+1}, \cdots, x_N$ にあるとする．固有値方程式 $H\Psi=E\Psi$ から，次の方程式を得る．

---

* N. Kawakami and S.-K. Yang: Phys. Rev. Lett. **65**（1990）2039.

** E. H. Lieb and F. Y. Wu: Phys. Rev. Lett. **20**（1968）1445.

$$-\sum_{i=1}^{N}\sum_{s=\pm 1} f(x_1,\cdots,x_i+s,\cdots,x_N)+U\sum_{i<j}\delta(x_i-x_j)f(x_1,\cdots,x_N) = Ef(x_1,\cdots,x_N) \tag{6.81}$$

このとき，$f(x_1, x_2, \cdots, x_M | x_{M+1}, x_{M+2}, \cdots, x_N)$ は，最初の M 個の変数と後の $N-M=M'$ 個の変数に関して反対称でなければならない．$1,\cdots,N$ の 2 つの置換 $P=(P1, P2, \cdots, PN)$ と $Q=(Q1, Q2, \cdots, QN)$ を考える．Q によって，$1\leq x_{Q1}\leq x_{Q2}\leq\cdots\leq x_{QN}\leq N$ で定義される各領域において f に対して次の **Bethe 仮説**と呼ばれる形を仮定する．

$$f(x_1,\cdots,x_M|x_{M+1},\cdots,x_N) = \sum_P [Q,P]\exp\left(i\sum_{j=1}^{N} k_{Pj}x_{Qj}\right) \tag{6.82}$$

ここで，$\{k_1, k_2, \cdots, k_N\}$ は N 個の異なる実数の組である．$[Q, P]$ は決定さるべき係数である．f の 1 価性の条件と(6.82)式が(6.81)式の解である条件から，

$$E = -2\sum_{j=1}^{N}\cos k_j \tag{6.83}$$

であり，さらにすべての置換 Q と P に対して，係数 $[Q, P]$ は次の関係を満たさなければならないことになる．

$$[Q,P] = Y_{nm}{}^{ab}[Q',P'] \tag{6.84}$$

$$Y_{nm}{}^{ab} = \frac{-iU/2}{\sin k_n-\sin k_m+iU/2}+\frac{\sin k_n-\sin k_m}{\sin k_n-\sin k_m+iU/2}P^{ab} \tag{6.85}$$

ここで，隣りあう i と j を交換し，他は変えないので，$j=i+1$ に対して，$Qi=a=Q'j$, $Qj=b=Q'i$，$k\neq i, j$ なるすべての k に対して $Qk=Q'k$．$Pi=m=P'j$, $Pj=n=P'i$，$k\neq i, j$ なるすべての k に対して $Pk=P'k$ である．P^{ab} は $Qi=a$ と $Qj=b$ とを交換する演算子である．

方程式(6.84), (6.85)式は Yang によって解かれた電子ガスに対する同様の方程式の k を $\sin k$ で置きかえたものになっている*．同様にして，$\{k_1, k_2, \cdots, k_N\}$ の組を決定する方程式を導くことができる．

---

* C. N. Yang: Phys. Rev. Lett. **19** (1967) 1312.

$$Lk_j = 2\pi I_j + \sum_{\beta=1}^{M} \theta(2\sin k_j - 2\Lambda_\beta) \qquad (j=1,2,\cdots,N) \tag{6.86}$$

ここで Λ は次式で k に関係づけられる実数の組である．

$$-\sum_{j=1}^{N} \theta(2\Lambda_\alpha - 2\sin k_j) = 2\pi J_\alpha - \sum_{\beta=1}^{M} \theta(\Lambda_\alpha - \Lambda_\beta) \qquad (\alpha=1,2,\cdots,M) \tag{6.87}$$

$$\theta(p) = -2\tan^{-1}(2p/U) \qquad (-\pi \le \theta < \pi) \tag{6.88}$$

ここで I_j は偶数の M に対しては整数，奇数の M に対して半奇整数である．J_α も奇数の $N-M$ に対して整数，偶数の $N-M$ に対して J_α は半奇整数をとる．上の 2 式から

$$\sum_{j=1}^{N} k_j = \frac{1}{L}\left(\sum_j I_j + \sum_\alpha J_\alpha\right) \tag{6.89}$$

基底状態に対しては，J_α と I_j は原点を中心として分布するから，$\sum_j k_j=0$ である．

$N/L, M/L$ を一定にして $N\to\infty$，$L\to\infty$，$M\to\infty$ の極限をとると k は $-Q$ と $Q\le\pi$ の間に，Λ は $-B$ と $B\le\infty$ の間に連続的に分布する．その密度をそれぞれ $\rho(k), \sigma(\Lambda)$ とする．(6.86)と(6.87)式は次の $\rho(k)$ と $\sigma(\Lambda)$ に対する方程式になる．

$$2\pi\rho(k) = 1+\cos k \int_{-B}^{B} \frac{8U\sigma(\Lambda)d\Lambda}{U^2+16(\sin k-\Lambda)^2} \tag{6.90}$$

$$\int_{-Q}^{Q} \frac{8U\rho(k)dk}{U^2+16(\Lambda-\sin k)^2} = 2\pi\sigma(\Lambda) + \int_{-B}^{B} \frac{4U\sigma(\Lambda')d\Lambda'}{U^2+4(\Lambda-\Lambda')^2} \tag{6.91}$$

ここで，Q と B は次の条件から定まる．

$$\int_{-Q}^{Q} \rho(k)dk = \frac{N}{L} \tag{6.92}$$

$$\int_{-B}^{B} \sigma(\Lambda)d\Lambda = \frac{M}{L} \tag{6.93}$$

基底状態のエネルギーは

$$E=-2L\int_{-Q}^{Q}\rho(k)\cos kdk \tag{6.94}$$

$N/L=1$ の half-filling は $Q=\pi$，$M/L=1/2$ は $B=\infty$ の非磁性的な基底状態の解を Fourier 変換して解いて次のようになる．

$$\sigma(\Lambda)=\frac{1}{2\pi}\int_0^{\infty}\operatorname{sech}\left(\frac{1}{4}\omega U\right)\cos(\omega\Lambda)J_0(\omega)d\omega \tag{6.95}$$

$$\rho(k)=\frac{1}{2\pi}+\frac{1}{\pi}\cos k\int_0^{\infty}\frac{\cos(\omega\sin k)J_0(\omega)d\omega}{1+\exp(\omega U/2)} \tag{6.96}$$

$$E=E\left(\frac{1}{2}L,\frac{1}{2}L:U\right)=-4L\int_0^{\infty}\frac{J_0(\omega)J_1(\omega)d\omega}{\omega[1+\exp(\omega U/2)]} \tag{6.97}$$

ここで J_0, J_1 は Bessel 関数である．half-filling では $U\neq 0$ である限り，Mott 絶縁体になる．確かに U で展開してみると，上のエネルギーは $U=0$ が特異点になっている．Wilson 比 $R_W=\tilde{\chi}_s/\tilde{\gamma}$ は $U=0$ で 1 であるが，$U\neq 0$ になると 2 に不連続に移る．これは $U\neq 0$ になると共に電荷の自由度がなくなり，$\tilde{\gamma}$ が 1/2 になるためと考えられる．

6-6 金属の強磁性

Fe, Co, Ni などの遷移金属はバンド計算など 1 体近似では強磁性状態が得られている．しかし，1 体近似では秩序状態が実現しやすく，電子ガスも強磁性になりうる．しかし，電子ガスの場合，相関効果を入れると強磁性が起こらないことが沢田らによって示されている．電子相関を取り入れた後も強磁性が実現しうるためにはどのような条件なり特徴なりが不可欠なのかが未解決であり，今後明らかにされなければならない．例えば，軌道縮退や Hund 結合の役割も検討する必要がある．むずかしい問題であり，強磁性理論の 1 つの例として長岡の理論を紹介する．

金森によって用いられた近似は格子点当りの電子(正孔)数が 1 に比べて小さい低密度の場合に正しい．逆の極限として，電子数が 1 に近い場合の強磁性の可能性が長岡によって指摘され，**長岡の強磁性**と呼ばれている*．電子間相互作用 U が大きく，電子数 N_e が格子点数 N に近い場合を考える．$n=N-N_e$ として

［1］ $|n| \ll N$ (6.98)

［2］ 遷移行列 t_{ij} は簡単のために，最近接格子点間のみとし，それを $t\,(<0)$ とする．

［3］ 同一格子点内での Coulomb 反発力 U が十分大きいとして

$$U \gg |t| \tag{6.99}$$

とする．

以上の仮定のもとで，次の2つの場合に分けて，次の結論が厳密に証明されている．

［A］ 単純立方格子(sc)，体心立方格子(bcc)と $N_e>N$ の面心立方格子(fcc)と菱形最稠密格子(hcp)．

この場合，$n=1$，$U=\infty$ のとき，すべての電子(正孔)スピンが平行である完全強磁性と呼ばれる状態が基底状態である．

［B］ $N_e<N$ である fcc と hcp 格子．

この場合，$n=1$，$U=\infty$ においても完全強磁性の状態は基底状態ではない．

上の結論を説明する前に次の点に留意しよう．$N_e>N$ の場合は，電子と正孔を入れかえ，同時に t の符号を反転すれば $N_e<N$ の場合の議論を用いることができる．また，sc や bcc 格子の隣りあう格子点は2つの部分格子に分けられる．そこで，1つの部分格子の波動関数に位相因子 -1 をつけると t はその符号を変える**．つまり，sc や bcc は t の符号に関して対称である．以上のことから［A］の場合，その証明において $N_e<N$，$t>0$ と仮定して一般性を失わない．このとき $N_e=N-1$ 個の格子点をすべて平行スピンをもつ電子で満たし，バンドの上端に正孔が1個分残るようにすると系は次のようになる．

---

* Y. Nagaoka: Solid State Commun. **3** (1965) 409; Phys. Rev. **147** (1966) 392.

** sc では格子点間距離を a とすると，$\varepsilon_k=-2t\,(\cos k_x a+\cos k_y a+\cos k_z a)$ となり，bcc では $\varepsilon_k=-8t\cos(k_x a/2)\cos(k_y a/2)\cos(k_z a/2)$ である．

$$S = S_{\max} = \frac{1}{2}N_{\mathrm{e}}, \quad S_z = \pm S, \quad E = -zt \qquad (6.100)$$

ここで，z はそれぞれの格子での最近接格子点の数である．このエネルギー $E = -zt$ より低いエネルギーをもつ状態が他にありえないことは次のようにして理解される．$U=\infty$ のとき，正孔が系全体を自由に移動できるのは他の格子点がすべて平行スピンで満たされているときである．他の格子点が反平行スピンを含む状態のときは，正孔と周囲の構造も含めた結果としての遷移行列は平行スピンの電子のみで満たされている場合に比べて小さくなってしまう．

この議論は sc や bcc 格子については，エネルギー準位が上下対称であるので，t の符号によらず成立する．しかし，fcc や hcp では上下対称でない*．正孔のエネルギーが最も高くなる(系全体としては低くなる)のは，$E=-zt$ のときであり，逆の t の符号では $E=-4t$ にしか下がらない．この後者の場合は，反平行スピンの電子を含めることを許すと，よりエネルギーの低い状態を作ることができ，完全強磁性の状態は基底状態になりえない．以上が主に長岡によって厳密に証明された内容の簡単な説明である．

結局，長岡の強磁性の原因としては，電子の運動エネルギーが完全強磁性状態で最も低くなるためと考えられる．局所的には，sc や bcc では近接点を偶数回移行して元の格子点にもどり偶置換であるが，hcp や fcc では奇置換であるので，t の符号でエネルギーの下がり方が異なる，また，正孔が 2 以上ある場合への拡張が現在の課題である．

* 例えば fcc では，a を格子間距離とすると，$\varepsilon_k = -4t\,(\cos(k_x a/2)\cos(k_y a/2) + \cos(k_y a/2)\cos(k_z a/2) + \cos(k_z a/2)\cos(k_x a/2))$ である．

7

相関の強い電子系のFermi液体論

Fermi液体論はAndersonハミルトニアンやHubbardハミルトニアンなど特定のモデルに限らず，Fermi液体に広く適用できるものである．Fermi液体論によれば，たとえ電子間相互作用が強くなっても，Fermi液体である限り，定性的な振舞いは相互作用のないFermi気体と同じである．違いは単に量的なものである．Hubbard模型のMott転移に見られるように転移直前のFermi液体では，電子の有効質量が無限に大きくなっていく．このような大きい有効質量が実現するFermi液体として，**重い電子系**(heavy electron systemまたはheavy fermion system)と呼ばれるCe，Ybなどの希土類元素やUなどのアクチノイド元素を含む系が，強相関電子系として注目されている．この重い電子はFermi液体論の準粒子そのものである．電子相関が強い準粒子として，重い電子はFermi液体論の検証とその内容の豊かさを示すものとして興味ある対象である．特に重要なことは従来のf電子に関連した重い電子もMott転移近傍の広い意味の重い電子の1つの例であり，普遍的な現象の一面であることである．

最近，強相関電子系として注目されているもう1つの系は銅酸化物高温超伝導体である．この系は正常状態においても，単純なFermi液体と異なる振舞いを示すことがある．例えば，電気抵抗が温度 T の1次に比例したり，核磁気緩和率 $T_1{}^{-1}$ が温度 T の1次に比例する **Korringa** 則に従う領域が狭いことなどである．しかし，このような振舞いも Fermi 液体論を基礎として，その枠内で2次元の反強磁性的なスピンの揺らぎを考慮することによって基本的に説明することができる．

さらに，強相関電子系を理解する上での Fermi 液体論の重要性は次の点にある．重い電子系で見られるように重い電子そのものが，超伝導や磁気秩序を担い，長距離秩序を示すので，正常状態でない系の理解にも不可欠である点である．それは転移点で準粒子の質量に比例した比熱の跳びを示すことから確認できる．以下，本章では重い電子系と高温超伝導体の正常状態を微視的な Fermi 液体論に基づいて考察する．

7-1 重い電子系

Ce, Yb などの希土類金属や U などのアクチノイド系元素の合金や金属間化合物で見られる重い電子の起源とその物理的特徴について説明する．

通常，希土類金属の Gd や Tb などは伝導電子を介しての RKKY 相互作用によって，強磁性やらせん(screw)構造などの磁気的長距離秩序を示すのが一般的である．ところが，周期律表の希土類金属の両端に近い f 電子1個の Ce $(4f)^1$ と f 正孔1個の Yb $(4f)^{13}$ を含む合金や金属間化合物では，低温まで磁気秩序がなく，磁性不純物の濃度が高い場合の近藤効果の振舞いが見られ，**高濃度近藤系**(dense Kondo system)と呼ばれることがある．ただし，周期系の場合，近藤効果で温度の低下と共に増大した電気抵抗はピークの後に減少し，最終的に電子間相互作用による T^2 の温度変化を示す点が異なる．このように，低温まで磁気秩序がなく，近藤効果的な振舞いが見られる理由は次のように考えられる．

スピンの長距離秩序を与える(4.21)式の RKKY 相互作用は局在スピンの大きさ S の積に比例する．Gd では $S=7/2$，Ce, Yb では $S=1/2$ である．したがって，RKKY 相互作用の結合定数 $J_{\rm RKKY}$ が Ce, Yb と Gd で同程度と仮定すると，ほぼ S^2 の大きさで磁気的長距離秩序の温度 $T_{\rm c}$ が定まる．Gd は $T_{\rm c}$ が約 300 K であるから，Ce や Yb では約 6 K になる．

逆に，Ce（Yb）では f 電子（正孔）が 1 個のため，Hund 結合による制限がなく f 軌道の縮退による近藤効果の結合チャネルが多くなり，以下に示すように近藤温度 $T_{\rm K}$ が高くなる．近藤効果は局在スピンが伝導電子と 1 重項に結合して，消失していく過程であるから，RKKY 相互作用による磁気的秩序をさらに抑制する効果をもたらす．

一方，アクチノイド系元素の U の合金や金属間化合物では f 電子が U 原子当り 2 個と考えられ，上記の説明がそのままあてはまらない．より重要な点として，1 や 2 などの整数に近い f 電子数をもつ系は f 電子で見ると絶縁相に近い Fermi 液体と考えられる．伝導電子と混成することにより，整数個からずれ，相関の強い Fermi 液体となる．その結果，大きな T^2 の電気抵抗を示す．したがって，近藤効果よりも Fermi 液体としての性質の方が重い電子にとって普遍的で，本質的であると考えられる．

7-2 結晶場の下での近藤温度

伝導電子と f 電子の交換相互作用を記述する次の **Coqblin-Schrieffer** のハミルトニアンを用いて，Ce 不純物系の近藤温度を 4-5 節で導入したスケーリング則を用いて調べよう．

$$
\begin{aligned}
\mathcal{H} = {} & \sum_k \varepsilon_k \Big(\sum_M c_{kM}{}^\dagger c_{kM} + \sum_m c_{km}{}^\dagger c_{km} \Big) + \sum_M E_M a_M{}^\dagger a_M + \sum_m E_m a_m{}^\dagger a_m \\
& - \frac{J_0}{2N} \sum_{\substack{mm' \\ kk'}} c_{km}{}^\dagger c_{k'm'} a_{m'}{}^\dagger a_m - \frac{J_1}{2N} \sum_{\substack{MM' \\ kk'}} c_{kM}{}^\dagger c_{k'M'} a_{M'}{}^\dagger a_M \\
& - \frac{J_2}{2N} \sum_{\substack{Mm \\ kk'}} (c_{kM}{}^\dagger c_{k'm} a_m{}^\dagger a_M + c_{km}{}^\dagger c_{k'M} a_M{}^\dagger a_m)
\end{aligned} \tag{7.1}
$$

ここでは，不純物 Ce 原子の中心を原点にとり，伝導電子の波動関数を球面波で展開した．f 電子が結晶場で高い準位 M と低い準位 m の 2 群に分裂する場

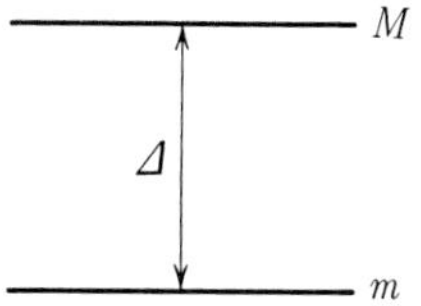

図 7-1　結晶場による f 準位の分裂．Δ 離れた 2 準位 M と m に分裂した場合．

合を考える．それぞれの基底関数 M, m に対応する f 電子の生成(消滅)演算子を $a_M{}^\dagger$ (a_M)，$a_m{}^\dagger$ (a_m) とし，伝導電子の演算子も f 電子の空間対称性に対応させて $c_{kM}{}^\dagger$ (c_{kM})，$c_{km}{}^\dagger$ (c_{km}) と表わす．スピン・軌道相互作用と結晶場で定まる M, m の準位のエネルギー E_M と E_m は便宜上その重心が 0 になるように定める．

$$\sum_M E_M + \sum_m E_m = 0 \tag{7.2}$$

さらに Ce を念頭にして，f 電子数は 1 個とする．

$$\sum_M a_M{}^\dagger a_M + \sum_m a_m{}^\dagger a_m = 1 \tag{7.3}$$

(7.1)式では J_0, J_1, J_2 はそれぞれ低い準位内，高い準位内，準位間の交換相互作用を表わす．

第 4 章の近藤効果のところで述べたスケーリング則を用いて次の方程式が得られる．$\tilde{J}_0, \tilde{J}_1, \tilde{J}_2$ を結合定数，D を伝導帯の幅として，

$$\frac{d\tilde{J}_0}{dD} = \sum_m \frac{\tilde{J}_0{}^2}{D+E_m-\omega} + \sum_M \frac{\tilde{J}_2{}^2}{D+E_M-\omega} \tag{7.4}$$

$$\frac{d\tilde{J}_1}{dD} = \sum_M \frac{\tilde{J}_1{}^2}{D+E_M-\omega} + \sum_m \frac{\tilde{J}_2{}^2}{D+E_m-\omega} \tag{7.5}$$

$$\frac{d\tilde{J}_2}{dD} = \sum_M \frac{\tilde{J}_1\tilde{J}_2}{D+E_M-\omega} + \sum_m \frac{\tilde{J}_0\tilde{J}_2}{D+E_m-\omega} \tag{7.6}$$

ここで，ω は結晶場と不純物を含む電子系のエネルギーを表わす．さらに立方対称にある Ce イオンを仮定して，$j=5/2$ の 6 つの状態が 2 重と 4 重にわかれたとして 2 重項を Γ_7 として，$E_{\mathrm{D}}=-2\Delta/3$，4 重項を Γ_8 として $E_{\mathrm{Q}}=\Delta/3$ とす

る．以下，$\Delta=E_{\mathrm{Q}}-E_{\mathrm{D}}$ の正負の場合にわけて考える．

(1) $\Delta>0$，Γ_7 が基底状態，$\omega\simeq-2\Delta/3$.

$$\frac{d\tilde{J}_0}{dD}=\frac{2\tilde{J}_0{}^2}{D}+\frac{4\tilde{J}_2{}^2}{D+\Delta} \tag{7.7}$$

$$\frac{d\tilde{J}_1}{dD}=\frac{4\tilde{J}_1{}^2}{D+\Delta}+\frac{2\tilde{J}_2{}^2}{D} \tag{7.8}$$

$$\frac{d\tilde{J}_2}{dD}=\frac{4\tilde{J}_1\tilde{J}_2}{D+\Delta}+\frac{2\tilde{J}_0\tilde{J}_2}{D} \tag{7.9}$$

ここで，$J_0=J_1=J_2=J$，$\tilde{J}_0=\tilde{J}_1=\tilde{J}_2=\tilde{J}$ と簡単化すると

$$\frac{d\tilde{J}}{dD}=\frac{2\tilde{J}^2}{D}+\frac{4\tilde{J}^2}{D+\Delta} \tag{7.10}$$

となる．初期条件として，$D=D_0$ で $\tilde{J}=\rho J/2N$ であるとして，(7.10)式を解くと

$$-\frac{1}{\tilde{J}}+\frac{2N}{\rho J}=2\log\left(\frac{D}{D_0}\right)+4\log\left(\frac{D+\Delta}{D_0+\Delta}\right) \tag{7.11}$$

$D_0\gg\Delta$ として，$\tilde{J}$ は

$$\tilde{J}=\frac{\rho J}{2N}\left[1+\frac{\rho|J|}{N}\log\left(\frac{D}{D_0}\right)+\frac{2\rho|J|}{N}\log\left(\frac{D+\Delta}{D_0}\right)\right]^{-1} \tag{7.12}$$

となる．近藤温度 T_{K} は結合定数 $\tilde{J}$ が発散する D の値で与えられるから，$k_{\mathrm{B}}=1$ として

$$1+\frac{\rho|J|}{N}\log\left(\frac{T_{\mathrm{K}}}{D_0}\right)+\frac{2\rho|J|}{N}\log\left(\frac{T_{\mathrm{K}}+\Delta}{D_0}\right)=0 \tag{7.13}$$

$$T_{\mathrm{K}}=\left(\frac{D_0}{T_{\mathrm{K}}+\Delta}\right)^2 D_0 e^{-N/\rho|J|} \tag{7.14}$$

となる．もし $T_{\mathrm{K}}\ll\Delta$ であると

$$T_{\mathrm{K}}=\left(\frac{D_0}{\Delta}\right)^2 D_0 e^{-N/\rho|J|}=\left(\frac{D_0}{\Delta}\right)^2 T_{\mathrm{K}}{}^0 \tag{7.15}$$

となる．$T_{\mathrm{K}}{}^0$ は軌道縮退のない($\Delta\simeq D_0$)ときの**近藤温度**である．(7.15)式の

結果は重要である．一般的な値として，$D_0=10^4$ K，$\Delta=10^2$ K としてみると，$(D_0/\Delta)^2=10^4$ となるから，(7.15)式の T_K は $T_K{}^0$ に比べて 10^4 倍も高い．つまり，結晶場の上の準位が 100 K くらい離れていても，その準位を混成することによって，T_K が 10^4 倍も高くなる．

(2)　$\Delta<0$，Γ_8 が基底状態，$\omega\simeq-|\Delta|/3$.

$\tilde{J}_0=\tilde{J}_1=\tilde{J}_2=\tilde{J}$ として

$$\frac{d\tilde{J}}{dD}=\frac{4\tilde{J}^2}{D}+\frac{2\tilde{J}^2}{D+|\Delta|} \tag{7.16}$$

$$\tilde{J}=\frac{\rho J}{2N}\left[1+\frac{\rho|J|}{N}\log\left(\frac{D+|\Delta|}{D_0+|\Delta|}\right)+\frac{2\rho|J|}{N}\log\left(\frac{D}{D_0}\right)\right]^{-1} \tag{7.17}$$

(1)と同様にして，T_K は

$$T_K=\left(\frac{D_0}{T_K+|\Delta|}\right)^{1/2}D_0e^{-N/2\rho|J|}$$

$$\simeq\left(\frac{D_0}{|\Delta|}\right)^{1/2}D_0e^{-N/2\rho|J|}\qquad(T_K\ll|\Delta|) \tag{7.18}$$

この場合は，指数関数の指数 $\rho|J|$ に数因子 2 がかかり，近藤温度が高くなる．これは f 電子の結晶場分裂による基底準位が 4 重に縮退しているため，伝導電子との結合チャネルが 2 倍になるためである．

以上の場合や Yb の場合も含めて，最も一般的な T_K の表式は次のようになる．

$$T_K=\left(\frac{D_0}{\Delta_1}\right)^{N_1/N_0}\left(\frac{D_0}{\Delta_2}\right)^{N_2/N_0}\cdots\left(\frac{D_0}{\Delta_m}\right)^{N_m/N_0}D_0\exp\left[-\frac{2N}{\rho|J|}\frac{1}{N_0}\right] \tag{7.19}$$

ここで，Δ_i と N_i はそれぞれ準位 i と基底準位 0 との間隔と準位 i の縮重度である．N_0 は基底準位の縮重度である．このように f 準位の縮重度と結晶場の上の準位の効果は近藤効果を導く上で重要である．したがって，重い電子系を議論する上で，f 準位の縮退を無視することは一般に許されない．軌道縮退を無視すると Ce と Gd の区別を無視していることになりかねないからである．

7-3 重い電子系の Fermi 液体論

重い電子系の低温における比熱係数 γ，磁化率 χ，抵抗の T^2 項の係数 A を，通常金属の Ag や電子相関が重要と考えられている Pd と共に表 7-1 に示した．表中の物理量の振舞いは典型的な Fermi 液体のそれであるが，定量的な違いは著しい．重い電子系の γ と χ の値は通常金属に比べて $10^2 \sim 10^3$ 倍，A は $10^4 \sim 10^6$ 倍程度大きい．これはまさに，Mott 転移寸前の Fermi 液体である．重い電子系では局在性の強い f 電子と幅の広い伝導電子が混成し，格子点当りの f 電子数が整数からずれ(doping)，f 電子間の強い相関にもかかわらず，金属状態を維持していると考えられる．この点からしても混成項の存在は Fermi 液体としての重い電子にとって本質的に重要である．

重い電子系の物理は基本的に次の周期的 Anderson ハミルトニアンを用いて議論できる．f 軌道の縮退は本質的に重要であるが，ここでは，簡単のために無視し，その代わりに，f 電子間の相互作用 U は系を Fermi 液体に留めておく程度の強さとして，重い電子の形成の機構を考える．

$$\mathcal{H} = \mathcal{H}_0 + \mathcal{H}' \tag{7.20}$$

$$\mathcal{H}_0 = \sum_{\boldsymbol{k}\sigma} \varepsilon_{\boldsymbol{k}} c_{\boldsymbol{k}\sigma}^{\dagger} c_{\boldsymbol{k}\sigma} + \sum_{\boldsymbol{k}\sigma} E_{\boldsymbol{k}} a_{\boldsymbol{k}\sigma}^{\dagger} a_{\boldsymbol{k}\sigma} + \sum_{\boldsymbol{k}\sigma} (V_{\boldsymbol{k}} a_{\boldsymbol{k}\sigma}^{\dagger} c_{\boldsymbol{k}\sigma} + V_{\boldsymbol{k}}^{*} c_{\boldsymbol{k}\sigma}^{\dagger} a_{\boldsymbol{k}\sigma}) - \frac{NU}{4} \langle n_0{}^{\mathrm{f}} \rangle^2 \tag{7.21}$$

$$\mathcal{H}' = \frac{U}{N} \sum_{\boldsymbol{k}\boldsymbol{k}'\boldsymbol{q}} a_{\boldsymbol{k}+\boldsymbol{q}\uparrow}^{\dagger} a_{\boldsymbol{k}'-\boldsymbol{q}\downarrow}^{\dagger} a_{\boldsymbol{k}'\downarrow} a_{\boldsymbol{k}\uparrow} \tag{7.22}$$

ここで $a_{\boldsymbol{k}\sigma}^{\dagger}$ ($c_{\boldsymbol{k}\sigma}^{\dagger}$) は $E_{\boldsymbol{k}}$ ($\varepsilon_{\boldsymbol{k}}$) のエネルギーをもつ f 電子(伝導電子)の生成演算子であり，σ はスピンを表わす．同じ原子内の f 電子間には Coulomb 反発力 U が働く．このような 2 種の f 電子と伝導電子が混成項 $V_{\boldsymbol{k}}$ で結合し，エネルギーバンドを形成する．$n_0{}^{\mathrm{f}}$ は非摂動状態でのサイト当りの平均 f 電子数である．

Fermi 液体論に基づいて議論をするために，f 電子間の相互作用 U を摂動

表 7-1 種々の金属での γ, χ, A の比較.

分類	係数 / 物質	γ mJ/mole·K^2	χ memu/mole	A $\mu\Omega$·cm/K^2
常磁性	$CeCu_6$	1500	8.5～75.7	42～143
	$CeAl_3$	1600	36	35
超伝導	$CeCu_2Si_2$	1000	12～16	11
	UBe_{13}	1100	15	—
	UPt_3	450	4.2～8.3	2.0
磁性	U_2Zn_{17}	400	12	—
通常金属	Pd	9.4	0.8	10^{-5}
	Ag	0.6	0.03	10^{-7}

とし，それから生じる f 電子の自己エネルギー $\Sigma_{\boldsymbol{k}}(z)$ を導入する．ここで，$z=\omega-i\Gamma$ となる複素数である．そうすると，この系の f 電子と伝導電子の Green 関数は次の式で定められる．$\hat{1}$ を 2 次元の単位行列として，

$$(z\hat{1}-\hat{H})\hat{G} = \hat{1} \tag{7.23}$$

ここで

$$z\hat{1}-\hat{H} = \begin{pmatrix} z-E_{\boldsymbol{k}}-\Sigma_{\boldsymbol{k}}(z) & -V_{\boldsymbol{k}} \\ -V_{\boldsymbol{k}}^{*} & z-\varepsilon_{\boldsymbol{k}} \end{pmatrix} \tag{7.24}$$

$$\hat{G} = \begin{pmatrix} G_{\boldsymbol{k}\sigma}{}^{\mathrm{f}}(z) & G_{\boldsymbol{k}\sigma}{}^{\mathrm{fc}}(z) \\ G_{\boldsymbol{k}\sigma}{}^{\mathrm{cf}}(z) & G_{\boldsymbol{k}\sigma}{}^{\mathrm{c}}(z) \end{pmatrix} \tag{7.25}$$

例えば，Green 関数の対角成分 $G_{\boldsymbol{k}\sigma}{}^{\mathrm{f}}(z)$ と $G_{\boldsymbol{k}\sigma}{}^{\mathrm{c}}(z)$ は次のようになる．

$$G_{\boldsymbol{k}\sigma}{}^{\mathrm{f}}(z) = [z-E_{\boldsymbol{k}\sigma}-\Sigma_{\boldsymbol{k}\sigma}(z)-|V_{\boldsymbol{k}}|^2/(z-\varepsilon_{\boldsymbol{k}})]^{-1} \tag{7.26}$$

$$G_{\boldsymbol{k}\sigma}{}^{\mathrm{c}}(z) = [z-\varepsilon_{\boldsymbol{k}\sigma}-|V_{\boldsymbol{k}}|^2/(z-E_{\boldsymbol{k}\sigma}-\Sigma_{\boldsymbol{k}\sigma}(z))]^{-1} \tag{7.27}$$

準粒子のエネルギーは Green 関数の極として与えられるから，重い電子のエネルギー $z=E_{\boldsymbol{k}}^{*}-i\Gamma_{\boldsymbol{k}}^{*}$ は

$$(z-E_{\boldsymbol{k}\sigma}-\Sigma_{\boldsymbol{k}\sigma}(z))(z-\varepsilon_{\boldsymbol{k}\sigma})-|V_{\boldsymbol{k}}|^2 = 0 \tag{7.28}$$

の解として定まる．

a）電子比熱

Luttinger に従って，電子比熱係数 γ を求めると$(\omega_+=\omega+i\delta)$，

$$\gamma = -\frac{\pi^2 k_B^2}{6\pi i}\sum_{\boldsymbol{k}\sigma}\left\{\frac{\partial}{\partial\omega}\log\left[\omega_+ + \mu - E_{\boldsymbol{k}} - \Sigma_{\boldsymbol{k}}{}^R(\omega_+) - \frac{|V_{\boldsymbol{k}}|^2}{\omega_+ + \mu - \varepsilon_{\boldsymbol{k}}}\right] - \text{C.C.}\right\}_{\omega=0}$$

$$= \frac{2\pi^2 k_B^2}{3}\sum_{\boldsymbol{k}} -\frac{1}{\pi}\,\text{Im}\left[\mu + i\delta - E_{\boldsymbol{k}} - \Sigma_{\boldsymbol{k}}{}^R(0) - \frac{|V_{\boldsymbol{k}}|^2}{\mu + i\delta - \varepsilon_{\boldsymbol{k}}}\right]^{-1}$$

$$\times\left(1 - \left.\frac{\partial \Sigma_{\boldsymbol{k}}{}^R(\omega)}{\partial\omega}\right|_{\omega=0} + \frac{|V_{\boldsymbol{k}}|^2}{(\mu-\varepsilon_{\boldsymbol{k}})^2}\right)$$

$$= \frac{2\pi^2 k_B^2}{3}\left\{\sum_{\boldsymbol{k}} \rho_{\boldsymbol{k}}{}^{\text{f}}(0)\tilde{\gamma}_{\boldsymbol{k}} + \sum_{\boldsymbol{k}} \rho_{\boldsymbol{k}}{}^{\text{c}}(0)\right\} \tag{7.29}$$

$$\tilde{\gamma}_{\boldsymbol{k}} = 1 - \left.\frac{\partial \Sigma_{\boldsymbol{k}}(\omega)}{\partial\omega}\right|_{\omega=0} \tag{7.30}$$

となる．ここで，f 電子と伝導電子の状態密度 $\rho_{\boldsymbol{k}}{}^{\text{f}}(\omega)$ と $\rho_{\boldsymbol{k}}{}^{\text{c}}(\omega)$ は

$$\rho_{\boldsymbol{k}}{}^{\text{f}}(\omega) = -\frac{1}{\pi}\,\text{Im}\left[\mu + \omega_+ - E_{\boldsymbol{k}} - \Sigma_{\boldsymbol{k}}{}^R(\omega) - \frac{|V_{\boldsymbol{k}}|^2}{\mu + \omega_+ - \varepsilon_{\boldsymbol{k}}}\right]^{-1} \tag{7.31}$$

$$\rho_{\boldsymbol{k}}{}^{\text{c}}(\omega) = -\frac{1}{\pi}\,\text{Im}\left[\mu + \omega_+ - \varepsilon_{\boldsymbol{k}} - \frac{|V_{\boldsymbol{k}}|^2}{\omega_+ + \mu - E_{\boldsymbol{k}} - \Sigma_{\boldsymbol{k}}{}^R(\omega)}\right]^{-1} \tag{7.32}$$

である．

低温の比熱は準粒子の熱的励起であるから，(7.29)式は Fermi 面での準粒子の状態密度を用いた次式に等しいはずである．

$$\gamma = \frac{\pi^2 k_B^2}{3}\sum_{\boldsymbol{k}\sigma}\delta(\mu - E_{\boldsymbol{k}\sigma}{}^*) = \frac{2\pi^2 k_B^2}{3}\tilde{\gamma} \tag{7.33}$$

ここで，f および伝導電子の波動関数くり込み因子 $z_{\boldsymbol{k}}{}^{\text{f}}$ と $z_{\boldsymbol{k}}{}^{\text{c}}$ を導入する．それらは $G_{\boldsymbol{k}}{}^{\text{f}}$ および，$G_{\boldsymbol{k}}{}^{\text{c}}$ の $\omega=0$ の極の留数の値であるから，

$$z_{\boldsymbol{k}}{}^{\text{f}} = \left(\tilde{\gamma}_{\boldsymbol{k}} + \frac{|V_{\boldsymbol{k}}|^2}{(\mu-\varepsilon_{\boldsymbol{k}})^2}\right)^{-1} \tag{7.34}$$

$$z_{\boldsymbol{k}}{}^{\text{c}} = \frac{|V_{\boldsymbol{k}}|^2}{(\mu-\varepsilon_{\boldsymbol{k}})^2}\Bigg/\left(\tilde{\gamma}_{\boldsymbol{k}} + \frac{|V_{\boldsymbol{k}}|^2}{(\mu-\varepsilon_{\boldsymbol{k}})^2}\right) \tag{7.35}$$

したがって，次の関係が成立する．

$$\tilde{\gamma}_{\boldsymbol{k}} z_{\boldsymbol{k}}{}^{\mathrm{f}} + z_{\boldsymbol{k}}{}^{\mathrm{c}} = 1 \tag{7.36}$$

これを用いて，(7.33)式は

$$\begin{aligned}\gamma &= \frac{\pi^2 k_{\mathrm{B}}{}^2}{3} \sum_{\boldsymbol{k}\sigma} (\tilde{\gamma}_{\boldsymbol{k}\sigma} z_{\boldsymbol{k}\sigma}{}^{\mathrm{f}} + z_{\boldsymbol{k}\sigma}{}^{\mathrm{c}}) \delta(\mu - E_{\boldsymbol{k}\sigma}{}^*) \\ &= \frac{\pi^2 k_{\mathrm{B}}{}^2}{3} \sum_{\boldsymbol{k}\sigma} [\rho_{\boldsymbol{k}\sigma}{}^{\mathrm{f}}(0) \tilde{\gamma}_{\boldsymbol{k}\sigma} + \rho_{\boldsymbol{k}\sigma}{}^{\mathrm{c}}(0)] \end{aligned} \tag{7.37}$$

となり，(7.29)式に一致する．われわれのモデルでは，f 電子間のみに電子相関 U が働くので，f 電子の比熱への寄与は，(7.31)式の $\rho_{\boldsymbol{k}}{}^{\mathrm{f}}(0)$ の $\tilde{\gamma}_{\boldsymbol{k}}$ 倍大きくなる．したがって，重い電子系の大きな比熱係数 γ は f 電子間の Coulomb 相互作用に由来する $\tilde{\gamma}_{\boldsymbol{k}}$ にあると考えられる．自己エネルギーを U^2 項まで求め，$\tilde{\gamma}_{\boldsymbol{k}}$ が大きくなることを確認することができる．このとき，$\mathcal{H}'=0$ のときの f 電子のバンド幅が狭く，Fermi 面付近の状態密度 $\rho^{\mathrm{f}}(0)$ が高いほど，結合定数 $\rho^{\mathrm{f}}(0)U$ を通じて多体効果が働き $\tilde{\gamma}_{\boldsymbol{k}}$ が大きくなる．

f 電子はバンドを形成している Fermi 液体であるが，$\tilde{\gamma}_{\boldsymbol{k}}$ が大きく，局在性が強められると $\tilde{\gamma}_{\boldsymbol{k}}$ の $\boldsymbol{k}$ 依存性は小さくなると考えられる．ともかく，$\tilde{\gamma}_{\boldsymbol{k}} \gg 1$ を仮定すると，重い電子のバンドを次のように導出することができる．$\Sigma_{\boldsymbol{k}}(\omega)$ を展開して，

$$\Sigma_{\boldsymbol{k}\sigma}(\omega) \simeq \Sigma_{\boldsymbol{k}\sigma}(0) + \left.\frac{\partial \Sigma_{\boldsymbol{k}\sigma}(\omega)}{\partial \omega}\right|_{\omega=0} \omega - i\Delta_{\boldsymbol{k}} \tag{7.38}$$

$$\Delta_{\boldsymbol{k}} = -\mathrm{Im}\, \Sigma_{\boldsymbol{k}\sigma}(\omega) \tag{7.39}$$

これらを(7.28)式に代入して，$\omega = E_{\boldsymbol{k}}{}^* - i\Gamma_{\boldsymbol{k}}{}^*$ を求めると

$$E_{\boldsymbol{k}}{}^* = \frac{1}{\tilde{\gamma}_{\boldsymbol{k}}} \left[E_{\boldsymbol{k}\sigma} + \Sigma_{\boldsymbol{k}\sigma}(0) + \frac{|V_{\boldsymbol{k}}|^2}{E_{\boldsymbol{k}}{}^* - \varepsilon_{\boldsymbol{k}\sigma}} \right] = \tilde{E}_{\boldsymbol{k}} + \frac{|\tilde{V}_{\boldsymbol{k}}|^2}{E_{\boldsymbol{k}}{}^* - \varepsilon_{\boldsymbol{k}}} \tag{7.40}$$

$$\tilde{E}_{\boldsymbol{k}} = (E_{\boldsymbol{k}\sigma} + \Sigma_{\boldsymbol{k}\sigma}(0)) / \tilde{\gamma}_{\boldsymbol{k}} \tag{7.41}$$

$$|\tilde{V}_{\boldsymbol{k}}|^2 = |V_{\boldsymbol{k}}|^2 / \tilde{\gamma}_{\boldsymbol{k}} \tag{7.42}$$

このように(7.40)式は $1/\tilde{\gamma}_{\boldsymbol{k}}$ に縮小された準粒子のバンドを表わしている．逆にエネルギーの縮小はエネルギー状態密度の増大に導くから，比熱が $\tilde{\gamma}_{\boldsymbol{k}}$ 倍されることになる．準粒子のエネルギー幅 $\Gamma_{\boldsymbol{k}}{}^*$ は減衰率を表わすが

$$\Gamma_{\boldsymbol{k}}{}^* = z_{\boldsymbol{k}}{}^{\mathrm{f}}\Delta \simeq \Delta/\tilde{\gamma}_{\boldsymbol{k}} \tag{7.43}$$

となる.

b) 磁化率

磁化 M は Bohr 磁子を μ_{B}, g 値を 2 とし, 階段関数 θ を用いて

$$M = \mu_{\mathrm{B}} \sum_{\boldsymbol{k}\sigma} \sigma\theta(\mu - E_{\boldsymbol{k}\sigma}{}^*) \tag{7.44}$$

と表わされる. $E_{\boldsymbol{k}\sigma}{}^*$ は磁場 H のもとでの準粒子のエネルギーである. スピン磁化率 χ_{s} は(7.44)式から

$$\chi_{\mathrm{s}} = \left.\frac{\partial M}{\partial H}\right|_{H=0} = \lim_{H\to 0} \mu_{\mathrm{B}} \sum_{\boldsymbol{k}\sigma} \sigma\delta(\mu - E_{\boldsymbol{k}}{}^*)(-\partial E_{\boldsymbol{k}\sigma}{}^*/\partial H)\Big|_{H=0} \tag{7.45}$$

で与えられる. 固有値方程式を用いて, $\omega = E_{\boldsymbol{k}\sigma}{}^*$ の磁場微分を求める. $H_\sigma = \sigma\mu_{\mathrm{B}}H$ として, $E_{\boldsymbol{k}\sigma} = E_{\boldsymbol{k}} - H_\sigma$, $\varepsilon_{\boldsymbol{k}\sigma} = \varepsilon_{\boldsymbol{k}} - H_\sigma$ の時の固有値方程式は(7.28)式と同じで

$$[\omega + \mu - E_{\boldsymbol{k}\sigma} - \Sigma_{\boldsymbol{k}\sigma}(\omega)](\omega + \mu - \varepsilon_{\boldsymbol{k}\sigma}) - |V_{\boldsymbol{k}}|^2 = 0 \tag{7.46}$$

である. これを ω が H に依存することに注意して磁場で微分して

$$-\frac{\partial E_{\boldsymbol{k}\sigma}{}^*}{\partial H} = -\mu_{\mathrm{B}}\sigma[z_{\boldsymbol{k}}{}^{\mathrm{f}}\tilde{\chi}_{\mathrm{s}}(\boldsymbol{k}) + z_{\boldsymbol{k}}{}^{\mathrm{c}}] \tag{7.47}$$

$$\tilde{\chi}_{\mathrm{s}}(\boldsymbol{k}) = \tilde{\chi}_{\uparrow\uparrow}(\boldsymbol{k}) + \tilde{\chi}_{\uparrow\downarrow}(\boldsymbol{k}) \tag{7.48}$$

$$\tilde{\chi}_{\uparrow\uparrow}(\boldsymbol{k}) = 1 - \left.\frac{\partial \Sigma_{\boldsymbol{k}\sigma}(0)}{\partial H_\sigma}\right|_{H=0} \tag{7.49}$$

$$\tilde{\chi}_{\uparrow\downarrow}(\boldsymbol{k}) = \left.\frac{\partial \Sigma_{\boldsymbol{k}\sigma}(0)}{\partial H_{-\sigma}}\right|_{H=0} \tag{7.50}$$

となる. (7.47)式を(7.45)式に代入して, スピン磁化率は

$$\chi_{\mathrm{s}} = 2\mu_{\mathrm{B}}{}^2 \sum_{\boldsymbol{k}} [\rho_{\boldsymbol{k}}{}^{\mathrm{f}}(0)\tilde{\chi}_{\mathrm{s}}(\boldsymbol{k}) + \rho_{\boldsymbol{k}}{}^{\mathrm{c}}(0)] \tag{7.51}$$

となる. 電子間相互作用は f 電子間のみに働くので, f 電子の磁化率への寄与が多体効果で増大する. その増強因子が $\tilde{\chi}_{\mathrm{s}}$ である.

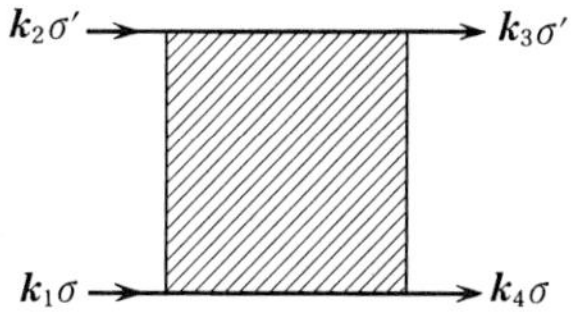

図 7-2 4 点バーテックス $\Gamma_{\sigma\sigma'}(\boldsymbol{k}_1, \boldsymbol{k}_2\,;\, \boldsymbol{k}_3, \boldsymbol{k}_4)$.

さらに第 5 章で用いた Ward の恒等式と呼ばれる自己エネルギーとバーテックスの関係式を用いて*,

$$\tilde{\gamma}_{\boldsymbol{k}} = \tilde{\gamma}(\boldsymbol{k}) = \tilde{\chi}_{\uparrow\uparrow}(\boldsymbol{k}) + \sum_{\boldsymbol{k}'} \rho_{\boldsymbol{k}'}{}^{\mathrm{f}}(0)\Gamma_{\sigma\sigma}(\boldsymbol{k}, \boldsymbol{k}'\,;\, \boldsymbol{k}', \boldsymbol{k}) \tag{7.52}$$

となる. バーテックス $\Gamma_{\sigma\sigma'}$ は図 7-2 で定義され, くり込まれた f 電子間の相互作用を表わす. (7.33), (7.52) 式を用いると増大した比熱係数 $\tilde{\gamma}$ は次のように表わされる.

$$\tilde{\gamma} = \chi_{\uparrow\uparrow} + \delta_{\uparrow\uparrow} \tag{7.53}$$

$$\chi_{\uparrow\uparrow} = \sum_{\boldsymbol{k}} \rho_{\boldsymbol{k}}{}^{\mathrm{f}}(0)\tilde{\chi}_{\uparrow\uparrow}(\boldsymbol{k}) \tag{7.54}$$

$$\delta_{\uparrow\uparrow} = \sum_{\boldsymbol{k}, \boldsymbol{q}} \rho_{\boldsymbol{k}}{}^{\mathrm{f}}(0)\Gamma_{\uparrow\uparrow}{}^{\mathrm{A}}(\boldsymbol{k}, \boldsymbol{k}+\boldsymbol{q}\,;\, \boldsymbol{k}+\boldsymbol{q}, \boldsymbol{k})\rho_{\boldsymbol{k}+\boldsymbol{q}}{}^{\mathrm{f}}(0) \tag{7.55}$$

ここで, 平行スピンをもつ電子間のバーテックス $\Gamma_{\sigma\sigma}$ を反対称化した $\Gamma_{\uparrow\uparrow}{}^{\mathrm{A}}$ を導入した. $\Gamma_{\uparrow\uparrow}{}^{\mathrm{A}}(\boldsymbol{k}, \boldsymbol{k}+\boldsymbol{q}\,;\, \boldsymbol{k}+\boldsymbol{q}, \boldsymbol{k})$ は定義により $\boldsymbol{q}=0$ のとき消える量である. 同様にして

$$\begin{aligned} \chi_{\uparrow\downarrow} &= \sum_{\boldsymbol{k}} \rho_{\boldsymbol{k}}{}^{\mathrm{f}}(0)\tilde{\chi}_{\uparrow\downarrow}(\boldsymbol{k}) \\ &= \sum_{\boldsymbol{k}\boldsymbol{q}} \rho_{\boldsymbol{k}}{}^{\mathrm{f}}(0)\Gamma_{\uparrow\downarrow}(\boldsymbol{k}, \boldsymbol{k}+\boldsymbol{q}\,;\, \boldsymbol{k}+\boldsymbol{q}, \boldsymbol{k})\rho_{\boldsymbol{k}+\boldsymbol{q}}{}^{\mathrm{f}}(0) \end{aligned} \tag{7.56}$$

電荷感受率 $\tilde{\chi}_{\mathrm{c}}$ は

$$\begin{aligned} \tilde{\chi}_{\mathrm{c}} &= \rho^{\mathrm{c}}(0) + \chi_{\uparrow\uparrow} - \chi_{\uparrow\downarrow} \\ &= \sum_{\boldsymbol{k}} \rho_{\boldsymbol{k}}{}^{\mathrm{c}}(0) + \sum_{\boldsymbol{k}} \rho_{\boldsymbol{k}}{}^{\mathrm{f}}(0)[\tilde{\chi}_{\uparrow\uparrow}(\boldsymbol{k}) - \tilde{\chi}_{\uparrow\downarrow}(\boldsymbol{k})] \end{aligned}$$

となる. f 電子間の Coulomb 反発力 U が大きく, f 電子の電荷揺らぎが抑え

---

* 自己エネルギー $\Sigma_{\boldsymbol{k}}(\omega)$ の ω や $\boldsymbol{k}$ に関する微分とバーテックスを結びつける関係. その例が第 5 章にある.

られると，

$$\chi_{\uparrow\uparrow}-\chi_{\uparrow\downarrow}=0 \tag{7.57}$$

となる．このとき Wilson 比 R_{W} は

$$R_{\mathrm{W}}=\tilde{\chi}_{\mathrm{s}}/\tilde{\gamma}=\frac{(\chi_{\uparrow\uparrow}+\chi_{\uparrow\downarrow})}{(\chi_{\uparrow\uparrow}+\delta_{\uparrow\uparrow})}=\frac{2}{(1+\delta_{\uparrow\uparrow}/\chi_{\uparrow\uparrow})} \tag{7.58}$$

となる．$\Gamma_{\uparrow\uparrow}{}^{\mathrm{A}}(\boldsymbol{k},\boldsymbol{k}+\boldsymbol{q};\boldsymbol{k}+\boldsymbol{q},\boldsymbol{k})$ は $\boldsymbol{q}=0$ で消えるので，$\delta_{\uparrow\uparrow}$ が無視できるとすると $R_{\mathrm{W}}=2$ となる．

実験では図 7-3 に示すように比熱係数と磁化率はほぼ比例し，R_{W} は $U=0$ で 1 であるが，χ_{s} と γ が増強されてもだいたい 1 程度の値をとる．現実には f 軌道の縮退があり，Wilson 比の導出は容易でない．

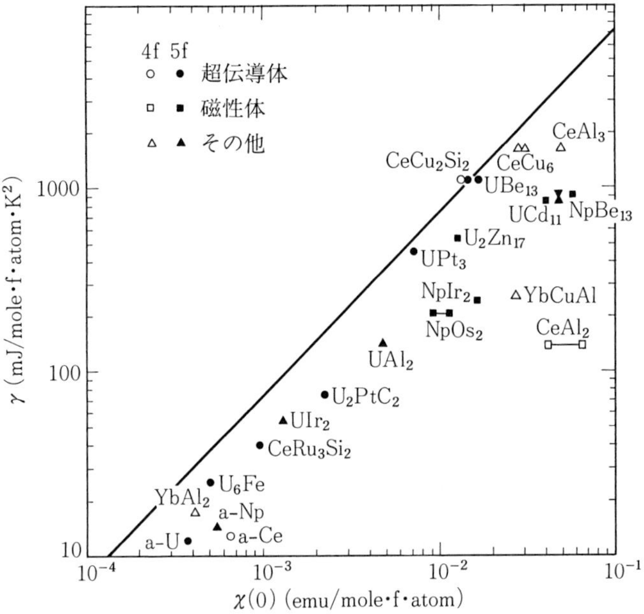

図 7-3 比熱係数 γ と磁化率 χ の関係．ほぼ比例する．
(P. A. Lee, T. M. Rice, J. W. Serene, L. J. Sham and J. W. Wilkins: Comments on Condensed Matter Physics, **12** (1986) 99)

c) 電気抵抗

電子間相互作用は T^2 に比例する準粒子の減衰率を導く．この T^2 項は低温における電気抵抗に見られるはずであるが，重い電子系が発見されるまでは，値が小さく実験による観測は困難であった．重い電子系の T^2 項の係数 A は通常の金属の 10^4 倍から，10^6 倍にもなる．図 7-4 に示すように A は γ^2 に比例して増大する．このような T^2 項は有機導体や銅酸化物高温超伝導体にも見られる．このような最近の進展のもとで，電気抵抗の T^2 項を理論的に検討することは意義があることと思われる*．

原理的な問題として，電子間相互作用は運動量を保存するので，単に電子相互の衝突によっては電気抵抗を生じないはずである．まず，線形応答理論を用

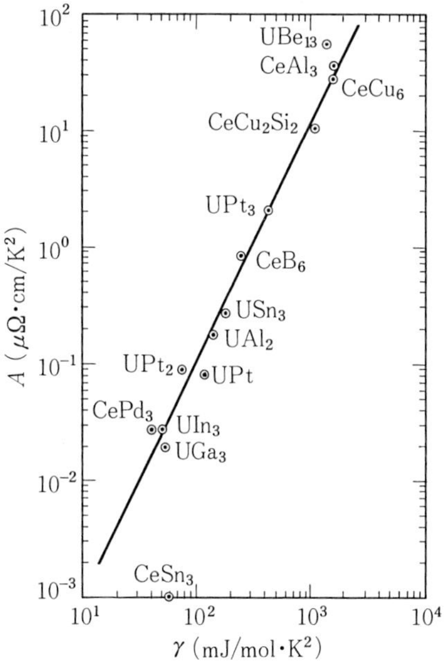

図 7-4 抵抗の T^2 項の係数 A と γ^2 の関係．(K. Kadowaki and S. B. Woods: Solid State Comm. **58** (1986) 507)

* 図 7-4 の比例係数は $A/\gamma^2 \propto v^{-2}/p^2 = (m/p)^2/m^2p^2$ から裸の電子質量には依存しない．それ故，Fermi 液体で普遍的な比例係数をもつ．その結果，f 電子系に限らず遷移金属などでも同じ直線上にのるはずである．

いて電気伝導率 $\sigma_{\mu\nu}$ を求め，自由電子系では電子間の相互作用によっては抵抗を生じないことを示そう．後の重い電子系への適用のため，少し複雑なモデルを用いるが，Hubbard 模型であればより簡単である．

重い電子系の電流を表わす演算子は $\hbar=1$ として

$$\hat{J} = e\sum_{\boldsymbol{k}\sigma}(v_{\boldsymbol{k}}{}^{\mathrm{f}}a_{\boldsymbol{k}\sigma}{}^{\dagger}a_{\boldsymbol{k}\sigma}+v_{\boldsymbol{k}}{}^{\mathrm{c}}c_{\boldsymbol{k}\sigma}{}^{\dagger}c_{\boldsymbol{k}\sigma}+\nabla_{\boldsymbol{k}}V_{\boldsymbol{k}}(a_{\boldsymbol{k}\sigma}{}^{\dagger}c_{\boldsymbol{k}\sigma}+c_{\boldsymbol{k}\sigma}{}^{\dagger}a_{\boldsymbol{k}\sigma}) \tag{7.59}$$

となる．伝導率 $\sigma_{\mu\nu}$ は i,j を f と c の成分を表わす記号としてそれぞれの成分の電流による伝導率 $\sigma_{\mu\nu}{}^{(ij)}$ の和として与えられる(付録 D 参照)．

$$\sigma_{\mu\nu} = \sum_{ij}\sigma_{\mu\nu}{}^{(ij)}$$

$$\sigma_{\mu\nu}{}^{(ij)} = e^2\sum_{\boldsymbol{k}\sigma,\boldsymbol{k}'\sigma'}v_{\boldsymbol{k}\mu}{}^{(i)}v_{\boldsymbol{k}\nu}{}^{(j)}\lim_{\omega\to 0}\frac{1}{\omega}\mathrm{Im}\,K_{\boldsymbol{k}\sigma,\boldsymbol{k}'\sigma'}{}^{(ij)}(\omega+i\delta) \tag{7.60}$$

上の(7.60)で，2 体の Green 関数 $K_{\boldsymbol{k}\sigma,\boldsymbol{k}'\sigma'}{}^{(ij)}(\omega+i\delta)$ は 2 体の温度 Green 関数 $\tilde{K}_{\boldsymbol{k}\sigma,\boldsymbol{k}'\sigma'}{}^{(ij)}(i\omega)$ を $i\omega\to\omega$ $(\omega>0)$ とする解析接続によって得られる($k_{\mathrm{B}}=1$)．

2 体の温度 Green 関数は

$$\tilde{K}_{\boldsymbol{k}\sigma,\boldsymbol{k}'\sigma'}{}^{(ij)}(\omega_m) = \int_0^{1/T}d\tau e^{\omega_m\tau}\langle T_\tau\{A_{\boldsymbol{k}\sigma}{}^{(i)\dagger}(\tau)A_{\boldsymbol{k}\sigma}{}^{(i)}(\tau)A_{\boldsymbol{k}'\sigma'}{}^{(j)\dagger}A_{\boldsymbol{k}'\sigma'}{}^{(j)}\}\rangle \tag{7.61}$$

$$A_{\boldsymbol{k}\sigma}{}^{(i)}(\tau) = e^{(H-\mu N_i)\tau}A_{\boldsymbol{k}\sigma}{}^{(i)}e^{-(H-\mu N_i)\tau}$$

で与えられる．ここで，$A_{\boldsymbol{k}\sigma}{}^{(\mathrm{c})}=c_{\boldsymbol{k}\sigma}$，$A_{\boldsymbol{k}\sigma}{}^{(\mathrm{f})}=a_{\boldsymbol{k}\sigma}$，$\omega_m=2m\pi iT$ である．全体の伝導率 $\sigma_{\mu\nu}$ は次のように準粒子描像で表わすことも可能である．

$$\sigma_{\mu\nu} = e^2\sum_{\boldsymbol{k}\sigma,\boldsymbol{k}'\sigma'}v_{\boldsymbol{k}\mu}{}^{*}v_{\boldsymbol{k}'\nu}{}^{*}\lim_{\omega\to 0}\frac{1}{\omega}\mathrm{Im}\,K_{\boldsymbol{k}\sigma,\boldsymbol{k}'\sigma'}{}^{*}(\omega+i\delta) \tag{7.62}$$

ここで，$K_{\boldsymbol{k}\sigma,\boldsymbol{k}'\sigma'}{}^{*}$ は準粒子の 2 体の Green 関数である．準粒子の速度 $\boldsymbol{v}_{\boldsymbol{k}}{}^{*}$ は

$$\boldsymbol{v}_{\boldsymbol{k}}{}^{*} = \nabla_{\boldsymbol{k}}E_{\boldsymbol{k}}{}^{*} = z_{\boldsymbol{k}}{}^{\mathrm{f}}\tilde{\boldsymbol{v}}_{\boldsymbol{k}}{}^{\mathrm{f}}+z_{\boldsymbol{k}}{}^{\mathrm{c}}\boldsymbol{v}_{\boldsymbol{k}}{}^{\mathrm{c}}+z_{\boldsymbol{k}}{}^{\mathrm{f}}\frac{1}{\mu-\varepsilon_{\boldsymbol{k}}}\nabla_{\boldsymbol{k}}|V_{\boldsymbol{k}}|^2 \tag{7.63}$$

$$\tilde{\boldsymbol{v}}_{\boldsymbol{k}}{}^{\mathrm{f}} = \nabla_{\boldsymbol{k}}(E_{\boldsymbol{k}}+\Sigma_{\boldsymbol{k}}(0))$$

である．

さて，もとの(7.61)式にもどり，Green 関数やバーテックスの特異性に注

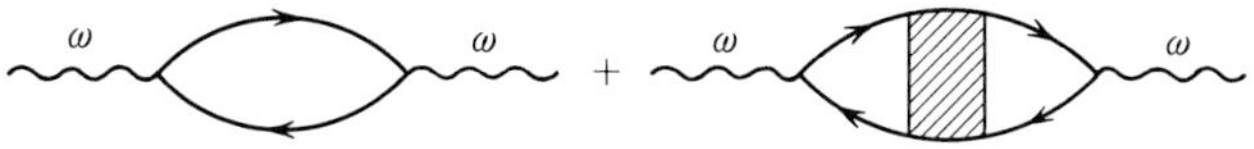

図 7-5 伝導率を与えるダイヤグラム．第2のグラフがバーテックス補正を含む．$\omega\to 0$ とする．

意して，Éliashberg によってなされた変形を行なうと*

$$K_{\boldsymbol{k}\sigma,\boldsymbol{k}'\sigma'}{}^{(ij)}(\omega+i\delta) = -\frac{1}{4\pi i}\int_{-\infty}^{\infty} d\varepsilon\Big[\mathrm{th}\,\frac{\varepsilon}{2T}K_1{}^{(ij)}(\varepsilon,\omega) + \Big(\mathrm{th}\,\frac{\varepsilon+\omega}{2T}-\mathrm{th}\,\frac{\varepsilon}{2T}\Big)K_2{}^{(ij)}(\varepsilon,\omega)-\mathrm{th}\,\frac{\varepsilon+\omega}{2T}K_3{}^{(ij)}(\varepsilon,\omega)\Big] \tag{7.64}$$

$$K_l{}^{(ij)}(\varepsilon,\omega) = g_l{}^{(ijji)}(\varepsilon,\omega)+g_l{}^{(iffi)}(\varepsilon,\omega)\sum_{m=1}^{3}\frac{1}{4\pi i}\int d\varepsilon'\, T_{lm}(\varepsilon,\varepsilon':\omega) \times g_m{}^{(fjjf)}(\varepsilon',\omega) \tag{7.65}$$

となる．ただし，g_l は $\omega>0$ として

$$g_1{}^{(ijji)}(\varepsilon,\omega) = G^{R(ij)}(\varepsilon)G^{R(ji)}(\varepsilon+\omega) \tag{7.66a}$$

$$g_2{}^{(ijji)}(\varepsilon,\omega) = G^{A(ij)}(\varepsilon)G^{R(ji)}(\varepsilon+\omega) \tag{7.66b}$$

$$g_3{}^{(ijji)}(\varepsilon,\omega) = G^{A(ij)}(\varepsilon)G^{A(ji)}(\varepsilon+\omega) \tag{7.66c}$$

ここで R と A は遅延(retarded)と先行(advanced)の Green 関数を表わす．Fermi 面近くの極で Green 関数を近似すると

$$g_1{}^{(ijji)}(\varepsilon,\omega) \simeq \{G^{R(ij)}(\varepsilon)\}^2 = z_{\boldsymbol{k}}{}^i z_{\boldsymbol{k}}{}^j(\varepsilon-E_{\boldsymbol{k}}{}^*+i\delta)^{-2} \tag{7.67a}$$

$$g_2{}^{(ijji)}(\varepsilon,\omega) = G^{A(ij)}(\varepsilon)G^{R(ji)}(\varepsilon+\omega) \simeq 2\pi i z_{\boldsymbol{k}}{}^i z_{\boldsymbol{k}}{}^j\delta(\varepsilon-E_{\boldsymbol{k}}{}^*)/(\omega+2i\Gamma_{\boldsymbol{k}}{}^*) \tag{7.67b}$$

$$g_3{}^{(ijji)}(\varepsilon,\omega) = \{g_1{}^{(ijji)}(\varepsilon,\omega)\}^* \tag{7.67c}$$

(7.65)式の T_{lm} は g_2 を前後にもつ T_{22} を除いて，速度のくり込みに寄与する．$T=0$ ではそのバーテックス補正を $\boldsymbol{\Lambda}_{\boldsymbol{k}\sigma}{}^0(0)$ として

* G. M. Éliashberg: Sov. Phys. JETP 14 (1962) 886.

$$\boldsymbol{\Lambda}_{\boldsymbol{k}\sigma}{}^{0}(0)=\sum_{\boldsymbol{k}'\sigma'}\int\frac{d\omega'}{2\pi i}\Gamma_{\sigma\sigma'}(\boldsymbol{k},\boldsymbol{k}')[G_{\boldsymbol{k}'}{}^{\mathrm{f}}(\omega')]^2\left[\boldsymbol{v}_{\boldsymbol{k}'}{}^{\mathrm{f}}+\frac{|V_{\boldsymbol{k}}|^2}{(\omega'+\mu-\varepsilon_{\boldsymbol{k}})^2}\boldsymbol{v}_{\boldsymbol{k}}{}^{\mathrm{c}}\right.$$
$$\left.+\frac{\partial|V_{\boldsymbol{k}}|^2/\partial\boldsymbol{k}'}{(\omega'+\mu-\varepsilon_{\boldsymbol{k}'})}\right] \tag{7.68}$$

ここで，$\Gamma_{\sigma\sigma'}(\boldsymbol{k},\boldsymbol{k}')=\Gamma_{\sigma\sigma'}(\boldsymbol{k},\boldsymbol{k}'\,;\,\boldsymbol{k}',\boldsymbol{k})$ である．

一方，自己エネルギー $\Sigma_{\boldsymbol{k}\sigma}(0)$ の運動量微分は

$$\frac{\partial\Sigma_{\boldsymbol{k}\sigma}(0)}{\partial\boldsymbol{k}}=\sum_{\boldsymbol{k}'\sigma'}\int\Gamma_{\sigma\sigma'}(\boldsymbol{k},\boldsymbol{k}')\lim_{\boldsymbol{q}\to 0}\frac{1}{\boldsymbol{q}}[G_{\boldsymbol{k}'+\boldsymbol{q}}{}^{\mathrm{f}}(\omega')-G_{\boldsymbol{k}'}{}^{\mathrm{f}}(\omega')]\frac{d\omega'}{2\pi i}$$
$$=\sum_{\boldsymbol{k}'\sigma'}\int\frac{d\omega'}{2\pi i}\Gamma_{\sigma\sigma'}(\boldsymbol{k},\boldsymbol{k}')[G_{\boldsymbol{k}'}{}^{\mathrm{f}}(\omega')]^2\left[\boldsymbol{v}_{\boldsymbol{k}'}{}^{\mathrm{f}}+\frac{|V_{\boldsymbol{k}'}|^2}{(\omega'+\mu-\varepsilon_{\boldsymbol{k}'})^2}\boldsymbol{v}_{\boldsymbol{k}'}{}^{\mathrm{c}}\right.$$
$$\left.+\frac{\partial|V_{\boldsymbol{k}'}|^2/\partial\boldsymbol{k}'}{(\omega'+\mu-\varepsilon_{\boldsymbol{k}'})}\right]-\sum_{\boldsymbol{k}'\sigma'}\Gamma_{\sigma\sigma'}(\boldsymbol{k},\boldsymbol{k}')z_{\boldsymbol{k}}{}^{\mathrm{f}}\delta(\mu-E_{\boldsymbol{k}'}{}^{*})\boldsymbol{v}_{\boldsymbol{k}'}{}^{*} \tag{7.69}$$

こうして，$T=0$ における電子の流れは

$$\boldsymbol{J}_{\boldsymbol{k}}=z_{\boldsymbol{k}}{}^{\mathrm{f}}\left(\boldsymbol{v}_{\boldsymbol{k}}{}^{\mathrm{f}}+\boldsymbol{\Lambda}_{\boldsymbol{k}}{}^{0}(0)+\frac{1}{\mu-\varepsilon_{\boldsymbol{k}}}\nabla_{\boldsymbol{k}}|V_{\boldsymbol{k}}|^2\right)+z_{\boldsymbol{k}}{}^{\mathrm{c}}\boldsymbol{v}_{\boldsymbol{k}}{}^{\mathrm{c}}$$
$$=\boldsymbol{v}_{\boldsymbol{k}}{}^{*}+\sum_{\boldsymbol{k}'\sigma'}f_{\sigma\sigma'}(\boldsymbol{k},\boldsymbol{k}')\delta(\mu-E_{\boldsymbol{k}'}{}^{*})\boldsymbol{v}_{\boldsymbol{k}'}{}^{*} \tag{7.70}$$

となる．上式第 2 項はバックフローを表わし，準粒子間の相互作用 f は

$$f_{\sigma\sigma'}(\boldsymbol{k},\boldsymbol{k}')=z_{\boldsymbol{k}}{}^{\mathrm{f}}\Gamma_{\sigma\sigma'}(\boldsymbol{k},\boldsymbol{k}'\,;\,\boldsymbol{k}',\boldsymbol{k})z_{\boldsymbol{k}}{}^{\mathrm{f}} \tag{7.71}$$

である．ここでの有限温度の導出では，バックフローの項は次式第 2 項のバーテックス補正として表わされるので $\boldsymbol{J}_{\boldsymbol{k}}=\boldsymbol{v}_{\boldsymbol{k}}{}^{*}$ としてよい．こうして伝導率は

$$\sigma_{\mu\nu}(\omega)=\frac{i}{2}e^2\sum_{\boldsymbol{k}}J_{\boldsymbol{k}\mu}\frac{1}{2T}\frac{\mathrm{ch}^{-2}(E_{\boldsymbol{k}}{}^{*}/2T)}{\omega+2i\Gamma_{\boldsymbol{k}}{}^{*}}J_{\boldsymbol{k}\nu}$$
$$+\frac{1}{2}e^2\sum_{\boldsymbol{k},\boldsymbol{k}'}J_{\boldsymbol{k}\mu}z_{\boldsymbol{k}}{}^{\mathrm{f}}\frac{(1/2T)\mathrm{ch}^{-2}(E_{\boldsymbol{k}}{}^{*}/2T)\,T_{22}(\boldsymbol{k},\boldsymbol{k}'\,;\,\omega)}{(\omega+2i\Gamma_{\boldsymbol{k}}{}^{*})(\omega+2i\Gamma_{\boldsymbol{k}'}{}^{*})}z_{\boldsymbol{k}'}{}^{\mathrm{f}}J_{\boldsymbol{k}'\nu} \tag{7.72}$$

さて，バーテックス補正 T_{22} を検討しよう．図 7-6 に示された 2 次の自己エネルギー $\Sigma_{\boldsymbol{k}\sigma}{}^{(2)}(\varepsilon)$ に対応するバーテックス補正が図 7-7 に示されている．これらの 3 つの項はそれぞれ $\Sigma_{\boldsymbol{k}}{}^{(2)}(\varepsilon)$ が T^2 項を生じるのとまったく同様にして T^2 項を生じる．しかし，g_2 から生じる $1/2i\Gamma_{\boldsymbol{k}}{}^{*}$ との積になっており，T^2 が

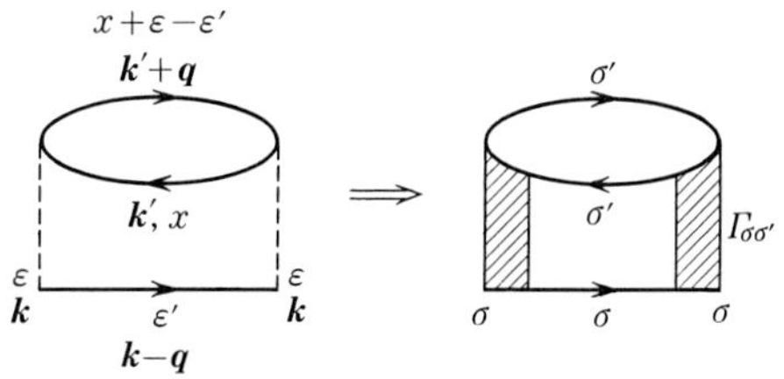

図 7-6 自己エネルギーの虚数部の T^2 項を与える U の 2 次と一般のダイヤグラム．実線は電子線，破線は相互作用を表わす．

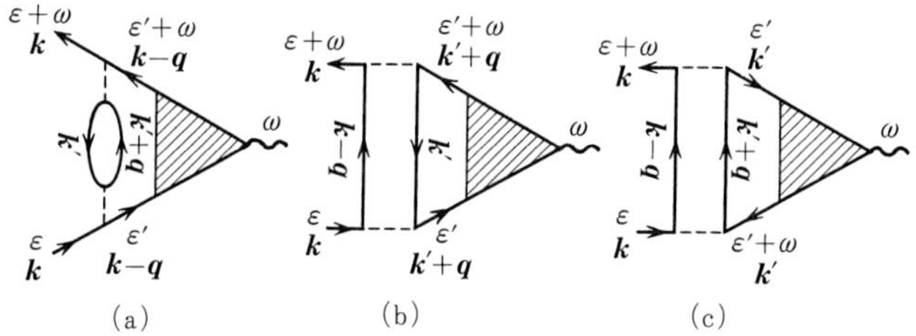

図 7-7 運動量を保存するために必要な 2 次のバーテックス補正．実線，破線はそれぞれ電子線と相互作用を表わす．図 7-6 の 2 次の自己エネルギーのグラフの電子線 3 本にそれぞれバーテックス補正をして得られる．

分子・分母で消え，1 のオーダーの補正を与え，低温でも無視できない．少し計算するとバーテックス補正を $\boldsymbol{\Lambda_k}$ として

$$\boldsymbol{\Lambda_k}^{(a)}(\varepsilon) \simeq U^2 \sum_{\boldsymbol{k}'\boldsymbol{q}} \pi\rho_{\boldsymbol{k}-\boldsymbol{q}}(0)\rho_{\boldsymbol{k}'+\boldsymbol{q}}(0)\rho_{\boldsymbol{k}'}(0)\frac{\varepsilon^2+(\pi T)^2}{2\Delta_{\boldsymbol{k}-\boldsymbol{q}}(\varepsilon)}\boldsymbol{\Lambda}_{\boldsymbol{k}-\boldsymbol{q}}(\varepsilon) \tag{7.73a}$$

$$\boldsymbol{\Lambda_k}^{(b)}(\varepsilon) \simeq U^2 \sum_{\boldsymbol{k}'\boldsymbol{q}} \pi\rho_{\boldsymbol{k}-\boldsymbol{q}}(0)\rho_{\boldsymbol{k}'+\boldsymbol{q}}(0)\rho_{\boldsymbol{k}'}(0)\frac{\varepsilon^2+(\pi T)^2}{2\Delta_{\boldsymbol{k}'+\boldsymbol{q}}(\varepsilon)}\boldsymbol{\Lambda}_{\boldsymbol{k}'+\boldsymbol{q}}(\varepsilon) \tag{7.73b}$$

$$\boldsymbol{\Lambda_k}^{(c)}(\varepsilon) \simeq U^2 \sum_{\boldsymbol{k}'\boldsymbol{q}} \pi\rho_{\boldsymbol{k}-\boldsymbol{q}}(0)\rho_{\boldsymbol{k}'}(0)\rho_{\boldsymbol{k}'+\boldsymbol{q}}(0)\frac{(\pi T)^2+\varepsilon^2}{2\Delta_{\boldsymbol{k}'}(-\varepsilon)}\boldsymbol{\Lambda}_{\boldsymbol{k}'}(-\varepsilon) \tag{7.73c}$$

となる．U^2 に限らず，高次まで含めて一般にバーテックス補正を考慮すると図 7-8 に示されたものになる．これは図 7-6 の T^2 項を与える一般的な自己エネルギーに対応する．電子の流れのバーテックス補正は

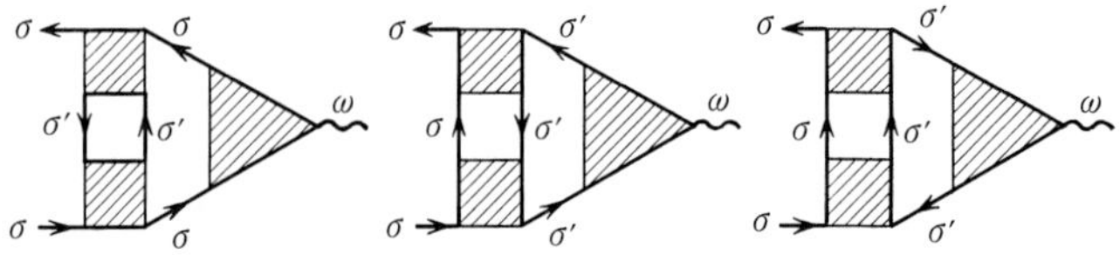

図 7-8 運動量を保存するために必要なバーテックス補正の一般項.

$$\boldsymbol{\Lambda}_{\boldsymbol{k}}(\varepsilon) = \boldsymbol{J}_{\boldsymbol{k}} + \boldsymbol{\Lambda}_{\boldsymbol{k}}{}^{(a)}(\varepsilon) + \boldsymbol{\Lambda}_{\boldsymbol{k}}{}^{(b)}(\varepsilon) + \boldsymbol{\Lambda}_{\boldsymbol{k}}{}^{(c)}(\varepsilon)$$
$$= \boldsymbol{J}_{\boldsymbol{k}} + \sum_{\boldsymbol{k}'\boldsymbol{q}} \Delta_0(\boldsymbol{k}, \boldsymbol{k}'\,;\, \boldsymbol{k}'+\boldsymbol{q}, \boldsymbol{k}-\boldsymbol{q}) \left\{ \frac{\boldsymbol{\Lambda}_{\boldsymbol{k}-\boldsymbol{q}}(\varepsilon)}{2\Delta_{\boldsymbol{k}-\boldsymbol{q}}(\varepsilon)} + \frac{\boldsymbol{\Lambda}_{\boldsymbol{k}'+\boldsymbol{q}}(\varepsilon)}{2\Delta_{\boldsymbol{k}'+\boldsymbol{q}}(\varepsilon)} - \frac{\boldsymbol{\Lambda}_{\boldsymbol{k}}(-\varepsilon)}{2\Delta_{\boldsymbol{k}'}(-\varepsilon)} \right\} \tag{7.74}$$

となる. ただし,

$$\Delta_0(\boldsymbol{k}, \boldsymbol{k}'\,;\, \boldsymbol{k}'+\boldsymbol{q}, \boldsymbol{k}-\boldsymbol{q}) = \pi\rho_{\boldsymbol{k}-\boldsymbol{q}}{}^{\mathrm{f}}(0)\rho_{\boldsymbol{k}'+\boldsymbol{q}}{}^{\mathrm{f}}(0)\rho_{\boldsymbol{k}'}{}^{\mathrm{f}}(0)[(\pi T)^2+\varepsilon^2]$$
$$\times \left[\Gamma_{\uparrow\downarrow}{}^2(\boldsymbol{k}, \boldsymbol{k}'\,;\, \boldsymbol{k}'+\boldsymbol{q}, \boldsymbol{k}-\boldsymbol{q}) + \frac{1}{2}(\Gamma_{\uparrow\uparrow}{}^{\mathrm{A}}(\boldsymbol{k}, \boldsymbol{k}'\,;\, \boldsymbol{k}'+\boldsymbol{q}, \boldsymbol{k}-\boldsymbol{q}))^2 \right] \tag{7.75}$$

$$\Delta_{\boldsymbol{k}} = \frac{1}{2} \sum_{\boldsymbol{k}'\boldsymbol{q}} \Delta_0(\boldsymbol{k}, \boldsymbol{k}'\,;\, \boldsymbol{k}'+\boldsymbol{q}, \boldsymbol{k}-\boldsymbol{q}) \tag{7.76}$$

ここで,

$$\boldsymbol{\Phi}_{\boldsymbol{k}}(\varepsilon) = \boldsymbol{\Lambda}_{\boldsymbol{k}}(\varepsilon)/2\Delta_{\boldsymbol{k}}(\varepsilon) = \boldsymbol{\Phi}_{\boldsymbol{k}}(-\varepsilon) \tag{7.77}$$

とおくと(7.74)式は

$$\boldsymbol{J}_{\boldsymbol{k}} + \sum_{\boldsymbol{k}'\boldsymbol{q}} \Delta_0(\boldsymbol{k}, \boldsymbol{k}'\,;\, \boldsymbol{k}'+\boldsymbol{q}, \boldsymbol{k}-\boldsymbol{q})[\boldsymbol{\Phi}_{\boldsymbol{k}-\boldsymbol{q}} + \boldsymbol{\Phi}_{\boldsymbol{k}'+\boldsymbol{q}} - \boldsymbol{\Phi}_{\boldsymbol{k}'} - \boldsymbol{\Phi}_{\boldsymbol{k}}] = 0 \tag{7.78}$$

となり, (7.72)式の伝導率は

$$\sigma_{\mu\nu}(0) = e^2 \sum_{\boldsymbol{k}} J_{\boldsymbol{k}\mu} \left(-\frac{\partial f(x)}{\partial x} \right)_{x=E_{\boldsymbol{k}}{}^*} \frac{\boldsymbol{\Lambda}_{\boldsymbol{k}\nu}}{2\Gamma_{\boldsymbol{k}}{}^*} \tag{7.79}$$

となる. ここで, 自由電子を仮定して

$$\boldsymbol{\Phi}_{\boldsymbol{k}} = \boldsymbol{k}F \tag{7.80}$$

とすると, 運動量が保存するから

$$\boldsymbol{\Phi}_{\boldsymbol{k}-\boldsymbol{q}}+\boldsymbol{\Phi}_{\boldsymbol{k}'+\boldsymbol{q}}-\boldsymbol{\Phi}_{\boldsymbol{k}'}-\boldsymbol{\Phi}_{\boldsymbol{k}} = 0 \tag{7.81}$$

となる．これを(7.78)式に代入すると $F=\infty$ となり，(7.79)式の $\sigma(0)$ が ∞ となり，抵抗がなくなる．こうして，われわれは自由電子の伝導率を正しく導くことができた*．この導き方のもとで，生じた抵抗こそ正しいものである．そこで，格子系にある電子を考え，電子間散乱の反転過程を入れて，$\boldsymbol{K}_i$ を逆格子ベクトルとして

$$\boldsymbol{\Phi}_{\boldsymbol{k}-\boldsymbol{q}}+\boldsymbol{\Phi}_{\boldsymbol{k}'+\boldsymbol{q}}-\boldsymbol{\Phi}_{\boldsymbol{k}'}-\boldsymbol{\Phi}_{\boldsymbol{k}} = -\sum_i \boldsymbol{K}_i F \tag{7.82}$$

とすると(7.78)式から

$$\boldsymbol{\Phi}_{\boldsymbol{k}} = \frac{\boldsymbol{k}}{2\Delta_{\boldsymbol{k}}}\frac{\boldsymbol{J}_{\boldsymbol{k}}\cdot\boldsymbol{k}}{\sum_i \boldsymbol{K}_i\cdot\boldsymbol{k}}, \qquad \boldsymbol{J}_{\boldsymbol{k}} \propto \boldsymbol{k} \tag{7.83}$$

となる．この結果を用いて伝導率は

$$\sigma_{\mu\nu}(0) = e^2\sum_{\boldsymbol{k}}\delta(\mu-E_{\boldsymbol{k}}^*)J_{\boldsymbol{k}\mu}\frac{1}{2\Gamma_{\boldsymbol{k}}^*}\frac{\boldsymbol{k}^2}{\sum_i \boldsymbol{K}_i\cdot\boldsymbol{k}}J_{\boldsymbol{k}\nu} \tag{7.84}$$

となり，T^2 に比例する抵抗が得られる．一般に Fermi 面が与えられると，反転過程を具体的に考慮することによって電気抵抗の T^2 項を正確に評価する基礎付けがなされたことになる．結局，

$$\sigma_{\mu\nu} = e^2\sum_{\boldsymbol{k}}\delta(\mu-E_{\boldsymbol{k}}^*)J_{\boldsymbol{k}\mu}\frac{1}{2\Gamma_{\boldsymbol{k}}^*}\frac{1}{C_{\boldsymbol{k}}}J_{\boldsymbol{k}\nu} \tag{7.85}$$

ここで $C_{\boldsymbol{k}}$ は反転過程によって定まる数因子で 1 のオーダーの量である．$\boldsymbol{J}_{\boldsymbol{k}}$ は準粒子の流れであり，$\Gamma_{\boldsymbol{k}}^*$ や $E_{\boldsymbol{k}}^*$ と同様に f 電子のくり込み因子 $z_{\boldsymbol{k}}{}^{\mathrm{f}}$ がかかるため，小さくなる．$\rho_{\boldsymbol{k}}^*(0)=\delta(\mu-E_{\boldsymbol{k}}^*)$ は $E_{\boldsymbol{k}}^*$ のバンド幅が小さくなった結果 $1/z_{\boldsymbol{k}}{}^{\mathrm{f}}$ だけ大きくなる．したがって(7.85)式においてこれらのくり込み因子は打ち消しあい，f 電子の量のみを用いて記述できる．こうして，電気抵抗は f 電子の自己エネルギーの虚数部分 $\Delta_{\boldsymbol{k}}$ で定まることになる．次の表式の $\Delta_{\boldsymbol{k}}$ を Fermi 面にわたって，電子の速度を含めて平均したものによって，抵抗の

* K. Yamada and K. Yosida: Prog. Theor. Phys. **76** (1986) 621.

T^2 項の係数が与えられる.

$$\Delta_{\boldsymbol{k}} \simeq \frac{4(\pi T)^2}{3}\sum_{\boldsymbol{k}'\boldsymbol{q}} \pi\rho_{\boldsymbol{k}-\boldsymbol{q}}{}^{\mathrm{f}}(0)\rho_{\boldsymbol{k}'}{}^{\mathrm{f}}(0)\rho_{\boldsymbol{k}'+\boldsymbol{q}}{}^{\mathrm{f}}(0)\Big[\Gamma_{\uparrow\downarrow}{}^2(\boldsymbol{k},\boldsymbol{k}';\boldsymbol{k}'+\boldsymbol{q},\boldsymbol{k}-\boldsymbol{q}) + \frac{1}{2}(\Gamma_{\uparrow\uparrow}{}^{\mathrm{A}}(\boldsymbol{k},\boldsymbol{k}';\boldsymbol{k}'+\boldsymbol{q},\boldsymbol{k}-\boldsymbol{q}))^2\Big] \tag{7.86}$$

一方，γ は電子相関によって f 電子の電荷揺らぎが抑えられるときは(7.37)(7.52),(7.57)式から

$$\gamma = \frac{2\pi^2 k_{\mathrm{B}}{}^2}{3}\sum_{\boldsymbol{k}\boldsymbol{q}} \rho_{\boldsymbol{k}}{}^{\mathrm{f}}(0)[\Gamma_{\uparrow\downarrow}(\boldsymbol{k},\boldsymbol{k}+\boldsymbol{q};\boldsymbol{k}+\boldsymbol{q},\boldsymbol{k}) + \Gamma_{\uparrow\uparrow}{}^{\mathrm{A}}(\boldsymbol{k},\boldsymbol{k}+\boldsymbol{q};\boldsymbol{k}+\boldsymbol{q},\boldsymbol{k})]\rho_{\boldsymbol{k}+\boldsymbol{q}}{}^{\mathrm{f}}(0) \tag{7.87}$$

と表わされる．この式と抵抗の T^2 項を与える(7.86)式とを比較して，スピンの揺らぎが実空間で局在し，$\Gamma_{\sigma\sigma'}$ の運動量依存性が無視できるときは

$$A \propto \gamma^2 \tag{7.88}$$

の関係が成立することが理解される．比例係数は(7.84),(7.86),(7.87)式から，$A/\gamma^2 = 1/J^2\rho^2 \propto 1/k_{\mathrm{F}}{}^4$ となり，裸の電子質量によらない．それ故，この関係式は f 電子に限らず，一般の Fermi 液体で成立する．

7-4 銅酸化物高温超伝導体の Fermi 液体論

超伝導転移温度 T_{c} が最高 150 K にまで達した一連の銅酸化物超伝導体は，銅原子のもつスピン 1/2 が反強磁性的に配列した相に近接する電子相関の強い系である．CuO_2 からなる 2 次元面の層の間に他の原子層をはさみ，c 軸方向に周期的に並べられた結晶構造をしている．それ故，銅酸化物高温超伝導体のモデルとして，CuO_2 の 2 次元面を記述する次の d-p 模型が用いられる．

$$\mathscr{H}_{\text{d-p}} = \varepsilon_{\mathrm{d}}\sum_{i\sigma} n_{i\sigma}{}^{\mathrm{d}} + \varepsilon_{\mathrm{p}}\sum_{\boldsymbol{k}\sigma} p_{\boldsymbol{k}\sigma}{}^{\dagger}p_{\boldsymbol{k}\sigma} + \sum_{\boldsymbol{k}\sigma}(V_{\boldsymbol{k}}d_{\boldsymbol{k}\sigma}{}^{\dagger}p_{\boldsymbol{k}\sigma} + V_{\boldsymbol{k}}{}^{*}p_{\boldsymbol{k}\sigma}{}^{\dagger}d_{\boldsymbol{k}\sigma}) + U\sum_i n_{i\uparrow}{}^{\mathrm{d}}n_{i\downarrow}{}^{\mathrm{d}} \tag{7.89}$$

$$V_{\boldsymbol{k}}{}^2 = 2t^2(2-\cos k_x a - \cos k_y a) \tag{7.90}$$

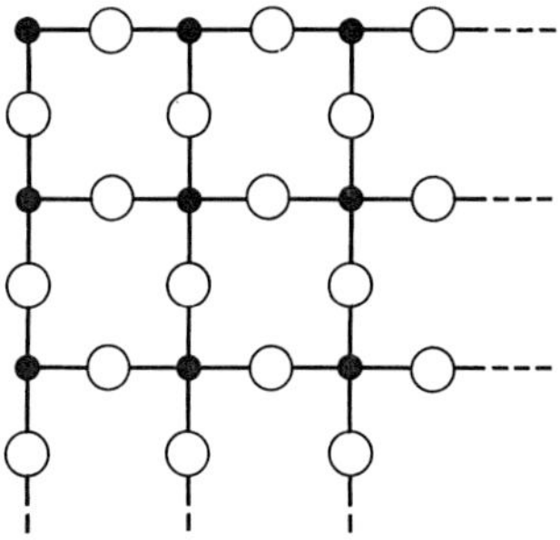

図 7-9　銅酸化物高温超伝導体の CuO_2 の 2 次元面．黒丸が銅原子，白丸が酸素原子を表わす．

ここで，ε_d のエネルギーを持つ銅サイトの d 軌道と ε_p のエネルギーをもつ酸素の p 軌道が，a 離れた隣りあう d-p 軌道間を遷移行列 t を通じて混成する．また，ここでは d 軌道内の電子間 Coulomb 反発力 U のみを考慮する．p 軌道を伝導電子に，d 軌道を f 軌道に対応させると前述の周期的 Anderson ハミルトニアンの結果をそのまま利用することができる．周期的 Anderson ハミルトニアンと異なる点は $V_{\boldsymbol{k}}$ の $\boldsymbol{k}$ 依存性と p 軌道内の遷移の大きさ，つまり p 軌道の幅である．前節とまったく同様に比熱，磁化率の表式を得ることができる．

比熱係数 γ は $\Sigma_{\boldsymbol{k}}(\omega)$ を d 電子の自己エネルギーとして

$$\gamma = \frac{2\pi^2 k_B{}^2}{3}\tilde{\gamma} \tag{7.91}$$

$$\tilde{\gamma} = \sum_{\boldsymbol{k}} [\rho_{\boldsymbol{k}}{}^{d}(0)\tilde{\gamma}_{\boldsymbol{k}} + \rho_{\boldsymbol{k}}{}^{p}(0)] \tag{7.92}$$

$$\tilde{\gamma}_{\boldsymbol{k}} = 1 - \left.\frac{\partial \Sigma_{\boldsymbol{k}}(\omega)}{\partial \omega}\right|_{\omega=0} \tag{7.93}$$

で与えられる．d-p 模型では d 軌道の幅も t のオーダーで広く，電子の有効質量はそう大きくならない．スピン磁化率も同様にして，

$$\chi_s = 2\mu_B{}^2 \sum_{\boldsymbol{k}} [\rho_{\boldsymbol{k}}{}^{d}(0)\tilde{\chi}_s(\boldsymbol{k}) + \rho_{\boldsymbol{k}}{}^{p}(0)] \tag{7.94}$$

となる．$\tilde{\chi}_s(\boldsymbol{k})$ は(7.48)～(7.50)式のように $\Sigma_{\boldsymbol{k}}(0)$ の磁場微分で与えられる．

a） 核スピン・格子緩和時間 T_1

核磁気緩和率 $1/T_1$ は線形応答理論を用いて，磁化率 $\chi^{+-}(\boldsymbol{q},\omega)$ で表わすことができる*(付録 D 参照).

$$\frac{1}{T_1}=k_{\mathrm{B}}T(g_n\mu_n)^2\sum_{\boldsymbol{q}}|A(\boldsymbol{q})|^2\left[\frac{1}{\omega}\mathrm{Im}\,\chi^{+-}(\boldsymbol{q},\omega+i0)\right]_{\omega\to 0} \qquad (7.95)$$

ここで，$A(\boldsymbol{q})$ は超微細構造結合定数であり，μ_n，g_n は核磁子とその g 値である．$\chi^{+-}(\boldsymbol{q},\omega+i0)$ は

$$\chi^{+-}(\boldsymbol{q},\omega+i0)=i\int_0^{\infty}dte^{i(\omega+i0)t}\langle[S_{\boldsymbol{q}}^{+}(t),S_{\boldsymbol{q}}^{-}(0)]\rangle \qquad (7.96)$$

$$S_{\boldsymbol{q}}^{+}=\sum_{\boldsymbol{k}}d_{\boldsymbol{k}\uparrow}^{\dagger}d_{\boldsymbol{k}+\boldsymbol{q}\downarrow} \qquad (7.97)$$

である．もし重い電子系のように f 電子のスピンの揺らぎが主であるときは d 電子が f 電子にかわる．

低温の極限で $\chi^{+-}(\boldsymbol{q},\omega)$ を ω で微分して虚数部をとって，

$$\left[\frac{1}{\omega}\mathrm{Im}\,\chi^{+-}(\boldsymbol{q},\omega+i0)\right]_{\omega\to 0}=\pi\sum_{\boldsymbol{k}}\rho_{\boldsymbol{k}}^{\mathrm{d}}(0)\rho_{\boldsymbol{k}+\boldsymbol{q}}^{\mathrm{d}}(0)[\boldsymbol{\Lambda}_{\boldsymbol{k},\boldsymbol{k}+\boldsymbol{q}}(0)]^2 \qquad (7.98)$$

$$\boldsymbol{\Lambda}_{\boldsymbol{k},\boldsymbol{k}+\boldsymbol{q}}(0)=1-T\sum_{n\boldsymbol{k}'}\Gamma_{\uparrow\downarrow}(\boldsymbol{k}+\boldsymbol{q},\boldsymbol{k}';\boldsymbol{k},\boldsymbol{k}'+\boldsymbol{q})G_{\boldsymbol{k}'+\boldsymbol{q}\uparrow}^{\mathrm{d}}(i\varepsilon_n)G_{\boldsymbol{k}'\downarrow}^{\mathrm{d}}(i\varepsilon_n) \qquad (7.99)$$

と表わされる．上の $\boldsymbol{\Lambda}_{\boldsymbol{k},\boldsymbol{k}+\boldsymbol{q}}(0)$ は d 電子間の相互作用 U による増強因子である．電子相関によって核スピンの緩和率が強められるのである．ρ^{d} や $\boldsymbol{\Lambda}$ の変

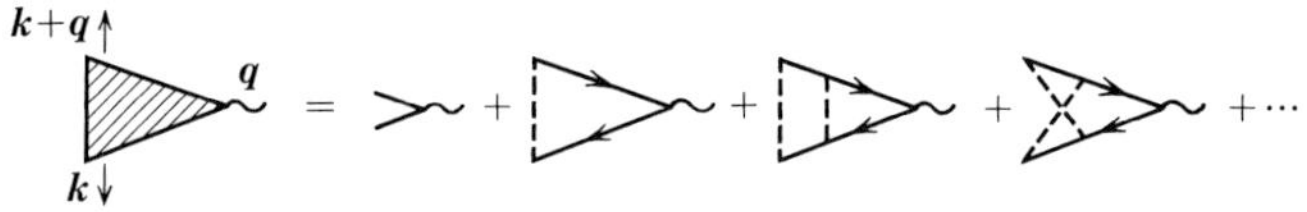

図 7-10 T_1 のバーテックス補正 $\boldsymbol{\Lambda}_{\boldsymbol{k},\boldsymbol{k}+\boldsymbol{q}}$ のダイヤグラム．実線が電子線，破線は相互作用を表わす．

* T. Moriya: J. Phys. Soc. Jpn. **18** (1963) 516.

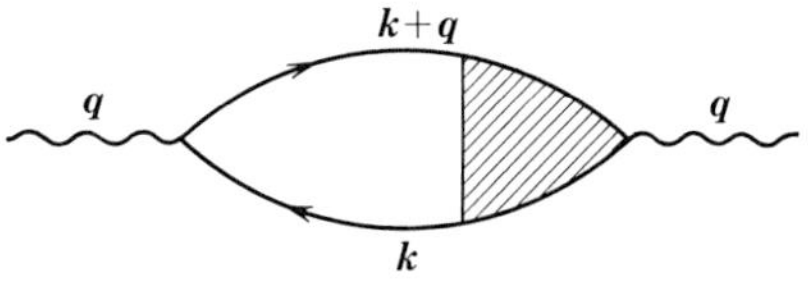

図 7-11　磁化率 $\chi(\boldsymbol{q})$ のダイヤグラム．

数 $\omega=0$ は Fermi 面の値をとることを表わしている．それ故，(7.98)式の運動量は Fermi 面の値である．そこで，$\boldsymbol{\Lambda}_{\boldsymbol{k},\boldsymbol{k}+\boldsymbol{q}}$ が運動量 $\boldsymbol{k}$ の方向に依存しないと仮定して，それを $\boldsymbol{\Lambda}(\boldsymbol{q})$ と表わす．

電子間相互作用を含めた真の磁化率 $\chi(\boldsymbol{q})$ は $\boldsymbol{\Lambda}$ を用いて図 7-11 に示すように

$$\chi(\boldsymbol{q}) = -\sum_{\boldsymbol{k}}\int_{-\infty}^{\infty}\frac{d\varepsilon}{2\pi}\boldsymbol{\Lambda}_{\boldsymbol{k},\boldsymbol{k}+\boldsymbol{q}}(i\varepsilon)G_{\boldsymbol{k}}{}^{\mathrm{d}}(i\varepsilon)G_{\boldsymbol{k}+\boldsymbol{q}}{}^{\mathrm{d}}(i\varepsilon) \tag{7.100}$$

と表わされる．ここで，$\boldsymbol{\Lambda}_{\boldsymbol{k},\boldsymbol{k}+\boldsymbol{q}}(i\varepsilon)$ の $\boldsymbol{k}$，ε 依存性を無視すると

$$\chi(\boldsymbol{q}) \simeq \boldsymbol{\Lambda}(\boldsymbol{q})\bar{\chi}(\boldsymbol{q}) \tag{7.101}$$

となる．ここで，$\bar{\chi}(\boldsymbol{q})$ は自己エネルギーの補正のみを含み，バーテックス補正を無視したときの磁化率である．このような近似は RPA(乱雑位相近似)に基づく近似では正当化される．ここでは $\boldsymbol{k}$，ε 依存性を無視しただけで，RPA を仮定していないから，より一般的である．例えば，$\boldsymbol{\Lambda}$ の $\boldsymbol{q}$ 依存性が大きいか，逆に小さいときにも許される．

(7.101)式の $\boldsymbol{\Lambda}(\boldsymbol{q})$ を(7.98)式に用いて

$$\frac{1}{T_1T} \propto [\rho^{\mathrm{d}}(0)]^2\sum_{\boldsymbol{q}}|A(\boldsymbol{q})|^2\left[\frac{\chi(\boldsymbol{q})}{\bar{\chi}(\boldsymbol{q})}\right]^2 \tag{7.102}$$

となる．重い電子系の T_1 に関しても，(7.98)，(7.99)式の d 電子を f 電子に置きかえることによって同様の結果を導くことができる．

b) 2 次元反強磁性スピン揺らぎ

電気抵抗の T^2 項の係数 A は重い電子系と同様にして，次式で与えられる．

$$A \propto \left\langle \sum_{\boldsymbol{k}',\boldsymbol{q}} \rho_{\boldsymbol{k}'}{}^{\mathrm{d}}(0)\rho_{\boldsymbol{k}'+\boldsymbol{q}}{}^{\mathrm{d}}(0)\rho_{\boldsymbol{k}+\boldsymbol{q}}{}^{\mathrm{d}}(0)\Gamma_{\uparrow\downarrow}{}^2(\boldsymbol{k},\boldsymbol{k}'+\boldsymbol{q}\,;\,\boldsymbol{k}+\boldsymbol{q},\boldsymbol{k}')\right\rangle \tag{7.103}$$

ここで，〈　〉は電子の速度も含めて，Fermi 面で平均することを表わして

いる．$\Gamma_{\uparrow\uparrow}{}^{\mathrm{A}}$ の項は小さいと考えて無視した．もし，(7.99)，(7.103)式で $\Gamma_{\uparrow\downarrow}(\boldsymbol{k},\boldsymbol{k}'+\boldsymbol{q};\boldsymbol{k}+\boldsymbol{q},\boldsymbol{k}')$ の $\boldsymbol{q}$ 依存性が弱いとする(実空間でスピンの揺らぎが局在している)と，

$$A \propto \gamma^2 \tag{7.104}$$

$$(T_1T)^{-1} \propto \gamma^2 \tag{7.105}$$

を得る．これは，少なくとも重い電子系ではよく成立する関係である．

逆にもし，$\Gamma_{\uparrow\downarrow}(\boldsymbol{q})$ の $\boldsymbol{q}$ 依存性が強く，スピンの揺らぎが運動量空間の点 $\boldsymbol{Q}$ で局在している場合には，例えば $\boldsymbol{Q}=(\pi,\pi)$ として，

$$\Gamma_{\uparrow\downarrow}(\boldsymbol{q}) \simeq \chi(\boldsymbol{q})/\bar{\chi}^2 \qquad (\boldsymbol{q}\sim\boldsymbol{Q}) \tag{7.106}$$

と表わされる．$\boldsymbol{q}$ を $\boldsymbol{Q}+\boldsymbol{q}$ と表わして，$\chi(\boldsymbol{Q}+\boldsymbol{q})$ を $\boldsymbol{Q}$ の周囲で展開して

$$\chi(\boldsymbol{Q}+\boldsymbol{q}) \simeq \bar{\chi}^2\Gamma_{\uparrow\downarrow}(\boldsymbol{Q}+\boldsymbol{q}) \simeq \frac{1}{D(\kappa^2+q^2)} \qquad (\boldsymbol{q}\simeq 0) \tag{7.107}$$

$$\kappa^2 \simeq [D\chi(\boldsymbol{Q})]^{-1} \tag{7.108}$$

と表わされる．ただし，D は定数である．したがって，

$$\boldsymbol{\Lambda}(\boldsymbol{Q}+\boldsymbol{q}) \simeq \bar{\chi}\Gamma_{\uparrow\downarrow}(\boldsymbol{Q}+\boldsymbol{q}) \tag{7.109}$$

を用い，$(a/2\pi)^2/D\simeq\bar{\chi}$ として

$$\begin{aligned}(T_1T)^{-1} &\propto \bar{\chi}^2 \sum_{\boldsymbol{q}} |\Gamma_{\uparrow\downarrow}(\boldsymbol{Q}+\boldsymbol{q})|^2 \simeq \frac{1}{(D\bar{\chi})^2}\left(\frac{a}{2\pi}\right)^2 \int_0^\infty \frac{qdq}{(\kappa^2+q^2)^2} \\ &= \frac{1}{(D\bar{\chi})^2}\left(\frac{a}{2\pi}\right)^2 \frac{1}{\kappa^2} \simeq \frac{\chi(\boldsymbol{Q})}{\bar{\chi}}\end{aligned} \tag{7.110}$$

となる．この積分において，2次元の運動量積分であることが重要である．他の次元では結果が異なる．

一方，核磁気共鳴の実験では銅の核スピンの $(T_1T)^{-1}$ が Curie-Weiss 則に従うことから，

$$\chi(\boldsymbol{Q}) \simeq \frac{C}{T+\theta} \qquad (T\geq\theta) \tag{7.111}$$

が成立している．ここで θ は Weiss 温度，C は定数である．

一方，(7.103)式に

$$\Gamma_{\uparrow\downarrow}(\boldsymbol{k},\boldsymbol{k}'+\boldsymbol{q}\,;\,\boldsymbol{k}+\boldsymbol{q},\boldsymbol{k}') \simeq \Gamma_{\uparrow\downarrow}(\boldsymbol{q}) \simeq \frac{1}{\kappa^2+q^2}\frac{1}{D\bar{\chi}^2} \tag{7.112}$$

を代入して，(7.110)式と同様にして

$$A \propto \int_0^\infty \frac{qdq}{(\kappa^2+q^2)^2} = \chi(\boldsymbol{Q}) = \frac{C}{T+\theta} \tag{7.113}$$

を得る．したがって，抵抗 $R=AT^2$ は

$$R \propto T^2\chi(\boldsymbol{Q}) = T^2/(T+\theta) \tag{7.114}$$

となる．(7.114)式は θ より温度が低いとき，抵抗 R は T^2 で変化し，θ より高温では T の1次に近づくことを示している．このように通常の T^2 則からのずれは，反強磁性的な揺らぎのために大きくなった T^2 の係数 $\chi(\boldsymbol{Q})$ が昇温と共に $1/\theta$ から $1/(T+\theta)$ と小さくなる結果として理解できる．ここで，重要なことは $(T_1T)^{-1}$ と抵抗 R が共に $\chi(\boldsymbol{Q})$ に比例すること，さらに $\chi(\boldsymbol{Q})$ が Curie-Weiss 則に従うことから，1つの θ という温度を目安に共通の温度変化をすることである．$Tl_2Ba_2CuO_{6+\delta}$ の δ をかえた実験によると，抵抗が T の1次から T の2次まで連続的に変化し，T の1次に近いものは θ が低く，逆に

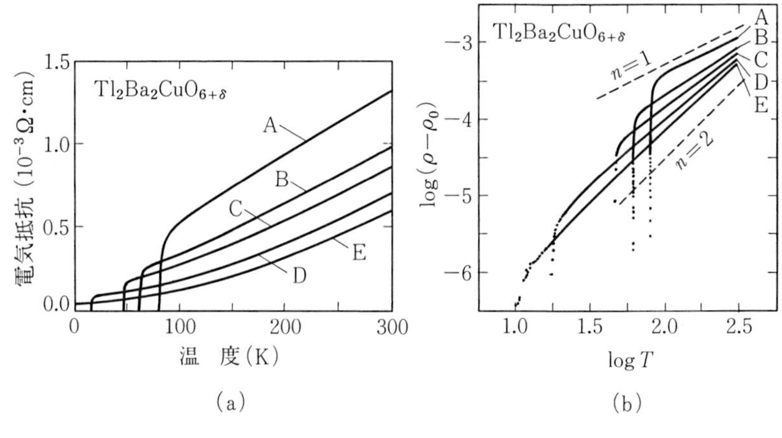

図 7-12　高温超伝導体 $Tl_2Ba_2CuO_{6+\delta}$ の電気抵抗の温度変化．(Y. Kubo, Y. Shimakawa, T. Manoko and H. Igarashi: Phys. Rev. **B43** (1991) 7875)

大きい抵抗を示しており，上述の電気抵抗の説明との対応がよい．さらにこのように抵抗の温度のベキが変化しうること自体，Fermi 液体が基本であることを示している．このように Fermi 液体論に基づいた上で，個々の系の特徴を考慮することによって，種々の銅酸化物高温超伝導体の正常状態の性質を統一的に説明できることが明らかになった．

7-5 スピンの揺らぎと Fermi 液体

重い電子系のモデルである周期的 Anderson 模型は U や $\mu-E^{\mathrm{f}}$ に比べて，混成項が小さいときは近藤格子と呼ばれる局在スピンと伝導電子スピンとの相互作用系になる．銅酸化物高温超伝導体もスピンの揺らぎの強い系である．このようなスピンの揺らぎと Fermi 液体としての記述との関係について考えよう．

第 3 章で述べた Anderson の直交定理によれば，任意の演算子 $\hat{O}$ の $|\mathrm{i}\rangle$ と $|\mathrm{f}\rangle$ の間の行列要素 $\langle \mathrm{f}|\hat{O}|\mathrm{i}\rangle$ が有限に残るためには $|\mathrm{f}\rangle$ と $\hat{O}|\mathrm{i}\rangle$ の間で局所的な電子数を保存することが必要である．この直交定理は位相のずれの原因が 1 体のポテンシャルに限らず，多体相互作用であっても同様に成立する．近藤効果に適用した場合についてはすでに第 4 章で述べた．ここでは，Anderson ハミルトニアンから，さらに周期系に拡張して議論する．

a) Anderson ハミルトニアン

第 5 章で詳しく議論したように Anderson ハミルトニアンは

$$\mathscr{H}_{\mathrm{A}} = \sum_{\boldsymbol{k}\sigma} \varepsilon_{\boldsymbol{k}} n_{\boldsymbol{k}\sigma} + E_{\mathrm{d}} \sum_{\sigma} n_{\mathrm{d}\sigma} + \frac{1}{\sqrt{N}} \sum_{\boldsymbol{k}\sigma} (V_{\boldsymbol{k}} d_{\sigma}^{\dagger} c_{\boldsymbol{k}\sigma} + V_{\boldsymbol{k}}^{*} c_{\boldsymbol{k}\sigma}^{\dagger} d_{\sigma}) + U n_{\mathrm{d}\uparrow} n_{\mathrm{d}\downarrow} \tag{7.115}$$

である．このモデルは $\mu-E_{\mathrm{d}}$，$U \gg \Delta = \pi\rho|V|^2$ のとき，s-d ハミルトニアンになる．このとき，交換相互作用 J は

$$\frac{J_z}{2N} = \frac{J_\perp}{2N} = -|V|^2 \left(\frac{1}{|\mu-E_{\mathrm{d}}|} + \frac{1}{E_{\mathrm{d}}+U-\mu} \right) \tag{7.116}$$

である．ここで局在した軌道を d 電子で代表して表わした．希土類金属では

f 電子である．Anderson ハミルトニアンの基底状態 Ψ_{g} は A_i を係数として一般に

$$\Psi_{\mathrm{g}}=A_0\varphi_0+A_{\uparrow}d_{\uparrow}^{\dagger}\varphi_{\uparrow}+A_{\downarrow}d_{\downarrow}^{\dagger}\varphi_{\downarrow}+A_2d_{\uparrow}^{\dagger}d_{\downarrow}^{\dagger}\varphi_2 \tag{7.117}$$

と表わされる．φ_0, φ_2 はそれぞれ d 電子が 0 個，2 個の状態の成分の伝導電子の波動関数を表わしている．φ_i や A_i を具体的に計算することは難しいが，基底状態の満たすべき条件を用いて電子状態を議論することができる．

Anderson ハミルトニアンの中でエネルギーを下げるうえで本質的な項は第 3 項の d 電子と伝導電子を結合する混成項である．基底状態 Ψ_{g} でこの混成項の期待値をとったとき 0 であると，d 電子と伝導電子がコヒーレントに結合したバンドにならず，高温で見られる局在スピンが伝導電子とは独立にバラバラに揺らいでいる状態になってしまう．したがって次の期待値が有限に残らなければならない．

$$\begin{aligned}\langle\Psi_{\mathrm{g}}|\mathcal{H}_{\mathrm{mix}}|\Psi_{\mathrm{g}}\rangle &= \frac{V}{\sqrt{N}}\sum_{\boldsymbol{k}\sigma}\langle\Psi_{\mathrm{g}}|d_{\sigma}^{\dagger}c_{\boldsymbol{k}\sigma}+c_{\boldsymbol{k}\sigma}^{\dagger}d_{\sigma}|\Psi_{\mathrm{g}}\rangle \\ &= V\sum_{\sigma}\left\{\left\langle A_0\varphi_0\left|\frac{1}{\sqrt{N}}\sum_{\boldsymbol{k}}c_{\boldsymbol{k}\sigma}^{\dagger}\right|A_{\sigma}\varphi_{\sigma}\right\rangle+\left\langle A_2\varphi_2\left|\frac{1}{\sqrt{N}}\sum_{\boldsymbol{k}}c_{\boldsymbol{k}\sigma}\right|A_{-\sigma}\varphi_{-\sigma}\right\rangle\right. \\ &\quad \left.+\left\langle A_{\sigma}\varphi_{\sigma}\left|\frac{1}{\sqrt{N}}\sum_{\boldsymbol{k}}c_{\boldsymbol{k}\sigma}\right|A_0\varphi_0\right\rangle+\left\langle A_{-\sigma}\varphi_{-\sigma}\left|\frac{1}{\sqrt{N}}\sum_{\boldsymbol{k}}c_{\boldsymbol{k}\sigma}^{\dagger}\right|A_2\varphi_2\right\rangle\right\}\end{aligned} \tag{7.118}$$

$c_{0\sigma}=(1/\sqrt{N})\sum_{\boldsymbol{k}}c_{\boldsymbol{k}\sigma}$ は原点の電子を 1 個消すから，Anderson の直交定理によれば，Ψ_{g} の各成分に付随する局所的な伝導電子数の間に次の関係が成りたたなければならない．i 成分の σ 方向のスピンの伝導電子数を $n_{i\sigma}{}^{\mathrm{c}}$ として

$$n_{0\sigma}{}^{\mathrm{c}}=n_{\sigma\sigma}{}^{\mathrm{c}}+1 \tag{7.119}$$

$$n_{0-\sigma}{}^{\mathrm{c}}=n_{\sigma-\sigma}{}^{\mathrm{c}}=n_{-\sigma\sigma}{}^{\mathrm{c}}=n_{0\sigma} \tag{7.120}$$

$$n_{2\sigma}{}^{\mathrm{c}}=n_{-\sigma\sigma}{}^{\mathrm{c}}-1 \tag{7.121}$$

$$n_{2-\sigma}{}^{\mathrm{c}}=n_{-\sigma-\sigma}{}^{\mathrm{c}}=n_{\sigma\sigma}{}^{\mathrm{c}} \tag{7.122}$$

が条件となる．結局，

$$n_{\sigma\sigma}{}^{\mathrm{c}}=n_{-\sigma\sigma}{}^{\mathrm{c}}-1 \tag{7.123}$$

となり，近藤効果の場合の(4.56)式とまったく同じ関係式が導かれる．

$$n_{\sigma\sigma}{}^{\mathrm{c}} = -\frac{1}{2}, \qquad n_{\sigma-\sigma}{}^{\mathrm{c}} = \frac{1}{2} \tag{7.124}$$

$$n_{0\sigma}{}^{\mathrm{c}} = \frac{1}{2}, \qquad n_{2\sigma}{}^{\mathrm{c}} = -\frac{1}{2} \tag{7.125}$$

となる．この結果はd電子数も含めると常にどの成分にも上向きのスピンの電子が1/2個，下向きのスピンの電子が1/2個，不純物のd軌道の周囲に集まっていることになる．これは，ちょうど Fermi 面に共鳴準位をもつ $\mu-E_{\mathrm{d}}=U=0$ の Anderson ハミルトニアンの場合とまったく同じである．

b） 周期的 Anderson ハミルトニアン

f 軌道の局在的な性質を強調した表わし方をすると周期的 Anderson ハミルトニアンは

$$\mathscr{H}_{\mathrm{PA}} = \sum_{\boldsymbol{k}\sigma} \varepsilon_{\boldsymbol{k}} n_{\boldsymbol{k}\sigma} + E^{\mathrm{f}} \sum_{i\sigma} n_{i\sigma}{}^{\mathrm{f}} + U \sum_{i} n_{i\uparrow}{}^{\mathrm{f}} n_{i\downarrow}{}^{\mathrm{f}} + \frac{1}{\sqrt{N}} \sum_{\boldsymbol{k}\sigma} \left\{ V_{\boldsymbol{k}} f_{i\sigma}{}^{\dagger} c_{\boldsymbol{k}\sigma} e^{i\boldsymbol{k}\cdot\boldsymbol{R}_i} + V_{\boldsymbol{k}}{}^{*} c_{\boldsymbol{k}\sigma}{}^{\dagger} f_{i\sigma} e^{-i\boldsymbol{k}\cdot\boldsymbol{R}_i} \right\} \tag{7.126}$$

となる．ここで，議論をわかりやすくするために $V_{\boldsymbol{k}}=Vf(\boldsymbol{k})$ と分離できるとして，

$$\frac{1}{\sqrt{N}} \sum_{\boldsymbol{k}} f(\boldsymbol{k}) e^{i\boldsymbol{k}\cdot\boldsymbol{R}_i} c_{\boldsymbol{k}\sigma} \equiv c_{i\sigma} \tag{7.127}$$

とすると $c_{i\sigma}$ ($c_{i\sigma}{}^{\dagger}$) は i サイトの伝導電子の消滅(生成)演算子である．この周期的 Anderson ハミルトニアンに対しても，任意の f 軌道の格子点に着目して，a)と同様の議論をすることができる．任意に選んだ格子点を0と表わして，基底状態を次のように展開する．

$$\Psi_{\mathrm{g}} = A_0\varphi_0 + A_{\uparrow} f_{0\uparrow}{}^{\dagger}\varphi_{\uparrow} + A_{\downarrow} f_{0\downarrow}{}^{\dagger}\varphi_{\downarrow} + A_2 f_{0\uparrow}{}^{\dagger} f_{0\downarrow}{}^{\dagger}\varphi_2 \tag{7.128}$$

混成項 $\mathscr{H}_{\mathrm{mix}}$ は(7.127)式を用いて

$$\mathscr{H}_{\mathrm{mix}} = V \sum_{i\sigma} (f_{i\sigma}{}^{\dagger} c_{i\sigma} + c_{i\sigma}{}^{\dagger} f_{i\sigma}) \tag{7.129}$$

となる．基底状態であるためには行列要素 $\langle\Psi_{\mathrm{g}}|\mathscr{H}_{\mathrm{mix}}|\Psi_{\mathrm{g}}\rangle$ が消えないことが必要である．そのための条件はa)の Anderson ハミルトニアンの場合とまった

く同様に議論できる．結局，任意のサイト 0 の f 電子が σ スピンをもつとき，そのまわりの σ' スピンをもつ局所的な電子数を $n_{\sigma\sigma'}$ として

$$n_{\sigma\sigma} = -\frac{1}{2} \tag{7.130}$$

$$n_{\sigma-\sigma} = \frac{1}{2} \tag{7.131}$$

を得る．Friedel の振動に見られるように，空間的な広がりはさまざまであるが，一様な分布からのずれが局所的な電子数であり，$n_{\sigma\sigma'}$ はそれを表わしている．

周期的な場合と 1 不純物 Anderson ハミルトニアンとの違いはどこにあるだろうか．周期的な場合には 0 サイト以外にも f 電子があり，周囲の局所的電子数 $n_{\sigma\sigma'}$ に 0 サイトを除く他のサイトの f 電子も含まれることである．中心の f 電子のスピンと 1 重項を形成する電子には，伝導電子だけでなく，f 電子も含まれる．それらの具体的な割合や空間的広がりなどはハミルトニアンに含まれる U や V などのパラメーターに依存する．しかし，大切なことは基底状態を考える限り，f 電子とまわりの電子とは 1 重項を形成した状態になっていることである．中心の 0 サイトにある f 電子の成分も含めて考えると，その f 電子のスピンは必ず周囲のスピンと打ち消しあい，ある一定の広がり以上の領域ではスピンも一様な分布になっていることである．この一様な分布は，中心の f 電子の各成分ごとに成立しており，全成分を平均した結果として成り立つのではない．このことは，中心の f 電子のスピンを上に向けると，まわりに下向きのスピンが残ること，そしてこの下向き成分は，空間全体に広がった一様分布にならないことを示している．要するに，局所的なスピンの保存を必要条件として，コヒーレントな Fermi 液体としての混成が維持される．このような混成が破壊されると，Mott 絶縁体的な状態である局在 f スピンと伝導電子の分離が起こってしまう．ハミルトニアンは系全体としてスピンを保存しているが，Fermi 液体としての基底状態では局所的にもスピンが保存するというより制限された保存則である．周期的な系では，一様分布の電子数の基準をずら

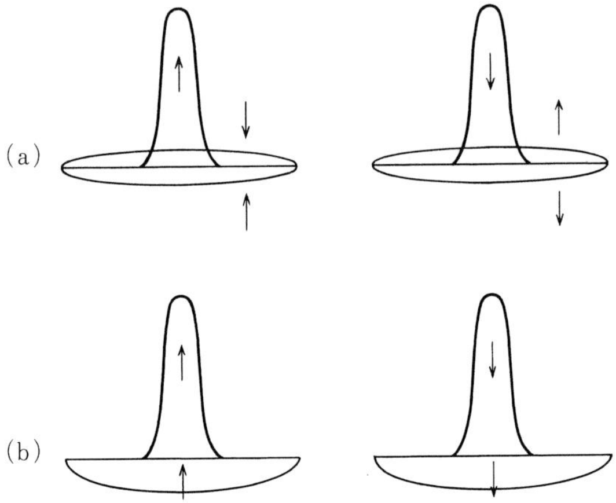

図 7-13 中心の f 電子のスピンが上向き，下向きのときの周囲のスピンの分布(a)．(a)から一様に上下スピンの電子数を 1/2 個ずつ減らした図(b)．局在電子と同方向のスピンの正孔が周囲にある．中心の f 電子とまわりの電子をあわせるとスピンを局所的に保存する．

して，電子数を各サイトから 1 個減らすと図 7-13(a)から図 7-13(b)にかわる．図 7-13(b)の示すように，f 電子は常にそのまわりに逆向きスピンを伴って運動するということがわかる．

それでは，周期的 Anderson ハミルトニアンにおける電子相関 U の役割は何だろうか．それは，混成項によって形成されたコヒーレントなバンド幅を狭め，電子を重くすることである．これは f 電子間の Coulomb 反発エネルギーを下げるために，f 電子同士がお互いに避けあって運動する結果である．こうして，U は電子質量を重くするために大切であるが，あくまでもエネルギーの利得は混成項によって生じる．それ故，混成の有無が Fermi 液体と Mott 絶縁体の境界なのである．

c) d-p ハミルトニアン

b)で展開した周期的 Anderson ハミルトニアンに対する議論は f 電子を d 電子に，伝導電子を p 電子に対応させれば，高温超伝導体のモデルである d-p

模型の Fermi 液体状態にそのまま適用できる．つまり，正常状態の基底状態においては，各サイトの d 電子は周囲の d および p 電子と結合し，局所的なスピンが打ち消された 1 重項を形成している，これが Fermi 液体の状態である．したがって，強相関系の Fermi 液体状態は RVB 状態（resonating valence bond state）に近い状態も含んでいることになる．それ故，近藤効果や RVB 状態を強調しなくても，相関の効いた Fermi 液体は局所的により一般的な形でスピン 1 重項を記述しているのであるから，Fermi 液体における強い電子相関を研究するのが単純であり正攻法であると考えられる．この観点にたつと銅酸化物の高温超伝導は銅の d 軌道の電子相関に由来すると考えるのが自然なようである．ただし，電子相関のような多体問題を正攻法で攻略するのは，また容易なことではない場合が多い．正攻法のための突破口を探すこと，ここに多体問題の困難と面白さがある．

d） おわりに

以上，私見をまじえて，重い電子系と銅酸化物高温超伝導体を紹介した．他に有機導体や，遷移金属の酸化物などで，相関の強い重い電子や金属・絶縁体転移が観測されている．各系はそれぞれに個性豊かな物理を示して我々を楽しませ，悩ませる一方で，Fermi 液体としての統一性を示している．ここでは不十分な記述に終わった磁性や超伝導などの相転移における電子相関の役割，とりわけ金属強磁性の研究が残された重要課題になると思う．また，第 3 章で紹介した非断熱的な効果などの関与する量子力学の動的側面も，化学反応，表面物理とも関連して，今後いっそう重要になると考えられる．

補章

相関の強い電子系における最近の進歩

H-1 相関の強い電子系の超伝導

最近の相関の強い電子系の重要課題の1つは，それらの系の超伝導に対する理解を深め，統一的な形で整理することである．1996年の現在，銅酸化物高温超伝導体，CeやU系で見られる重い電子系，BEDT・TTF塩などの有機導体，その他Sr_2RuO_4などの系において，単純なs波でないd波ないしはp波の超伝導が実現しているようである．

これらの系では従来の超伝導とは異なり，核磁気緩和率に，s波に特有のコヒーレンスピークが見られないことやT_c以下の低温で温度Tの3乗のようなべき依存性が見られることなどの特徴がある．電気抵抗は低温で一般にTの2乗的である．このことから，かなり高温まで電子格子相互作用より電子間相互作用による散乱が支配的であることを示している．

このような現状を踏まえ，相関の強い系の超伝導をめぐる基本的な問題点について私見を述べる．

a) 従来の超伝導と異なる超伝導

これらの系の超伝導は電子間の Coulomb 相互作用に起源をもつ超伝導として統一的に理解できると思われる．電子間の斥力は Fermi 面を不安定にしないから，まず，斥力を繰り込むことによって，準粒子が形成される．Fermi 液体論による準粒子間の相互作用は運動量依存性をもつ．この運動量に依存する準粒子間の相互作用を準粒子対の対称性で分解すると，$l=0$ の s 波的な部分は斥力であろう．しかし，$l=1$ の p 波や $l=2$ の d 波成分は引力になりうる．例えば，強いハードコアの斥力をもつ液体ヘリウム 3 の超流動との対応で考えると $\boldsymbol{q}=0$ のパラマグノンとよばれる強磁性的なスピン揺らぎが強いときは p 波の 3 重項の超伝導が起こり，反強磁性的なスピン揺らぎの強いときは d 波の 1 重項的な超伝導が起こりやすいと考えられる．このような相関の強い電子系で準粒子間の相互作用を考えて，超伝導転移温度を決定する上で重要な因子は何かが問題である．引力の強さも重要であるが，加えて，準粒子の寿命を決定する因子も重要であるに違いない．

b) Fermi 液体とは異なる金属が Mott 絶縁体に隣接するか

図 H-1 でドーピング濃度 x の大きい状態から $x\to 0$ の接続を考えよう．$x=0$ では絶縁体で反強磁性状態になっている．x が大きい高ドープ弱相関領域では Fermi 液体としての金属であり，電気抵抗は T の 2 乗に依存する．問題はこの Fermi 液体以外に異なる金属（異常金属とよばれる）が Fermi 液体と Mott 絶縁体の間に存在するかどうかである．もし，存在するとすれば Fermi 液体とどのように異なり（例えば，朝永-Luttinger 液体），その間の転移はどのよ

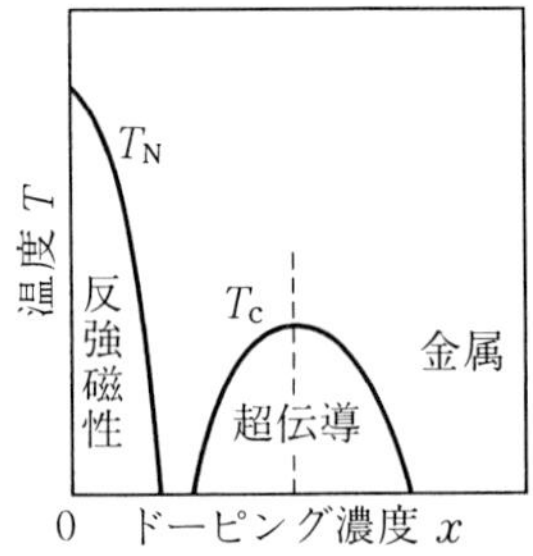

図 H-1 高温超伝導体の相図．低温の x の大きい Fermi 液体から，$x\to$ 0 に接続して考える．

うなものかが問題となる．

自然な考え方では金属・絶縁体転移は相転移であるが，上記のような正常状態にある2つの金属間の相転移は考えられず，連続的な変化と考えられる．それゆえ，基本的には相互作用のない電子ガスに接続できるFermi液体であり，違いは定量的なものと考えられる．擬スピンギャップをもったり，抵抗がTの1次に比例することがあっても，2次元以上の系の低温では，準粒子の減衰率(エネルギー幅)が温度Tより小さいFermi液体と考えてよいはずである．なぜなら，不純物濃度の増加などによって，準粒子の減衰率がそのエネルギーを超えるようなことがない限り連続性の原理が成り立つからである．現実の系では，この低温ではすでに超伝導や反強磁性が基底状態かも知れないが，対称性の破れていない異なる2種の正常状態を考察している限り，連続的であり，Fermi液体のままで留まるはずである．このFermi液体状態から出発して，準粒子間の相互作用に基づいて，超伝導状態や反強磁性状態が基底状態として決定される．これが重い電子系で実現しているシナリオである．

転移温度T_c付近の温度では電気抵抗が温度Tに比例するから，Fermi液体の超伝導でないと考えるかもしれない．この点を検討しよう．このとき，より低温の正常状態を考える限りFermi液体であったとしよう．このとき，a)項で述べたように，準粒子間の相互作用に基づいて超伝導状態を形成することができる．この状態から温度を上げるとどうなるであろうか．2つの可能性が考えられる．このBCS的な準粒子対に基づく超伝導状態(複数あってもよい)がT_cで壊れる．他の可能性は，昇温とともに非Fermi液体的な正常状態(異常金属相)に基づく新たな超伝導状態(異常超伝導相)を経て，異常金属相に移行するシナリオである．もし，この異常超伝導相の基底エネルギーがBCS超伝導のそれより低いと，われわれはxが小さい領域と大きい領域で，2種の超伝導状態を基底状態としてもつことになる．この2種の超伝導相は連続的に移行できないはずである．連続的なものであればFermi液体から出発しても導出できるはずだからである．

結局，異常金属相に基づく異常超伝導相は，もし存在するとすれば，Fermi

液体に基づくBCS超伝導とは異なる相でなければならない．これは現実には，自然にとって難しい芸当であろう．例えば，重い電子系の超伝導転移点における電子比熱の跳びが正常状態における重い電子の比熱係数に比例することは，Fermi液体の準粒子である重い電子が電子対を形成すると考えてよいことを示している．現実には必ず相互作用が存在し，むしろ裸の粒子が理想化されたものであり，準粒子こそ現実であると考えることもできる．重い電子系の例は，自然にとっても，Fermi液体を形成することなしにあらゆる斥力を整理して引力だけを利用することが難しいことを示しているようである．

c） 銅酸化物系における超伝導転移温度

図H-2に示すのは大阪大学基礎工学部NMRグループによるT_cのdホール，pホール数に対する依存性である．n_p, n_dは4重極モーメントを測定することによって決定された．この図を説明することがT_cを決定するメカニズムを明らかにする上で重要であると思われる．なぜなら，真理は常に具体的であり，単なる現象論からさらに前進しなければならないからである．ハミルトニアンから出発して，T_cを計算してこの図を説明することが相関の強い電子系の超伝導理論の課題であり，まだわれわれはこのような系の多体問題を解明する決

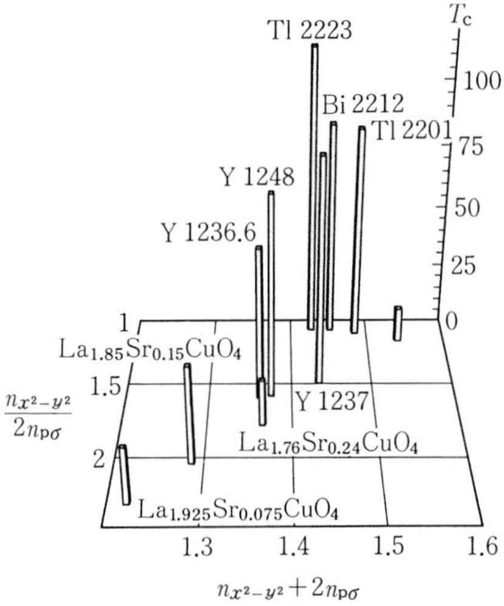

図H-2 T_cのdホール，pホール数，n_d, n_pに対する依存性．（Guo-qing Zheng, Y. Kitaoka, K. Ishida and K. Asayama: J. Phys. Soc. Jpn. **64** (1995) 2524. Guo-qing Zheng, Y. Kitaoka, K. Asayama, K. Hamada, H. Yamauchi and S. Tanaka: Physica **C260** (1996) 197.）

定的な理論的な手法を発見していない．定性的にはこの図は次のように理解できる．

n_d が 1 に近い La 系では局在スピンの描像に近く，スピン揺らぎのモデルが妥当と考えられる．T_1 や電気抵抗から推定して，低エネルギーのスピンの揺らぎが強く，電子対を構成する準粒子の寿命を短くし，T_c を下げるものと考えられる．適当な n_d と n_p において，準粒子の減衰が小さい一方で，d 波に導く準粒子間の引力が広いエネルギー領域にわたって存在すると T_c が高くなるようである．この準粒子間の引力は，d ホール間の Coulomb 反発 U より生じる準粒子間の相互作用バーテックスの波数依存性を通じて実現される．反強磁性的なスピン揺らぎを介しての準粒子間相互作用は d 波の引力に導くことが知られている．強磁性的なパラマグノンとよばれるスピン揺らぎは p 波の引力に導く．

しかし，系全体を総合的に理解するためにはスピンの揺らぎに限定せず，Fermi 液体論に基づいて準粒子間の相互作用の波数と周波数依存性を検討しなければならない．CuO_2 面の d, p ホール数はこの 2 次元電子系の準粒子間相互作用を決定する重要な因子と考えられる．さらに，ホールをドープして Tl 系のように d ホール数が 1 に較べて小さく，p ホール数が多い系では T_c が低くなる．これは d, p レベルがエネルギー的に近づくとバンド幅 W が広くなり，電子相関の結合定数 U/W が小さくなり，d 波間の引力が弱くなり，T_c が低くなるためと考えられる．この場合は T_1 や電気抵抗に見られるように，準粒子の寿命はながい．先に述べたようにこのような理解を定量化していくことが今後の理論的課題である．

H-2 金属絶縁体転移と有効質量

無限次元 Hubbard 模型は Mott 転移を記述する巧みなモデルであることを紹介した．その際，無限次元模型は自己エネルギーの運動量依存性が無視でき，1 サイトの多体問題に帰着できること，この性質は Mott 絶縁体において電子が1サイトに局在するという局所性に合致している点でMott転移の本質を損なわないことを述べた.

1サイトに1電子を有するhalf-filledの電子密度において，同一サイト内のCoulomb相互作用Uを増大させると，電子の有効質量が増大し，ある$U=U_c$の臨界値で無限大になって，絶縁体に転移するというシナリオが無限次元モデルを用いて示された．現実の系は3次元以下で一般に自己エネルギーの運動量依存性が無視できないのであるから，このシナリオがどのような修正を受けるかが問題である．この点に関連して次の2点を補足したい.

① 光電子分光の実験等から有効質量が必ずしも無限大にならずに金属・絶縁体転移を起こすこと，むしろ，自己エネルギーの運動量依存性のために有効質量が軽くなる効果が重要であることが明らかになってきた.

図H-3に示すのは$Sr_{1-x}Ca_xVO_3$に関する光電子分光の実験である．ともにVにd電子1個をもつが，Ca系の方がSr系よりバンド幅Wが狭く，U/Wが大きい．Fermi面付近の準粒子の寄与から生じるコヒーレント部分の割合は，自己エネルギーの振動数微分の逆数で表わされる波動関数の繰り込み因子zの大きさを表わしている．実験結果から，コヒーレント部分がコヒーレントでない部分に比べて小さく，zが十分小さいことを示している．その逆数であ

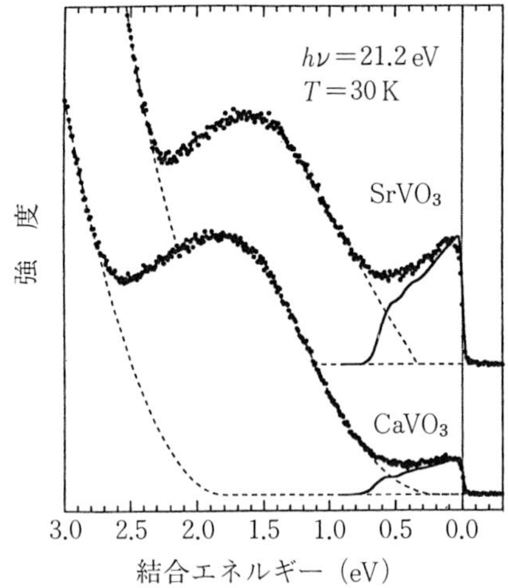

図H-3 ともにVにd電子1個をもちhalf-filledであるが，$CaVO_3$の方が$SrVO_3$よりバンド幅が狭く，電子相関が強い．自己エネルギーの運動量依存性のため，Fermi面近くのコヒーレント部分のピークは弱く広がっている．（K. Morikawa, T. Mizokawa, K. Kobayashi, A. Fujimori, H. Eisaki, S. Uchida, F. Iga and Y. Nishihara: Phys. Rev. **B52** (1995) 13711）

る電子の有効質量は大きいはずである．したがって，Fermi 面近くに狭いピークを示すはずで，しかも，Ca 系の方が Sr 系より Fermi 面近くに鋭いピークを示すはずである．しかし，コヒーレント部分の Fermi 端における強度は弱く，広いエネルギー幅に広がっている．これは Coulomb 相互作用による自己エネルギーが強い運動量依存性をもち，質量が軽くなるためと考えられる．特に，Mott 転移直前になると，電荷感受率が小さくなり，スクリーニングしにくくなり，Coulomb 相互作用が長距離となる．この長距離の Coulomb 相互作用は第1章で述べた交換項による自己エネルギー(1.61)式や高次の項の運動量依存性が大きくなり，電子の質量が軽くなるようである．

② 第2の補足は Hubbard 模型で記述される金属・絶縁体転移以外に，電荷移動型とよばれる絶縁体があることである．これは遷移金属酸化物において，遷移金属の d レベル(E_{d} と $E_{\mathrm{d}}+U$)の間に酸素の p 軌道が入り，d 軌道と p 軌道の間にギャップが開くものである．

H-3 重い電子系の磁化率と異常 Hall 効果

a) Van Vleck 磁化率*,**

まず，多体相互作用 U が働かない場合を考えよう．このとき，磁場 H のもとでの1電子の固有エネルギーを $E_{\boldsymbol{k}n}$ とすると，全電子数 N_{e} および全エネルギーはそれぞれ

$$N_{\mathrm{e}} = \sum_{\boldsymbol{k}n}\theta(\mu-E_{\boldsymbol{k}n})$$

$$E = \sum_{\boldsymbol{k}n}E_{\boldsymbol{k}n}\theta(\mu-E_{\boldsymbol{k}n})$$

となる．磁化率は $\chi=-\partial^2E/\partial H^2\Big|_{H=0}$ で与えられるから，

$$\chi = \chi_{\mathrm{P}}+\chi_{\mathrm{V}}$$

* Z. Zou and P. W. Anderson: Phys. Rev. Lett. **57** (1986) 2073.
** H. Kontani and K. Yamada: J. Phys. Soc. Jpn. **65** (1996) 172.

$$\chi_P = \sum_{\boldsymbol{k}n}\left(\frac{\partial E_{\boldsymbol{k}n}}{\partial H}\right)^2\delta(\mu - E_{\boldsymbol{k}n})$$

$$\chi_V = -\sum_{\boldsymbol{k}n}\left(\frac{\partial^2 E_{\boldsymbol{k}n}}{\partial H^2}\right)\theta(\mu - E_{\boldsymbol{k}n})$$

の2つの項によって与えられる．第1項のχ_PはFermi面の状態密度で決定され，**Pauli項**とよばれる．第2項は1電子エネルギーの磁場による2階微分，つまり電子の波動関数の磁場による変化より生じる．これはバンドの底からFermi面まで，波動関数の変化による寄与を加えることによって得られる．後者は磁場に関する非対角項によって生じ，前者は対角項によるエネルギーのシフトによって，電子分布が変化することによって生じる．

$U=0$のとき，両者は同じオーダーの寄与を与え，ともに重要である．

Uが有限のとき，Pauli項は増強され，Van Vleck項は無視できるとするAnderson達の主張以来，Van Vleck項が多体的に増強されるか否かをめぐって論争が続いてきた．結局，10年を経て，紺谷によって，Van Vleck項も多体効果によって，Pauli項と同様に増大し，無視できないことが示された．その理由は多体相互作用により電子状態が変化して結晶場の準位間隔が変化し，1体近似による推測が許されないからである．正確にUの2乗項を計算して発見され，$d=\infty$モデルを巧みに用いて証明された．さらに，絶縁体や偶パリティの超伝導状態ではPauli項が消失するので，Van Vleck項が残り，それが1体の場合($U=0$)に較べて増大することが明らかになった．定量的には多体相互作用の下で各系の結晶場等を具体的に評価して定まる，依然として難しい問題である．

b）異常Hall効果*

重い電子系の正常状態は低温でFermi液体である．この状態で，重い電子系のHall係数は一般に低温から急激に増大し，ピークを示した後減少する．これは次のように説明される．

* H. Kontani and K. Yamada: J. Phys. Soc. Jpn. **63** (1994) 2627.

重い電子系の Hall 係数 R は正常 Hall 係数 R_0 と異常 Hall 係数 R_a との和として与えられる．

$$R = R_0 + R_a$$

ここで，R_0 は Fermi 液体状態では温度によらず一定値をとる．Fermi 面によって，正，負ともにとりうる．

一方，異常 Hall 効果は次のようなメカニズムで生じる．磁場によって，スピン・軌道相互作用の下での固有角運動量 J が分極する．この分極した f 電子の軌道に混成することによって，電子の軌道が曲げられ，Hall 効果を生じる．直接，Lorentz 力によって伝導電子の軌道が曲げられる正常 Hall 効果に対して，異常 Hall 効果は分極した f 電子の軌道を介して曲げられる．

Fermi 液体論に基づく紺谷らの解析によると，低温で異常 Hall 係数 R_a は，C を比例係数として次式で表わされる．

$$R_a = C\tilde{\chi}\rho^2$$

ここで，ρ は電気抵抗率で，$\rho=\rho_0+AT^2$ の形で残留抵抗 ρ_0 と T^2 項によって与えられる．$\tilde{\chi}$ は磁化率の増大比で，通常の系に較べて重い電子系では 10^2～10^3 倍大きい．図 H-4 に示すように，Hall 係数は ρ^2 によく載ることがわかる．

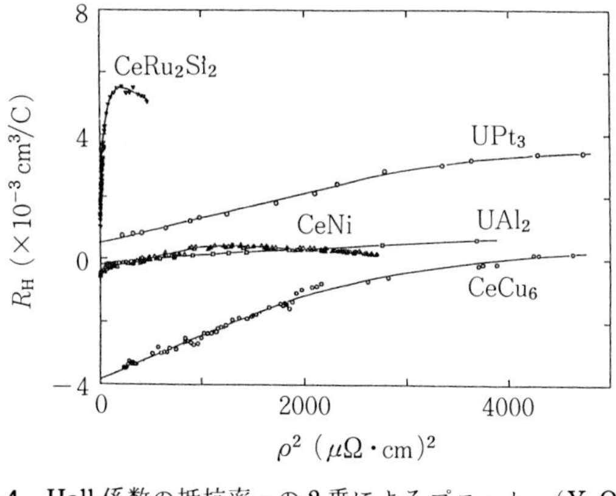

図 H-4　Hall 係数の抵抗率 ρ の 2 乗によるプロット．（Y. Onuki, S. W. Yun, K. Satoh, H. Sugawara and H. Sato: *Transport and Thermal Properties of f-Electron Systems*, edited by G. Oomi *et al*.（Plenum Press, 1993））

$\rho=0$ の切片が正常 Hall 係数 R_0 である．上式を異方的な系に適用するときは，$\tilde{\chi}$ は磁化率そのものには対応しないので注意を要する．$CeRu_2Si_2$ のように，磁化率は異方性が強くても $\tilde{\chi}$ は異方性が小さいこともあり得る．

付録

A　Feynman の関係式

これは Pauli が最初とも伝えられる次の関係式である．

$$\mathcal{H} = \mathcal{H}_0 + g\mathcal{H}_{\mathrm{int}} \tag{A.1}$$

を考える．ここで $\mathcal{H}_{\mathrm{int}}$ は相互作用を表わすハミルトニアンで，相互作用の係数を g とする．$\mathcal{H}$ の固有値と固有関数をそれぞれ $E_n(g)$，$\varphi_n(g)$ とする．

$$E_n(g) = \langle\varphi_n|\mathcal{H}_0 + g\mathcal{H}_{\mathrm{int}}|\varphi_n\rangle \tag{A.2}$$

これを g に関して微分して

$$g\frac{\partial E_n(g)}{\partial g} = \langle\varphi_n(g)|g\mathcal{H}_{\mathrm{int}}|\varphi_n(g)\rangle + E_n(g)\frac{\partial}{\partial g}\langle\varphi_n|\varphi_n\rangle \tag{A.3}$$

第 2 項は $\langle\varphi_n|\varphi_n\rangle=1$ から 0 である．したがって固有値 $E_n(g)$ は $\mathcal{H}_{\mathrm{int}}$ の期待値を用いて

$$E_n(g) = E_n(0) + \int_0^g dg\frac{1}{g}\langle\varphi_n(g)|g\mathcal{H}_{\mathrm{int}}|\varphi_n(g)\rangle \tag{A.4}$$

と表わされる．一般の固有値で成り立つので，期待値の代わりに熱平均をとれば上式と同じ関係が自由エネルギー $F(g)$ に対して成立する．

B　第 2 量子化

自然には Fermi 粒子と Bose 粒子が存在する．前者は Fermi-Dirac 統計に従い，互いの入れかえに対し反対称であり，後者は Bose-Einstein 統計に従い対称である．1 粒子波動関数の完全直交系 $\phi_i(\boldsymbol{r})$ $(i=1,2,\cdots)$ を選び，ある順に並べ，多体系の状態 $\boldsymbol{\Phi}$ をそれらの占有数で表わす．

$$\boldsymbol{\Phi}(n_1, n_2, \cdots, n_i, \cdots) = |n_1, n_2, \cdots, n_i, \cdots\rangle \tag{B.1}$$

このとき，

$$\langle n_1', n_2', \cdots, n_i', \cdots | n_1, n_2, \cdots, n_i, \cdots \rangle = \delta_{n_1 n_1'} \delta_{n_2 n_2'} \cdots \delta_{n_i n_i'} \cdots \tag{B.2}$$

である．この状態に対し，次の消滅(annihilation)，生成(creation)演算子を定義する．Bose 粒子に対して

$$b_i \boldsymbol{\Phi}(\cdots, n_i, \cdots) = \sqrt{n_i}\boldsymbol{\Phi}(\cdots, n_i-1, \cdots) \tag{B.3}$$

$$b_i^\dagger \boldsymbol{\Phi}(\cdots, n_i, \cdots) = \sqrt{n_i+1}\boldsymbol{\Phi}(\cdots, n_i+1, \cdots) \tag{B.4}$$

Fermi 粒子に対して，$A_i = \sum_{j<i} n_i$ として

$$c_i \boldsymbol{\Phi}(\cdots, n_i, \cdots) = \sqrt{n_i}(-1)^{A_i}\boldsymbol{\Phi}(\cdots, n_i-1, \cdots) \tag{B.5}$$

$$c_i^\dagger \boldsymbol{\Phi}(\cdots, n_i, \cdots) = \sqrt{1-n_i}(-1)^{A_i}\boldsymbol{\Phi}(\cdots, n_i+1, \cdots) \tag{B.6}$$

である．Fermi 粒子の演算子の定義で $(-1)^{A_i}$ がかかるのは粒子の順序の入れかえを考慮したものである．これらの Bose 粒子と Fermi 粒子の生成，消滅演算子をまとめて $a_i^\dagger$, a_i と表わすと，Bose(Fermi)粒子は次の交換(反交換)関係を満たす．

$$[a_i, a_j]_\mp = [a_i^\dagger, a_j^\dagger]_\mp = 0 \tag{B.7}$$

$$[a_i, a_j^\dagger]_\mp = \delta_{ij} \tag{B.8}$$

これらの演算子を用いて，1 粒子の演算子 $F_1 = \sum_i f_1(\boldsymbol{r}_i)$ は

$$F_1 = \sum_{i,j} \langle i|f_1|j\rangle a_i^\dagger a_j \tag{B.9}$$

$$\langle i|f_1|j\rangle = \int \phi_i^*(\boldsymbol{r}) f_1(\boldsymbol{r}) \phi_j(\boldsymbol{r}) d\boldsymbol{r} \tag{B.10}$$

2 粒子の演算子 $F_2 = \frac{1}{2}\sum_{i \neq j} f_2(\boldsymbol{r}_i, \boldsymbol{r}_j)$ は

$$F_2 = \frac{1}{2}\sum_{\substack{ij\\km}} \langle ij|f_2|km\rangle a_i^\dagger a_j^\dagger a_m a_k \tag{B.11}$$

$$\langle ij|f_2|km\rangle = \iint d\boldsymbol{r}_1 d\boldsymbol{r}_2 \phi_i^*(\boldsymbol{r}_1)\phi_j^*(\boldsymbol{r}_2) f_2(\boldsymbol{r}_1, \boldsymbol{r}_2) \phi_k(\boldsymbol{r}_1)\phi_m(\boldsymbol{r}_2) \tag{B.12}$$

となる．場の演算子 $\psi(\boldsymbol{r}), \psi^\dagger(\boldsymbol{r})$ は

$$\psi(\boldsymbol{r}) = \sum_i \phi_i(\boldsymbol{r}) a_i \tag{B.13}$$

$$\psi^\dagger(\boldsymbol{r}) = \sum_i \phi_i^*(\boldsymbol{r}) a_i^\dagger \tag{B.14}$$

で定義される．ただし，$a_i = b_i$ または $a_i = c_i$ に対応して $\psi(\boldsymbol{r}) = \psi_{\mathrm{B}}(\boldsymbol{r})$ または $\psi_{\mathrm{F}}(\boldsymbol{r})$ となる．$\psi(\mathrm{r}), \psi^\dagger(\mathrm{r})$ は次の交換(Bose に対して －，Fermi 粒子に対して ＋)関係を満たす．

$$[\psi(\boldsymbol{r}), \psi(\boldsymbol{r}')]_\mp = [\psi^\dagger(\boldsymbol{r}), \psi^\dagger(\boldsymbol{r}')]_\mp = 0 \tag{B.15}$$

$$[\psi(\boldsymbol{r}), \psi^\dagger(\boldsymbol{r}')]_\mp = \delta(\boldsymbol{r}-\boldsymbol{r}') \tag{B.16}$$

C　相互作用表示と温度 Green 関数

電子間相互作用 $\hat{H}'$ が働く系において，それを摂動として物理量を計算する方法について述べる．相互作用のない無摂動のハミルトニアンを $\hat{H}_0$ として，ハミルトニアンを

$$\hat{H} = \hat{H}_0+\hat{H}' \tag{C.1}$$

とする．$\beta=1/k_BT$ とし，$0<\tau<\beta$ の τ に対して，演算子 $S(\tau)$ を次のように定義する．(以後 Boltzmann 定数 $k_B=1$ とする)．

$$e^{-(\hat{H}-\mu\hat{N})\tau} = e^{-(\hat{H}_0-\mu\hat{N})\tau}S(\tau) \tag{C.2}$$

$$e^{(\hat{H}-\mu\hat{N})\tau} = S^{-1}(\tau)e^{(\hat{H}_0-\mu\hat{N})\tau} \tag{C.3}$$

ここで，μ は化学ポテンシャル，$\hat{N}$ は粒子数の演算子である．Schrödinger 表示の演算子 $\hat{A}$ を用いて，相互作用表示の演算子 $A(\tau)$ を次のように定義する．

$$A(\tau) = e^{(\hat{H}_0-\mu\hat{N})\tau}\hat{A}e^{-(\hat{H}_0-\mu\hat{N})\tau} \tag{C.4}$$

例えば $\hat{A}$ として $\hat{H}$ や $\hat{H}'$ を用いると

$$\hat{H}(\tau) = e^{(\hat{H}_0-\mu\hat{N})\tau}\hat{H}e^{-(\hat{H}_0-\mu\hat{N})\tau} \tag{C.5}$$

$$\hat{H}'(\tau) = e^{(\hat{H}_0-\mu\hat{N})\tau}\hat{H}'e^{-(\hat{H}_0-\mu\hat{N})\tau} \tag{C.6}$$

である．さらに生成，消滅演算子 $\psi^\dagger(\boldsymbol{r}),\psi(\boldsymbol{r})$ の相互作用表示は

$$\psi^\dagger(\boldsymbol{r},\tau) = e^{(\hat{H}_0-\mu\hat{N})\tau}\psi^\dagger(\boldsymbol{r})e^{-(\hat{H}_0-\mu\hat{N})\tau} \tag{C.7}$$

$$\psi(\boldsymbol{r},\tau) = e^{(H_0-\mu\hat{N})\tau}\psi(\boldsymbol{r})e^{-(\hat{H}_0-\mu\hat{N})\tau} \tag{C.8}$$

となる．相互作用表示の $\hat{H}(\tau)$ や $\hat{H}'(\tau)$ は Heisenberg 表示の $\hat{H}$ や $\hat{H}'$ を表わす $\psi(\boldsymbol{r})$, $\psi^\dagger(\boldsymbol{r})$ を上の相互作用表示の演算子で置きかえればよい．$\hat{H}_0$ を自由粒子のハミルトニアンとすると，それは $\hat{N}$ と交換するので

$$\hat{H}_0(\tau) = \hat{H}_0$$

$$\hat{N}(\tau) = \hat{N}$$

である．$S(\tau)$ の定義式(C.2)を τ で微分し，左から $e^{(\hat{H}_0-\mu\hat{N})\tau}$ を掛けて $S(\tau)$ に対する次の方程式を得る．

$$\frac{\partial S(\tau)}{\partial\tau} = -\hat{H}'(\tau)S(\tau) \tag{C.9}$$

この方程式の $S(0)=1$ を満たす解は τ の大きい順に左から並べる演算子 T_τ を用いて

$$S(\tau) = T_\tau\exp\left\{-\int_0^\tau \hat{H}'(\tau')d\tau'\right\} \tag{C.10}$$

と表わされる．$\tau_1>\tau_2$ として $S(\tau_1,\tau_2)$ を導入する．

$$S(\tau_1,\tau_2) = T_\tau\exp\left\{-\int_{\tau_2}^{\tau_1} \hat{H}'(\tau')d\tau'\right\} \tag{C.11}$$

(C.10)式の $S(\tau)$ は $S(\tau,0)$ と表わされる．$\tau_1>\tau_2>\tau_3$ のとき

$$S(\tau_1,\tau_3) = S(\tau_1,\tau_2)S(\tau_2,\tau_3) \tag{C.12}$$

$\tau_1>\tau_2$ に対して

$$S(\tau_1,\tau_2) = S(\tau_1)S^{-1}(\tau_2) \tag{C.13}$$

である．自由エネルギー Ω は(C.2)から $S(\tau)$ を用いて

$$e^{-\Omega/T} = \mathrm{Tr}\{e^{-(\hat{H}-\mu\hat{N})/T}\} = \mathrm{Tr}\{e^{-(\hat{H}_0-\mu\hat{N})/T}S(\beta)\} \qquad (\mathrm{C.14})$$

であるから，

$$\Omega = \Omega_0 - T\ln\langle S(\beta)\rangle_0 \qquad (\mathrm{C.15})$$

$$\Omega_0 = -T\ln\mathrm{Tr}\{e^{-(\hat{H}_0-\mu\hat{N})/T}\} \qquad (\mathrm{C.16})$$

となる．ただし，$\langle\ \ \rangle_0$ は無摂動系の熱平均を表わす．

温度 Green 関数 $G_{\alpha\beta}(\boldsymbol{r}_1\tau_1\,;\,\boldsymbol{r}_2\tau_2)$ を Schrödinger 表示の演算子 $\psi_\alpha(\boldsymbol{r}_1), \psi_\beta{}^\dagger(\boldsymbol{r}_2)$ を用いて次のように定義する．

$$G_{\alpha\beta}(\boldsymbol{r}_1\tau_1\,;\,\boldsymbol{r}_2\tau_2) = \begin{cases} -\mathrm{Tr}[e^{(\Omega+\mu\hat{N}-\hat{H})/T}e^{(\hat{H}-\mu\hat{N})(\tau_1-\tau_2)}\psi_\alpha(\boldsymbol{r}_1)e^{-(\hat{H}-\mu\hat{N})(\tau_1-\tau_2)}\psi_\beta{}^\dagger(\boldsymbol{r}_2)] & (\tau_1>\tau_2) \\ \pm\mathrm{Tr}[e^{(\Omega+\mu\hat{N}-\hat{H})/T}e^{-(\hat{H}-\mu\hat{N})(\tau_1-\tau_2)}\psi_\beta{}^\dagger(\boldsymbol{r}_2)e^{(\hat{H}-\mu\hat{N})(\tau_1-\tau_2)}\psi_\alpha(\boldsymbol{r}_1)] & (\tau_1<\tau_2) \end{cases} \qquad (\mathrm{C.17})$$

上の $\pm$ は Fermi 粒子に対して $+$，Bose 粒子に対して $-$ をとる．$\tau_1-\tau_2=\tau$，$\beta=1/T$ として(C.17)は次の関係を満たす．

$$G(\tau<0) = \mp G(\tau+\beta) \qquad (\mathrm{C.18})$$

また，(C.17)の Green 関数は次の Heisenberg 表示の $\psi_\alpha(\boldsymbol{r},\tau)$ と $\psi_\beta{}^\dagger(\boldsymbol{r},\tau)$ を用いて表わすこともできる．

$$\psi_\alpha(\boldsymbol{r},\tau) = e^{(\hat{H}-\mu\hat{N})\tau}\psi_\alpha(\boldsymbol{r})e^{-(\hat{H}-\mu\hat{N})\tau} \qquad (\mathrm{C.19})$$

$$\psi_\beta{}^\dagger(\boldsymbol{r},\tau) = e^{(\hat{H}-\mu\hat{N})\tau}\psi_\beta{}^\dagger(\boldsymbol{r})e^{-(\hat{H}-\mu\hat{N})\tau} \qquad (\mathrm{C.20})$$

$$\begin{aligned} G_{\alpha\beta}(\boldsymbol{r}_1\tau_1\,;\,\boldsymbol{r}_2\tau_2) &= -\mathrm{Tr}\{e^{(\Omega+\mu\hat{N}-\hat{H})/T}T_\tau\psi_\alpha(\boldsymbol{r}_1,\tau_1)\psi_\beta{}^\dagger(\boldsymbol{r}_2,\tau_2)\} \\ &\equiv -\langle T_\tau\psi_\alpha(\boldsymbol{r}_1,\tau_1)\psi_\beta{}^\dagger(\boldsymbol{r}_2,\tau_2)\rangle \end{aligned} \qquad (\mathrm{C.21})$$

相互作用表示では $\tau=\tau_1-\tau_2>0$ のとき(C.7)，(C.8)式の相互作用表示の $\psi(\boldsymbol{r}_1,\tau_1)$，$\psi^\dagger(\boldsymbol{r}_2,\tau_2)$ を用いて

$$\begin{aligned} G_{\alpha\beta}(\boldsymbol{r}_1\tau_1\,;\,\boldsymbol{r}_2\tau_2) &= -e^{-\Omega/T}\,\mathrm{Tr}\{e^{-(\hat{H}_0-\mu\hat{N})/T}S(\beta)S^{-1}(\tau_1)e^{(\hat{H}_0-\mu\hat{N})\tau_1}\psi_\alpha(\boldsymbol{r}_1) \\ &\quad\times e^{-(\hat{H}_0-\mu\hat{N})\tau_1}S(\tau_1)S^{-1}(\tau_2)e^{(\hat{H}_0-\mu\hat{N})\tau_2}\psi_\beta{}^\dagger(\boldsymbol{r}_2)e^{-(\hat{H}_0-\mu\hat{N})\tau_2}S(\tau_2)\} \\ &= -e^{-\Omega/T}\,\mathrm{Tr}\{e^{-(\hat{H}_0-\mu\hat{N})/T}S(\beta,\tau_1)\psi_\alpha(\boldsymbol{r}_1,\tau_1)S(\tau_1,\tau_2)\psi_\beta{}^\dagger(\boldsymbol{r}_2,\tau_2)S(\tau_2)\} \end{aligned} \qquad (\mathrm{C.22})$$

同様に $\tau=\tau_1-\tau_2<0$ に対して

$$G_{\alpha\beta}(\boldsymbol{r}_1\tau_1\,;\,\boldsymbol{r}_2\tau_2) = \pm e^{\Omega/T}\,\mathrm{Tr}\{e^{-(\hat{H}_0-\mu\hat{N})/T}S(\beta,\tau_2)\psi_\beta{}^\dagger(\boldsymbol{r}_2,\tau_2)S(\tau_2,\tau_1)\psi_\alpha(\boldsymbol{r}_1,\tau_1)S(\tau_1)\} \qquad (\mathrm{C.23})$$

(C.22)，(C.23)式をまとめて書くと

$$G_{\alpha\beta}(\boldsymbol{r}_1\tau_1\,;\,\boldsymbol{r}_2\tau_2) = -e^{\Omega/T}\,\mathrm{Tr}\{e^{-(\hat{H}_0-\mu\hat{N})/T}T_\tau[\psi_\alpha(\boldsymbol{r}_1,\tau_1)\psi_\beta{}^\dagger(\boldsymbol{r}_2,\tau_2)S(\beta)]\} \qquad (\mathrm{C.24})$$

(C.14)式を用いて

$$G_{\alpha\beta}(\boldsymbol{r}_1\tau_1\,;\,\boldsymbol{r}_2\tau_2) = -\frac{\mathrm{Tr}\{e^{-(\hat{H}_0-\mu\hat{N})/T}T_\tau(\psi_\alpha(\boldsymbol{r}_1,\tau_1)\psi_\beta{}^\dagger(\boldsymbol{r}_2,\tau_2)S(\beta)\}}{\mathrm{Tr}\{e^{-(\hat{H}_0-\mu\hat{N})/T}S(\beta)\}}$$

$$= -\frac{\langle T_\tau \psi_\alpha(\boldsymbol{r}_1, \tau_1) \psi_\beta{}^\dagger(\boldsymbol{r}_2, \tau_2) S \rangle_0}{\langle S \rangle_0} \tag{C.25}$$

となる．ここで，$\langle \cdots \rangle_0$ は無摂動系での熱平均

$$\langle \cdots \rangle_0 = \mathrm{Tr}\{e^{(\Omega+\mu\hat{N}-\hat{H}_0)/T} \cdots\} \tag{C.26}$$

を表わし，$S=S(\beta)$ である．

$G(\tau)$ の Fourier 変換を考える．$G(\tau)$ は $2\beta=2/T$ を周期とするから

$$G(\tau) = T \sum_l e^{-i\omega_l \tau} G(\omega_l) \tag{C.27}$$

$$G(\omega_l) = \frac{1}{2} \int_{-\beta}^{\beta} e^{i\omega_l \tau} G(\tau) d\tau \tag{C.28}$$

$$\omega_l = l\pi T \qquad (l\text{ : 整数}) \tag{C.29}$$

である．(C.18)式を用いて $\tau<0$ の部分の積分を書きかえて，

$$G(\omega_l) = \frac{1}{2}(1 \mp e^{-i\omega_l \beta}) \int_0^{\beta} e^{i\omega_l \tau} G(\tau) d\tau \tag{C.30}$$

したがって

$$\omega_l = \begin{cases} (2l+1)\pi T & (\text{Fermi 粒子}) \\ 2l\pi T & (\text{Bose 粒子}) \end{cases} \tag{C.31}$$

のみの値が許される．

自由粒子 $\boldsymbol{k}$ に対しては，

$$G_{\boldsymbol{k}}{}^0(\tau) = -\langle T_\tau a_{\boldsymbol{k}}(\tau) a_{\boldsymbol{k}}{}^\dagger(0) \rangle \tag{C.32}$$

$$a_{\boldsymbol{k}}(\tau) = e^{\tau(\hat{H}_0-\mu N)} a_{\boldsymbol{k}} e^{-\tau(\hat{H}_0-\mu\hat{N})} = e^{-(\varepsilon_{\boldsymbol{k}}-\mu)\tau} a_{\boldsymbol{k}} \tag{C.33}$$

である．(C.32)の Fourier 変換 $G_{\boldsymbol{k}}{}^0(\omega_l)$ は

$$G_{\boldsymbol{k}}{}^0(\omega_l) = [i\omega_l + \mu - \varepsilon_{\boldsymbol{k}}]^{-1} \tag{C.34}$$

となる．

次に(C.15)式で表わされた自由エネルギー Ω から，比熱などを求める上で重要な変形，自己エネルギー Σ の変化に対する Ω の停留性について述べる．

$$\begin{aligned} \langle S(\beta) \rangle &= \left\langle T_\tau \exp\left\{ -\int_0^{\beta} \mathcal{H}'(\tau') d\tau' \right\} \right\rangle_0 \\ &= 1 + \sum_{n=1}^{\infty} \frac{(-1)^n}{n!} \int_0^{\beta} \cdots \int_0^{\beta} d\tau_1 \cdots d\tau_n \langle T_\tau [\mathcal{H}'(\tau_1) \cdots \mathcal{H}'(\tau_n)] \rangle_0 \end{aligned} \tag{C.35}$$

から Ω は

$$\begin{aligned} \Omega &= \Omega_0 - T \ln \langle S(\beta) \rangle_0 \\ &= \Omega_0 + T \sum_{n=1}^{\infty} \frac{(-1)^{n+1}}{n!} \int_0^{\beta} \cdots \int_0^{\beta} d\tau_1 \cdots d\tau_n \langle T_\tau [\mathcal{H}'(\tau_1) \cdots \mathcal{H}'(\tau_n)] \rangle_{\mathrm{conn}} \\ &= \sum_{n=0}^{\infty} \Omega_n \end{aligned} \tag{C.36}$$

ただし，conn はダイアグラムの中で連なったもの(connected)をとることを意味する．Ω_n は n 次の相互作用の Ω への寄与で，$\Sigma'_{\boldsymbol{k}n}(z_l)$ を improper* の自己エネルギーを含めて n 次のすべての自己エネルギーの和として，

$$\Omega_n = \frac{1}{2n} T \sum_{\boldsymbol{k}l} \frac{1}{z_l - \varepsilon_{\boldsymbol{k}}} \Sigma'_{\boldsymbol{k}n}(z_l) \qquad (z_l = (2l+1)i\pi T) \tag{C.37}$$

と表わされる．$\mathscr{H}'$ も入ったハミルトニアン $\mathscr{H}$ の Green 関数 $G_{\boldsymbol{k}}(z_l)$ は $G_{\boldsymbol{k}}{}^0(z_l)$ を $\mathscr{H}_0$ の Green 関数，$\Sigma_{\boldsymbol{k}}(z_l)$ を proper の自己エネルギーとして

$$\begin{aligned} G_{\boldsymbol{k}}(z_l) &= G_{\boldsymbol{k}}{}^0(z_l) + G_{\boldsymbol{k}}{}^0(z_l)\Sigma_{\boldsymbol{k}}(z_l)G_{\boldsymbol{k}}(z_l) \\ &= G_{\boldsymbol{k}}{}^0(z_l) + G_{\boldsymbol{k}}{}^0(z_l)\Sigma'_{\boldsymbol{k}}(z_l)G_{\boldsymbol{k}}{}^0(z_l) \end{aligned} \tag{C.38}$$

と表わされる．

(C.37)式で $1/n$ の因子が計算を難しくする．そこで相互作用 $\mathscr{H}'$ の強さを λ として

$$\frac{1}{n} \Sigma'_{\boldsymbol{k}n}(z_l : \lambda) = \int_0^\lambda \Sigma'_{\boldsymbol{k}n}(z_l : \lambda') d\lambda'/\lambda' \tag{C.39}$$

と変形すると

$$\Omega = \Omega_0 + \frac{1}{2\beta} \sum_{\boldsymbol{k}l} \int_0^\lambda G_{\boldsymbol{k}}{}^0(z_l)\Sigma'_{\boldsymbol{k}}(z_l : \lambda') d\lambda'/\lambda' \tag{C.40}$$

$$\Sigma'_{\boldsymbol{k}} = \Sigma_{\boldsymbol{k}} + \Sigma_{\boldsymbol{k}} G_{\boldsymbol{k}}{}^0(z_l)\Sigma_{\boldsymbol{k}} + \cdots = \frac{(z_l - \varepsilon_{\boldsymbol{k}})\Sigma_{\boldsymbol{k}}}{z_l - \varepsilon_{\boldsymbol{k}} - \Sigma_{\boldsymbol{k}}} \tag{C.41}$$

(C.40),(C.41)式から

$$\Omega = \Omega_0 + \frac{1}{2\beta} \sum_{\boldsymbol{k}l} \int_0^\lambda \frac{d\lambda'}{\lambda'} \Sigma_{\boldsymbol{k}}(z_l : \lambda') G_{\boldsymbol{k}}(z_l : \lambda') \tag{C.42}$$

となる．したがって

$$\lambda \frac{\partial \Omega}{\partial \lambda} = \frac{1}{2\beta} \sum_{\boldsymbol{k}l} \Sigma_{\boldsymbol{k}}(z_l : \lambda) G_{\boldsymbol{k}}(z_l : \lambda) \tag{C.43}$$

となる．

次に便利な形として，次式を考える．

$$Y = -\frac{1}{\beta} \sum_{\boldsymbol{k}l} e^{z_l 0_+} \{\log(\varepsilon_{\boldsymbol{k}} + \Sigma_{\boldsymbol{k}}(z_l) - z_l) + G_{\boldsymbol{k}}(z_l)\Sigma_{\boldsymbol{k}}(z_l)\} + Y' \tag{C.44}$$

ここで，Y' はすべての closed loop diagrams** においてその $G_{\boldsymbol{k}}{}^0(z_l)$ を自己エネルギーの補正をくり込んだ $G_{\boldsymbol{k}}(z_l)$ で置きかえたグラフの寄与である．Y をすべての $\Sigma_{\boldsymbol{k}}(z_l)$ の関数とみなして，

---

*　1本の電子線を切ると2つの部分に分かれる自己エネルギーを improper といい，そうでないものを proper という．

**　相互作用と $G_{\boldsymbol{k}}{}^0(z_l)$ で表わされる Ω の相互作用による展開項を表わす閉じた図形．

$$\frac{\partial Y}{\partial \Sigma_{\boldsymbol{k}}} = -\frac{1}{\beta}\sum_{l} \Sigma_{\boldsymbol{k}}(z_l)[G_{\boldsymbol{k}}(z_l)]^2 + \frac{\partial Y'}{\partial \Sigma_{\boldsymbol{k}}} \tag{C.45}$$

$$\frac{\partial Y'}{\partial \Sigma_{\boldsymbol{k}}} = \frac{1}{\beta}\sum_{n}\sum_{l} \{G_{\boldsymbol{k}}(z_l)\}^2 \Sigma''_{\boldsymbol{k}n}(z_l)$$

$$= \frac{1}{\beta}\sum_{l} \{G_{\boldsymbol{k}}(z_l)\}^2 \Sigma_{\boldsymbol{k}}(z_l) \tag{C.46}$$

ここで $\Sigma''_{\boldsymbol{k}n}(z_l)$ は n 次の proper の自己エネルギーで，$G_{\boldsymbol{k}}{}^0(z_l)$ を $G_{\boldsymbol{k}}(z_l)$ で置きかえたものである．(C.45),(C.46)式から

$$\frac{\partial Y}{\partial \Sigma_{\boldsymbol{k}}(z_l)} = 0 \tag{C.47}$$

となる．これは $\Sigma_{\boldsymbol{k}}$ の1次の変化に対して，Y が不変であることを示している．それ故，μ を固定し，Y を λ で微分するとき，Σ を通じての λ による Y の変化は無視できるから，

$$\lambda\frac{\partial Y}{\partial \lambda} = \frac{1}{2\beta}\sum_{n}\sum_{\boldsymbol{k}l} G_{\boldsymbol{k}}(z_l)\Sigma''_{\boldsymbol{k}n}(z_l) = \frac{1}{2\beta}\sum_{\boldsymbol{k}l} G_{\boldsymbol{k}}(z_l)\Sigma_{\boldsymbol{k}}(z_l) = \lambda\frac{\partial \Omega}{\partial \lambda} \tag{C.48}$$

また，$Y(\lambda=0)=\Omega_0$ であるから，$Y=\Omega$ である．
$Y'=\Omega'$ に対する1次の補正は n 次の closed loop diagrams では $2n$ 本の線を開くので，1次の補正を考えるときは

$$\Omega' = \frac{1}{\beta}\sum_{\boldsymbol{k}l} \frac{1}{z_l - \varepsilon_{\boldsymbol{k}} - \Sigma_{\boldsymbol{k}}(z_l)} \Sigma_{\boldsymbol{k}}(z_l) \tag{C.49}$$

としてよい．したがって1次の補正を考慮するときは(C.44)は

$$\Omega = -\frac{1}{\beta}\sum_{\boldsymbol{k}l} e^{z_l 0_+}\{\log[\varepsilon_{\boldsymbol{k}} + \Sigma_{\boldsymbol{k}}(z_l) - z_l]\} \tag{C.50}$$

としてよい．

次に C を虚軸上の積分として，$(T=0)$

$$J = \frac{1}{2\pi i}\int_C dz e^{z0_+}\left(\frac{\partial \Sigma_\sigma}{\partial z}\right) G_\sigma(z) = -\frac{1}{2\pi i}\int_C dz \Sigma_\sigma(z)\frac{\partial}{\partial z}G_\sigma(z) = 0 \tag{C.51}$$

を示そう．これは(C.49)の Ω' の積分内でスピン σ をもつ Green 関数を z で微分することに等しい．z が特定の $G_\sigma(z)$ のみに含まれているときは部分積分すれば(C.51)が示される．z がエネルギー保存によって他の Green 関数に結合され，独立でないときが問題である．したがって次の形を考えよう．

$$\int_C dz_1 dz_2 dz_3 dz_4 \delta(z_1+z_2-z_3-z_4)\left(\sum_{i=1}^{4}{}'\frac{\partial}{\partial z_i}\right) G_{\sigma_1}(z_1)G_{\sigma_2}(z_2)G_{\sigma_3}(z_3)G_{\sigma_4}(z_4) \tag{C.52}$$

上の和 Σ' はスピン σ をもつもののみの微分をとることを表わす．相互作用がスピンによらないとすると，$\sigma_1=\sigma_3=\sigma$，$\sigma_2=\sigma_4=\sigma'$ であるから，部分積分して

$\sigma'=\sigma$ のとき

$$\left(\frac{\partial}{\partial z_1}+\frac{\partial}{\partial z_2}+\frac{\partial}{\partial z_3}+\frac{\partial}{\partial z_4}\right)\delta(z_1+z_2-z_3-z_4) = 0 \tag{C.53}$$

$\sigma'\neq\sigma$ のとき

$$\left(\frac{\partial}{\partial z_1}+\frac{\partial}{\partial z_3}\right)\delta(z_1+z_2-z_3-z_4) = 0 \tag{C.54}$$

となるから，$J=0$ である．(C.51)式はまた解析接続して実軸上の積分の形に変形できる．その結果は $f(\omega)$ を Fermi 分布関数として

$$\int_{-\infty}^{\infty} d\omega f(\omega)\left(-\frac{1}{\pi}\,\mathrm{Im}\right)\mathrm{G}_\sigma(\omega_+)\frac{\partial\Sigma_\sigma(\omega_+)}{\partial\omega} = 0 \tag{C.55}$$

となる

Luttinger の定理を証明しておこう．2 章で述べたように Fermi 球のときは連続の原理から，その体積が不変であることは明らかであるが，一般に Fermi 面が変形するから証明が必要である．裸の粒子数を N として，温度 Green 関数の定義から

$$N = \sum_{\boldsymbol{k}\sigma}\frac{1}{\beta}\sum_{l} e^{z_l 0_+}G_{\boldsymbol{k}\sigma}(\boldsymbol{z}_l) \tag{C.56}$$

で与えられる．温度 $T=0$ として虚軸の和を積分に考え，さらに(C.51)を用いて

$$N = \sum_{\boldsymbol{k}\sigma}\int\frac{dz}{2\pi i}e^{z0_+}\frac{\partial}{\partial z}\log[\varepsilon_{\boldsymbol{k}}+\Sigma_{\boldsymbol{k}}(z)-z] \tag{C.57}$$

と変形し，虚軸から実軸の積分に変え，μ で $\mathrm{Im}\,\Sigma_{\boldsymbol{k}}(x)$ が 0 になり符号を変えることに注意して

$$N = \sum_{\boldsymbol{k}\sigma}\frac{1}{\pi}\,\mathrm{Im}\log[\varepsilon_{\boldsymbol{k}}+\Sigma_{\boldsymbol{k}}(\mu)-\mu+i0_+] = \sum_{\boldsymbol{k}\sigma}\theta(\mu-\varepsilon_{\boldsymbol{k}}-\Sigma_{\boldsymbol{k}}(\mu)) \tag{C.58}$$

相互作用する系の Fermi 面を

$$\mu-\varepsilon_{\boldsymbol{k}}-\Sigma_{\boldsymbol{k}}(\mu) = 0 \tag{C.59}$$

で定義すると

$$N = \frac{\Omega}{(2\pi)^3}V_{\mathrm{FS}} = \frac{\Omega}{(2\pi)^3}\int d\boldsymbol{k}\,\theta(\mu-\varepsilon_{\boldsymbol{k}}-\Sigma_{\boldsymbol{k}}(\mu)) \tag{C.60}$$

この N は相互作用のないときの Fermi 面の体積 ${V_{\mathrm{FS}}}^0$ を用いて

$$N = \frac{\Omega}{(2\pi)^3}{V_{\mathrm{FS}}}^0 \tag{C.61}$$

と表わされるから，

$$V_{\mathrm{FS}} = {V_{\mathrm{FS}}}^0 \tag{C.62}$$

となり，Fermi 面の囲む体積は不変である．

D　線形応答理論

時刻 $t=-\infty$ で系は熱平衡にあるとし，大正準集合(grand canonical ensemble)を考える．Ω を熱力学ポテンシャルとして，その密度行列 ρ_0 は

$$\rho_0 = e^{-\beta\mathcal{H}_0}/\mathrm{Tr}\, e^{-\beta\mathcal{H}_0} = e^{\beta(\Omega-\mathcal{H}_0)} \tag{D.1}$$

である．これに外場による摂動 $\mathcal{H}'(t)$ が働いたとして，

$$\mathcal{H} = \mathcal{H}_0+\mathcal{H}'(t) \tag{D.2}$$

$$\rho = \rho_0+\rho'(t) \tag{D.3}$$

とおいて，$\mathcal{H}'(t)$ に対する1次の変化を考える．1次の項で

$$i\hbar\frac{\partial\rho'}{\partial t} = [\mathcal{H}_0, \rho']+[\mathcal{H}', \rho_0] \tag{D.4}$$

が成立する．これの解は

$$\rho'(t) = -\frac{i}{\hbar}\int_{-\infty}^{t} dt' e^{-i\mathcal{H}_0(t-t')/\hbar}[\mathcal{H}'(t), \rho_0]e^{i\mathcal{H}_0(t-t')/\hbar} \tag{D.5}$$

となる．$\rho'(-\infty)=0$ であり，(D.5)式を t で微分して，(D.4)式を満足することを確かめることができる．

A を時間 t によらない演算子として外場 $\mathcal{H}'(t)$ を

$$\mathcal{H}'(t) = -AF(t) \tag{D.6}$$

と表わす．後に，$F(t)\sim e^{-i\omega t+\delta t}$ とする．δ は正の無限小値で，$t=-\infty$ から断熱的に A を加えることを表わす．A によって物理量 B が熱平衡での平均値 $B_0=\mathrm{Tr}\,\rho_0 B=0$ から変化して

$$\langle B\rangle = \mathrm{Tr}\,\rho' B \tag{D.7}$$

となったとする．A に対する B の1次の応答を求めるため，(D.7)に(D.5)を代入して，

$$\begin{aligned}\langle B\rangle &= \frac{i}{\hbar}\int_{-\infty}^{t} F(t')\mathrm{Tr}\{e^{-i\mathcal{H}_0(t-t')/\hbar}[A, \rho_0]e^{i\mathcal{H}_0(t-t')/\hbar}B\}dt' \\ &= \frac{i}{\hbar}\int_{-\infty}^{t} e^{-i\omega t'+\delta t'}\,\mathrm{Tr}\{[A, \rho_0]B(t-t')\}dt'\end{aligned} \tag{D.8}$$

ここで $t-t'=\tau$ とすると $\langle B\rangle$ も $e^{-i\omega t+\delta t}$ の時間依存性をもつので，その係数を $\chi_{BA}(\omega)$ として，

$$\langle B\rangle = e^{-i\omega t+\delta t}\chi_{BA}(\omega) \tag{D.9}$$

$$\begin{aligned}\chi_{BA}(\omega) &= \frac{i}{\hbar}\int_{0}^{\infty} e^{i\omega\tau-\delta\tau}\,\mathrm{Tr}[e^{-i\mathcal{H}_0\tau/\hbar}[A, \rho_0]e^{i\mathcal{H}_0\tau/\hbar}B]d\tau \\ &= -\frac{i}{\hbar}\int_{0}^{\infty} d\tau e^{i\omega\tau-\delta\tau}\langle[B(\tau), A]\rangle\end{aligned} \tag{D.10}$$

$$B(\tau) = e^{i\mathcal{H}_0\tau/\hbar}Be^{-i\mathcal{H}_0\tau/\hbar} \tag{D.11}$$

(D.9)式が A に対する線形応答の式である．

(D.10)式の変形を試みる．

$$X(t) = \mathrm{Tr}(e^{-i\mathscr{H}_0 t/\hbar}[A, \rho_0]e^{i\mathscr{H}_0 t/\hbar}B) \tag{D.12}$$

とおくと(D.10)式は

$$\chi_{BA}(\omega) = \frac{i}{\hbar}\int_0^\infty e^{i\omega t-\delta t}X(t)dt \tag{D.13}$$

と表わされる．これを部分積分して

$$\chi_{BA}(\omega) = \frac{i}{\hbar}\left[-\frac{X(0)}{i\omega}-\int_0^\infty \frac{e^{i\omega t-\delta t}}{i\omega}\frac{dX(t)}{dt}dt\right] \tag{D.14}$$

$$X(0) = -\int_0^\infty e^{-\delta t}\frac{dX(t)}{dt}dt \tag{D.15}$$

を用いて，

$$\chi_{BA}(\omega) = -\frac{i}{\hbar}\int_0^\infty \frac{e^{i\omega t}-1}{i\omega}e^{-\delta t}\frac{dX(t)}{dt}dt \tag{D.16}$$

となる．

$dX(t)/dt$ を計算しよう．ρ_0 と $\exp[i\mathscr{H}_0 t/\hbar]$ は可換であるから，

$$X(t) = \mathrm{Tr}[e^{-i\mathscr{H}_0 t/\hbar}Ae^{i\mathscr{H}_0 t/\hbar}\rho_0 B-\rho_0 e^{-i\mathscr{H}_0 t/\hbar}Ae^{i\mathscr{H}_0 t/\hbar}B] \tag{D.17}$$

である．第1項を t で微分し，$\dot{A}\equiv i(\mathscr{H}_0 A-A\mathscr{H}_0)/\hbar$ として，

$$\frac{i}{\hbar}\mathrm{Tr}[e^{-i\mathscr{H}_0 t/\hbar}(A\mathscr{H}_0-\mathscr{H}_0 A)e^{i\mathscr{H}_0 t/\hbar}\rho_0 B] = -\mathrm{Tr}[\dot{A}\rho_0 B(t)] = -\langle B(t)\dot{A}\rangle \tag{D.18}$$

と表わされる．(D.17)式の第2項の t での微分も加えて

$$\frac{dX(t)}{dt} = -\langle B(t)\dot{A}(0)-\dot{A}(0)B(t)\rangle \tag{D.19}$$

となる．ただし，$\dot{A}(0)=\dot{A}$ である．

Green 関数

$$K^R(t) = -\frac{i}{\hbar}\theta(t)\langle B(t)\dot{A}(0)-\dot{A}(0)B(t)\rangle \tag{D.20}$$

を導入して，

$$\chi_{BA}(\omega) = -\int_{-\infty}^\infty \frac{e^{i\omega t}-1}{i\omega}K^R(t)dt \tag{D.21}$$

$K^R(t)$ の Fourier 変換 $K^R(\omega)$ を用いて

$$\chi_{BA}(\omega) = -\frac{K^R(\omega)-K^R(0)}{i\omega} \tag{D.22}$$

となる．(D.22)式を用いて $\chi_{BA}(\omega)$ を求めることができる．

簡単のために $T=0$，$F(t)=\delta(t)$ と，$t=0$ でのみ働くとすると(D.8)式は

$$\langle B\rangle \equiv \varphi_{BA}(t) = \begin{cases} 0 & (t<0) \\ \dfrac{i}{\hbar}\langle 0|[A, B(t)]|0\rangle & (t>0) \end{cases} \tag{D.23}$$

$|0\rangle$ は基底状態を表わす．$\varphi_{BA}(t)$ を**応答関数**(response function)と呼ぶ．A は $t=0$ で働くから，$t<0$ では $\varphi_{BA}(t)$ は 0 であり，因果律を表わしている．一般の $F(t)$ は

$$F(t) = \int_{-\infty}^{\infty} F(t')\delta(t-t')dt' \tag{D.24}$$

と表わせるから，

$$\langle B\rangle = \int_{-\infty}^{\infty} F(t')\varphi_{BA}(t-t')dt' \tag{D.25}$$

となる．

次に Fourier 展開された $F(t)$ の一般形

$$F(t) = \frac{1}{2\pi}\int_{-\infty}^{\infty} F(\omega)e^{-i\omega t+\delta t}d\omega \tag{D.26}$$

を考える．$F(t)$ は実数なので $F(-\omega)=[F(\omega)]^*$ である．このとき，(D.9)式の $\chi_{BA}(\omega)$ は

$$\chi_{BA}(\omega) = \int_{0}^{\infty} e^{(i\omega-\delta)t'}\varphi_{BA}(t')dt' \tag{D.27}$$

となる．$\langle B\rangle$ が実数とすると $\chi_{BA}(\omega)=[\chi_{BA}(-\omega)]^*$ である．(D.26)のとき，$\langle B\rangle$ は

$$\langle B\rangle = \frac{1}{2\pi}\int_{-\infty}^{\infty} e^{-i\omega t+\delta t}F(\omega)\chi_{BA}(\omega)d\omega \tag{D.28}$$

$\mathscr{H}_0$ の固有値 E_n の固有関数 $|n\rangle$ の完全系を用いて，$E_n-E_0=\omega_{n0}$ とおく．$\langle 0|A|n\rangle=A_{0n}$ とかくと

$$\varphi_{BA}(t) = \begin{cases} 0 & (t<0) \\ \dfrac{i}{\hbar}\sum_n \{A_{0n}B_{n0}e^{i\omega_{n0}t}-B_{0n}A_{n0}e^{-i\omega_{n0}t}\} & (t>0) \end{cases} \tag{D.29}$$

$\varphi_{BA}(t)$ が実数であることはこの式からも明らかである．これを χ_{BA} の式に代入して

$$\chi_{BA}(\omega) = \sum_n \left\{\frac{B_{0n}A_{n0}}{\omega-\omega_{n0}+i\delta}-\frac{A_{0n}B_{n0}}{\omega+\omega_{n0}+i\delta}\right\} \tag{D.30}$$

$\chi_{BA}(\omega)$ は $\omega=\pm\omega_{n0}-i\delta$ に特異点をもつ，ω_{n0} は連続的であるから，$\chi_{BA}(\omega)$ は実軸を横切ると不連続を生じる．こうして，$\chi_{BA}(\omega)$ は上半面で解析的である．Fourier 変換

$$\chi_{BA}(t) = \frac{1}{2\pi}\int_{-\infty}^{\infty} e^{-i\omega t+\delta t}\chi_{BA}(\omega)d\omega \tag{D.31}$$

により，$t<0$ では ω は上半面をまわる積分路をとると，上半面で $\chi_{BA}(\omega)$ が解析的なので 0 になる．

また，$\omega\to\infty$ では

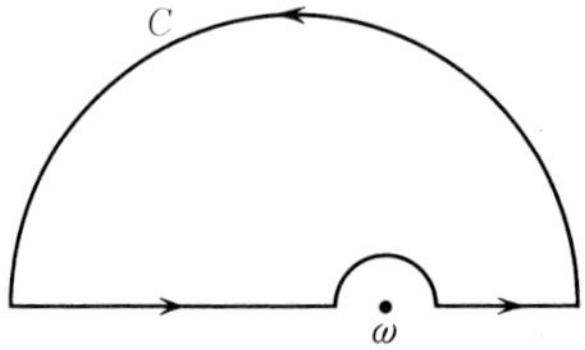

図 D-1

$$\chi_{BA}(\omega) \simeq \frac{1}{\omega}\langle 0|[B,A]|0\rangle \tag{D.32}$$

となるが，もし B と A が可換であると 0 になる．このとき，次の次数の $1/\omega^2$ を求めると

$$\chi_{BA}(\omega) \simeq \frac{1}{\omega^2}\sum \omega_{n0}\{B_{0n}A_{n0}+A_{0n}B_{n0}\} = -\frac{1}{\omega^2}\langle 0|[[\mathscr{H},A],B]|0\rangle \tag{D.33}$$

と表わされる．一般に $\chi_{BA}(\omega)$ は $\omega\to\infty$ で 0 である．

さて，次の積分を考える．C は図 D-1 に示す積分路である．因果律から上半面で解析的であるから

$$\int_C \frac{\chi_{BA}(\omega')}{\omega'-\omega}d\omega' = 0 \tag{D.34}$$

である．ここで，無限大の半径の半円の寄与は消える．小さい半円は $-i\pi\chi_{BA}(\omega)$ を与えるから

$$\int_{-\infty}^{\infty}\chi_{BA}(\omega')\mathrm{P}\frac{1}{\omega'-\omega}d\omega' = i\pi\chi_{BA}(\omega) \tag{D.35}$$

が成立する．$\chi_{BA}(\omega)=\chi_{BA}'(\omega)+i\chi_{BA}''(\omega)$ と実部と虚部にわけると

$$\chi_{BA}'(\omega) = \frac{1}{\pi}\int_{-\infty}^{\infty}\chi_{BA}''(\omega')\mathrm{P}\frac{1}{\omega'-\omega}d\omega' \tag{D.36}$$

$$\chi_{BA}''(\omega) = -\frac{1}{\pi}\int_{-\infty}^{\infty}\chi_{BA}'(\omega')\mathrm{P}\frac{1}{\omega'-\omega}d\omega' \tag{D.37}$$

上記は **Kramers-Kronig の関係式**と呼ばれる．

また，和則(sum rule)として

$$\int_{-\infty}^{\infty}\chi_{BA}(\omega)d\omega = -i\pi\langle 0|[B,A]|0\rangle \tag{D.38}$$

もし，$[B,A]=0$ なら

$$\int_{-\infty}^{\infty}\chi_{BA}(\omega)\omega d\omega = i\pi\langle 0|[\mathscr{H}_0,A],B]|0\rangle \tag{D.39}$$

が成立する．

参考書・文献

本書の執筆に当たり，下記の参考書・文献のお世話になった．本書の至らぬ点をこれらの参考書・文献で補い，理解を深めていただきたい．

英文

[1] D. Pines: *Elementary Excitations in Solids* (Benjamin, 1964)

[2] P. Nozières: *Theory of Interacting Fermi Systems* (Benjamin, 1964)

[3] D. Pines: *The Many Body Problem* (Benjamin, 1961)

[4] J. M. Ziman: *Principle of the Theory of Solids* (Cambridge Univ. Press, 1971)

[5] P. W. Anderson: *Basic Notions of Condensed Matter Physics* (Benjamin, 1984)

[6] P. W. Anderson: *Concepts in Solids* (Benjamin, 1963)

[7] A. A. Abrikosov, L. P. Gor'kov and E. Dzyaloshinskii: *Methods of Quantum Field Theory in Statistical Physics* (Prentice-Hall, 1963)

[8] L. D. Landau: Sov. Phys. JETP **3** (1957) 920; ibid. **5** (1957) 101; ibid. **8** (1959) 70

[9] J. Kondo: Solid State Phys. **23** (1969) 183

[10] K. Yosida and A. Yoshimori: *Magnetism V*, edited by H. Suhl (Academic Press, 1973)

[11] K. Wilson: Rev. Mod. Phys. **47** (1975) 773

[12] P. Nozières: J. Low Temp. Phys. **17** (1974) 31

[13] J. Kondo: In *Fermi Surface Effects*, edited by J. Kondo and A. Yoshimori (Springer-Verlag, 1987) p. 1

[14]　K. Yamada, K. Hanzawa and K. Yosida: Prog. Theor. Phys. Suppl. No. 108 (1992)

[15]　A. C. Hewson: Advances in Phys. **43**(1994)543

[16]　A. Georges, G. Kotlier, W. Krauth and M. J. Rozenberg: Rev. Mod. Phys. **68**(1996)13

和文

[17]　芳田奎：磁性(岩波書店，1991)(英訳：*Theory of Magnetism*, translated by H. Shiba, A. Sakurai, K. Yamada (Springer-Verlag, 1996))

[18]　近藤淳：金属電子論(裳華房，1983)

[19]　芳田奎(編)：固体物理(岩波書店，1975)

[20]　長岡洋介：遍歴する電子(産業図書，1980)

[21]　リフシッツ／ピタエフスキー(碓井恒丸訳)：量子統計物理学(岩波書店，1982)

[22]　阿部龍蔵：統計力学[第2版](東京大学出版会，1992)

[23]　山田耕作：金属中の荷電粒子，物理学最前線20(共立出版，1988)

[24]　門野良典ほか：μSR特集，固体物理**26**(1991)No. 11

[25]　近藤淳：固体物理**20**(1985)11；**26**(1991)331

[26]　斯波弘行：固体の電子論(丸善，1996)

上記の参考書・文献と各章との主な対応は次の通りである．

第1章　Fermi 気体

[1], [3], [4], [6], [17], [18], [20], [21], [22], [26]

第2章　Fermi 液体論

[2], [3], [5], [7], [8], [18], [20], [21], [22], [26]

第3章　Anderson の直交定理

[13], [15], [17], [18], [23], [24], [25]

第4章　s-d ハミルトニアンと近藤効果

[5], [9], [10], [11], [12], [17], [18], [19], [26]

第5章　Anderson ハミルトニアン

[5], [9], [17], [18], [19], [26]

第6章　Hubbard ハミルトニアン

[16], [17], [19], [26]

第7章　相関の強い電子系の Fermi 液体論

[14], [26]

付録

[1], [2], [7], [18], [21], [22]

第2次刊行に際して

1993年に初版が出版されて以来，4年になる．この間，「電子相関」の研究は物性物理学の重要課題として，大きく発展した．まず，物質開発・作成の技術の進歩によって強相関電子系が豊かに拡大したことである．われわれがいままで理解したと思ったのは自然の一部分であり，われわれの力で自然を自由に振る舞わせることによって，無尽蔵とも思える自然の姿を楽しむことができるようになってきた．純良試料の作製とその操作，加えて，多様な極限状態での精度の高い実験が可能になった．物性物理学の実験は若い研究者の力を発揮する格好の場となり，優れた研究者を育ててきた．

実験の進歩に較べて理論は多体問題の難しさのために，すこし遅れているように思う．研究の国際化が非常に進み，理論の手法，モデル，概念は国際的に広まり，流行し，どの国にも世界の理論の数だけ，多様な見解が飛び交っている．このような現状において，実験は自らの疑問を実験の力で解決できるかのような状況になってきた．理論家は根本原理よりも，むしろ，現象論と数値実験に重きを置くようになった．

しかし，これまで電子相関という多体問題の解決はいつでも通用する万能の手法によってではなく，その本質をとらえた近似理論の発見によってなされてきた．そして，理論は多様な実験事実を踏まえて自然の統一的な理解を提示してきた．理論は車の両輪のように実験とともに進むものであるが，理論には理論の原則があり，実験には解消できない原理と課題があるのである．理論はその目的を明確にし，課題を厳密に提起し，そのための手段をあらゆる手段の中から厳密に選ばなければならない．ときにはその目的にふさわしい手段があらかじめ存在しないかも知れない．この場合は手段を発見しなければならない．ここに多体問題の困難と進歩の源があるのではないだろうか．

以上の意味で，教科書にあるできあいの方法をそのまま応用して解答が出る問題はすでに解決されており，解決すべき問題に対しては，教科書にある過去に採られた戦略というようなものを参考にしつつ，方法を模索するしかない．これは雲をつかむようなもので，全くあてのない賭のように考える人があるかも知れない．しかし，自然が起こしている現象にはそれ以外の現象をとれない確固とした理由があるのであり，必ずいつかは説明されるものなのである．このような戦闘に踏み出す人達の武器としては，本書は極めて不十分であるが，過去において果敢に闘った人々の勇気と粘り強さと美しいひらめきを教訓としていただきたいと思う．

1996年11月

著　者

索引

A

B

C

D

L

M, N

O, P

R

■岩波オンデマンドブックス■

現代物理学叢書 電子相関

2000年11月15日 第1刷発行
2017年7月11日 オンデマンド版発行

著　者　山田耕作（やまだこうさく）

発行者　岡本 厚

発行所　株式会社 岩波書店
〒101-8002 東京都千代田区一ツ橋 2-5-5
電話案内 03-5210-4000
http://www.iwanami.co.jp/

印刷／製本・法令印刷

ISBN 978-4-00-730639-6　　Printed in Japan